国家卫生健康委员会“十三五”规划教材
全国高等学校应用型创新规划教材
供基础、临床、预防、口腔医学类等医学相关专业用

Basic Chemistry

基础化学

主　　编　李祥子

副 主 编　张　波　夏春辉　杜　曦

编　　委（以姓氏笔画为序）

白慧云	长治医学院	张　波	川北医学院
冯志君	皖南医学院	施伟梅	赣南医学院
许景秀	广东医科大学	姚惠琴	宁夏医科大学
杜　曦	西南医科大学	夏春辉	齐齐哈尔医学院
李　森	哈尔滨医科大学	高　静	牡丹江医学院
李祥子	皖南医学院	崔忠凯	南方医科大学
杨莉宁	西安医学院	董　军	川北医学院

编写秘书　冯志君（兼）

人民卫生出版社

图书在版编目（CIP）数据

基础化学 / 李祥子主编．—北京：人民卫生出版社，2020

临床医学专业应用型本科创新规划教材

ISBN 978-7-117-29980-0

Ⅰ. ①基… Ⅱ. ①李… Ⅲ. ①化学—医学院校—教材
Ⅳ. ①06

中国版本图书馆 CIP 数据核字（2020）第 075664 号

基础化学

主　　编：李祥子
出版发行：人民卫生出版社（中继线 010-59780011）
地　　址：北京市朝阳区潘家园南里 19 号
邮　　编：100021
E - mail：pmph @ pmph.com
购书热线：010-59787592　010-59787584　010-65264830
印　　刷：人卫印务（北京）有限公司
经　　销：新华书店
开　　本：850 × 1168　1/16　**印张**：15　**插页**：1
字　　数：413 千字
版　　次：2020 年 7 月第 1 版　2022 年 9 月第 1 版第 4 次印刷
标准书号：ISBN 978-7-117-29980-0
定　　价：45.00 元

全国高等学校临床医学专业首轮应用型创新规划教材

编写说明

为了贯彻落实习近平总书记在全国卫生与健康大会上的重要讲话精神，全面落实《国务院办公厅关于深化医教协同进一步推进医学教育改革与发展的意见》，教育部、国家卫生健康委员会、国家中医药管理局出台了《关于加强医教协同实施卓越医生教育培养计划 2.0 的意见》等文件，就推动医学教育改革发展作出重要部署，强调探索符合新时代需求的新医科人才培养体系的重要性。同时指出要坚持高等教育“以本为本”，把本科教育放在人才培养的核心地位，在《国家职业教育改革实施方案》中进一步提出“一大批普通本科高等学校向应用型转变”的发展目标，鼓励一批地方医学类本科高校向应用技术类高校转型，以满足服务基层卫生健康需求，实现优质医疗资源下沉，推动城乡基本公共服务均等化，实现全民健康。

应用型医学院校已逐渐在五年制本科教育中形成具有鲜明特色的教育体系，为适应其教学学时、授课内容、学习方式等方面的改变，人民卫生出版社经过近两年的调研、论证，于 2017 年底正式启动了临床医学专业首轮应用型创新规划教材的编写工作。本套教材的编写，既符合国家对医学人才培养总体规划的要求，也是完善临床医学本科教材体系的需要。

首轮应用型创新规划教材编写指导思想如下：

1. **定位明确，整体规划突出特色**　本套教材主要为应用型本科医学院校的教学服务。作为临床医学专业“干细胞”教材的有益补充，首轮编写的科目以临床医学专业通识课、基础课为主，重视医学人文素养提升，新增《医学生创新创业教程》和《大学生心理健康》两种教材。强调基础与临床相结合，编委中增加有临床经验的教师，内容中根据学科特点编写与临床相关知识或案例，实现“早临床、多临床、反复临床”。

2. **以学生为中心，打造符合教学需求的优质教材**　以严格遵循“三基、五性、三特定”的教材编写原则为基础，以培养学生的创新精神和实践能力为重点，强调“三结合”，即与“5+3”临床住院医师规范化培训相结合、与临床执业医师资格考试相结合、与硕士研究生招生考试相结合，内容全面覆盖相应学科的知识要点。同时根据教学需要凝练内容，精简篇幅，提升教材的适用性和实用性。

3. **树立大教材观，充分发挥教材的“指挥棒”作用**　在本套教材的规划、出版和使用过程中，充分调动编写者的主观能动性，总结教学经验，融合各方特色，发现和解决应用型医学人才培养中的问题，为各学科各院校间的碰撞、交流与合作提供平台，促进教学模式的改进和创新，提高师资水平，带动教学改革创新。

4. 质量为先，探索新时代医学教材新模式　本套教材重视内容质量，贯彻“以德为先、全面发展、面向人人、终身学习、因材施教、知行合一、融合发展、共建共享”的八大基本理念。充分应用现代化教学手段，以纸数融合教材形式，发挥数字资源的优势，助力医学教育现代化进程，探索符合新时代医学教育改革和人才培养规律的教材模式。

本套教材共 30 种，计划于 2020 年秋季出版发行，全部数字资源内容同步上线。

希望广大院校在使用过程中提供宝贵意见，为完善教材体系、提高教材质量及第二轮应用型创新规划教材的修订工作建言献策。

首届全国高等学校临床医学专业应用型创新规划教材

评审委员会名单

全国高等学校临床医学专业首轮应用型创新规划教材

目　　录

序　号	书　名	主　编
1	医学计算机应用基础	蔡永铭　王　丽
2	医学生创新创业教程	杜　勇
3	大学生心理健康	唐　宏
4	医用高等数学	夏　蔚
5	医学物理学	李宾中　张淑丽
6	基础化学	李祥子
7	有机化学	石秀梅
8	系统解剖学	崔慧先　黄文华
9	局部解剖学	刘　星　刘学敏
10	组织学与胚胎学	王春艳　余　鸿
11	生物化学与分子生物学	赵炜明　宋高臣
12	生理学	武宇明　祁文秀
13	医学微生物学	王　琦
14	人体寄生虫学	王光西
15	医学免疫学	徐　雯　刘永琦
16	病理学	张晓杰　文　彬
17	病理生理学	田　野
18	药理学	宋晓亮　许超千
19	医学细胞生物学	潘克俭
20	医学遗传学	李　莉
21	医学心理学	崔光成　唐　平
22	预防医学	唐焕文
23	卫生法	蒋　祎
24	流行病学	王金桃
25	医学统计学	王　彤　姚应水
26	中医学	赵春妮　罗庆东
27	医学伦理学	边　林
28	医学文献检索与论文写作	管　进
29	医学导论	郑建中
30	全科医学概论	樊均明

主编简介

李祥子，男，1977年9月出生于安徽省宣城市。皖南医学院教授，全国优秀教师，安徽省教学名师，安徽省学术和技术带头人后备人选，皖南医学院学术和技术带头人，硕士研究生导师，现任科研处副处长。

从事医药化学教学至今20年。主持安徽省重大教学改革研究项目、省级精品课程、省级大规模在线开放课程（MOOC）示范项目、省级规划教材等教学改革与教学质量工程项目10余项，自主开发“医用化学网络辅导系统”及“无机化学在线测试系统”等过程化教学平台，以第一完成人获得安徽省教学成果三等奖、安徽省多媒体课件制作三等奖、校级教学成果二、三等奖。发表教学研究论文20余篇，编写教材10余部，其中主编2部、副主编1部。一直致力于功能纳米材料及富勒烯的合成、性能及应用研究，主持安徽省自然科学基金、中国博士后基金等科研项目15项，发表SCI收录等科研论文30余篇，获国家授权发明专利5项，获第八届安徽省自然科学优秀学术论文评选二等奖、三等奖，校科学技术成果三等奖。创建大学生“春晖”科研兴趣小组，指导学生获批国家级及省级大学生创新创业训练计划项目8项，指导多名青年教师和学生参加国家级和省级竞赛并获奖。

副主编简介

张波，男，1966年7月出生于重庆。川北医学院教授，硕士研究生导师，校级教学名师，四川省医学会医学教育分会副主任委员，现任川北医学院副院长。

从事医学化学教学工作、科研工作以及行政管理工作34年。主持和参与省级教育教学改革与研究项目5项，省部级、厅局级科研项目10项。以第一作者或通讯作者发表论文30余篇，其中SCI收录论文20余篇。编写各级各类教材3部，副主编2部。以第一完成人荣获校级教学成果一等奖1项，荣获“四川省普通高等学校科研管理先进个人”等荣誉称号。

夏春辉，男，1969年12月生于黑龙江省齐齐哈尔市。齐齐哈尔医学院教授，硕士研究生导师，化学教研室主任。

从事医学化学教学工作15年。主要从事功能材料的制备及其抗肿瘤的作用机理研究。主持黑龙江省自然科学基金、黑龙江省普通高等学校骨干教师创新能力资助计划等科研项目6项。在中英文期刊上发表论文50余篇，其中被SCI检索20篇。获得黑龙江省科学技术奖、黑龙江省高校科学技术奖和齐齐哈尔市科学技术奖8项。编写教材及配套教材9部。

杜曦，女，1973 年 11 月出生于四川省泸州市。西南医科大学教授，硕士研究生导师，化学实验室主任，《西南医科大学学报》编委，泸州市化学化工学会医药专业委员会理事。

从事医药学化学教学至今 25 年，主编、副主编、参编国家级及省部级规划教材 6 部。主要从事药物中间体的合成与分析等相关研究工作，主持和参与厅局级以上科研项目 10 余项，获国家授权发明专利 4 项，在国内外学术期刊发表研究论文 60 余篇。获校级优秀教师、泸州市政府科技进步二等奖等荣誉。

前言

《基础化学》是根据国家卫生健康委员会“十三五”规划教材、全国高等学校应用型创新规划教材的编写要求和原则进行编写的。本教材旨在满足我国高等医学本科院校临床医学专业应用型人才培养现状与发展要求，进一步完善我国临床医学专业本科教学与教材建设体系。本教材的编写是以服务地方本科院校临床医学专业应用型人才培养为主要目标，紧密结合地方医学院校的办学定位、培养目标、招生就业、教学实际以及实际需求，坚持“三基”（基础理论、基本知识、基本技能）、“五性”（思想性、科学性、先进性、启发性、适用性）、“三特定”（特定目标、特定对象、特定限制）的原则，体现出新时代教学理念、医教研协同特色及学科发展特点。教材内容贴近临床、突出创新、深浅适宜，更加适用于基础、临床、预防、口腔等医学相关专业的实际教学需求。

本教材在编写过程中具备如下特色：

1. **地方特色** 针对地方医学院校课时不多等教学实际情况，本教材结合学生的认知规律对教材内容进行了优化，在保持教材系统性的前提下，弱化了一些在教学实践中体现出难度较大的章节知识点，突出重点章节知识，因地制宜地确定教学内容和参考课时。同时，为引导学生自主学习，本教材设有“学习目标”和“问题与思考”，方便学生对知识点的把握，有利于培养学生的自学能力。

2. **医学特色** 结合医学相关专业的特点，本教材在编写过程中，突出与医学相关的知识点，充分体现出基础化学在当前医学中的实际运用。每章都有结合医学的例题或习题，特设“常用临床仪器分析技术简介”，介绍了一些基于化学原理的常用医学检验分析仪器，如紫外 - 可见分光光度计、尿液分析仪、凝胶电泳仪等，突出化学与医学的关联，引导医学生对化学学科的正确认知。

3. **应用特色** 针对医学相关专业的实际需求，本教材简化了一些应用性不强的内容，突出医学应用，在每章最后设置了“临床应用拓展阅读”，介绍各章基于化学原理的医学应用。旨在培养学生学以致用的思想，激发医学生对化学的学习兴趣。

4. **创新特色** 为加强医教研的融合，促进医学创新性人才的培养，本教材在每章配套的电子资源中设有“数字融合创新案例”，旨在以数字教材的方式介绍与医学有关的科研前沿创新案例，以科研反哺教学，积极培养学生的科研兴趣和创新思维。

5. **纸数融合特色** 紧跟当前教育部教学改革及教学信息化的需求，本教材在纸质教材的基础上融合了优质数字资源，每章配有 PPT 课件、微课、习题详解、创新案例等数字资源。

本教材共 9 章，理论课参考学时为 36~52 学时，其中：绪论 1 学时，溶液 5 学时，酸碱溶液与酸碱平衡 7~8 学时，沉淀溶解平衡 1~2 学时，氧化还原反应 4~6 学时，配位化合物 4~5 学时，原子结构 4~6 学时，共价键与分子间力 4~6 学时，化学反应速率 3~5 学时，常用临床仪器分析技术简介 3~8 学时。

本教材在编写过程中，得到了各位编者及所在单位的大力支持和帮助，在此谨向他们致以衷心地感谢。本教材是针对基础、临床、预防、口腔等医学相关专业编写的应用型创新规划教材，编写时参考了部分教材、文献等相关资料，在此一并致谢。限于编者水平有限，请各院校领导和师生在使用过程中，对书中的不妥之处不吝赐教，敬请批评指正。

李祥子

2020 年 5 月

目　录

绪　论

在科学技术的迅速发展过程中，化学一直扮演着极其重要的角色。从古代人类对火的使用以及炼金术的出现，到获得2019年诺贝尔化学奖的"锂离子电池新技术"，无不展现出化学反应的神奇。从早期的原子分子论到近代化学键理论，也无不彰显出化学理论的飞跃。化学是人类认识世界和改造世界的重要手段，它让物质变得更加丰富，让世界变得越发多彩。化学在人类的食物、医疗、环境、能源、材料及药物等方面均发挥了极其重要的作用，并逐步成为当今一门富有创造性的中心学科。

一、化学的研究对象

自然界由物质组成，物质可划分为实物和场两种基本形态。从宏观世界、介观世界到微观世界，宇宙、地球、动物、植物、矿物、空气、水、细菌、病毒、蛋白质、DNA、基因片段、纳米材料、分子、原子、离子、电子等均属于实物。化学的研究对象仅限于原子、分子和离子层次上的实物，通常涉及亚分子层次的原子化合与分解、分子层次的核电体系以及超分子层次的弱相互作用。故而化学被认为是一门在原子、分子和离子水平上研究物质的组成、结构、性质及变化规律的科学。

二、化学的发展简史

化学的发展大致可以分为古代化学、近代化学和现代化学三个时期。17世纪中叶以前的古代，火的发明标志了化学的出现，并以实用为目的开启了化学的发展，分别出现了冶金、玻璃制作、染色、酿酒、陶瓷制造、造纸、炼金、炼丹、合成药剂等化学技术和化学工艺。17世纪后半叶到19世纪末的近代时期，化学理论的出现促进了化学体系的建立。1661年英国化学家波意耳(Boyle R)提出了化学元素论，1803年英国化学家道尔顿(Dalton J)提出原子学说，1811年意大利化学家阿伏伽德罗(Avogadro A)提出阿伏伽德罗定律及分子概念，1869年俄罗斯化学家门捷列夫发现了元素周期律。这些理论促进了人们对化学反应的规律性认识及对化学合成的指导性作用，分别出现了以碳氢化合物为研究对象的有机化学、以除了碳氢化合物以外所有元素及其化合物为研究对象的无机化学、以物质成分分析为研究内容的分析化学，以及以物理及数学方法为研究手段的物理化学，从而确立了以该四大分支为基础的化学学科体系。20世纪初开始，更多化学理论(现代价键理论、价层电子对互斥理论、分子轨道理论、配位场理论等)、物理方法(红外光谱、紫外光谱、核磁共振谱、质谱等)、先进合成技术(微乳液技术、溶胶凝胶技术、水热技术、催化合成技术等)及自动化检测技术(紫外-可见分光光度技术、全自动尿液分析技术、全自动醋酸纤维素薄膜电泳技术、扫描电子显微技术、激光共聚焦显微技术等)的出现促使了现代化学的飞速发展，化学合成产物及新材料得到了极大丰富。随着化学知识的广泛应用和深入研究，化学出现了众多分支学科，如高分子化学、金属有机化学、核化学及超分子化学等。化学与其他学科的相互渗透又形成了众多交叉学科和边缘学科。例如，医用化学、生物无机化学、环境化学、药物化学、材料化学、能源化学及计算化学等。

三、化学与医学的关系

临床医学重在研究疾病的病因、诊断、治疗和预后，旨在提高临床治疗水平，促进人体健康。基础医学则侧重研究人的生命和疾病现象的本质和规律，注重研究疾病的发病机制、病理及生理等过程，是研究临床医学的前提和基础。化学作为临床医学专业的基础课程，不仅与生物化学、病理生理学、药理学等基础医学课程关系密切，同时在解毒急救、合理用药、静脉输液、纠正电解质紊乱等临床治疗方面也发挥了重要作用。医学的发展离不开化学，早在 16 世纪，瑞士医生巴拉塞尔斯（Paracelsus PA）就提出化学的目的不是为了制造金子和银子，而是为了制造药剂。一直以来，化学都渗透到生命和医学的各个方面。

（一）外科手术麻醉剂的发展

东汉时期，我国古代名医华佗发明了“麻沸散”，用作外科手术的麻醉剂，并成为世界医学史上最早的麻醉药。1799 年，英国化学家戴维（Davy H）发现一氧化二氮具有麻醉作用，是近代最早应用于医疗的麻醉剂之一。1846 年，在美国马萨诸塞州总医院首次通过乙醚吸入方式进行全身麻醉，开启了医学外科的新纪元。1884 年，植物提取物可卡因被用作局部麻醉剂。如今，普鲁卡因、利多卡因、布比卡因、罗哌卡因等化学合成药物已成为局部麻醉剂的主流，这类药物具有起效快、苏醒迅速、安全性高等优点。可以说，没有麻醉剂，就没有现代外科学。而麻醉剂的发展又离不开化学试剂、化学分离技术及化学合成技术。

（二）人体中毒现象

1956 年，在日本九州熊本县水俣湾附近出现一种奇怪的病，叫“水俣病”。这种病的症状是步态不稳、抽搐、手足变形、精神失常、身体弯弓，直至死亡。经过近十年的分析，才发现这种病是因为工厂排放废水中的甲基汞中毒所致。1959 年，前联邦德国各地出生过手脚异常的“海豹婴儿”，后经研究发现是因为孕妇服用了抑制妊娠反应的药物沙利度胺，这种化合物存在两种异构体，R 构型具有抑制活性，而 S 构型却有致畸性。近年来，经常会听人说“吃头孢类药物后不能喝酒”，实际生活中也经常遇到有人吃药后喝酒，导致不适、休克甚至死亡的现象。这是由于头孢类药物分子中含有的甲基硫代四氮唑基团，可抑制肝脏中的乙醛脱氢酶活性，使乙醇在体内氧化为乙醛后，不能再继续氧化为乙酸，导致体内乙醛蓄积而中毒。同样，误饮甲醇也会导致人体中毒，这也是因为甲醇进入人体会迅速被肝脏中的醇脱氢酶氧化为甲醛，甲醛会麻痹中枢神经并引起视网膜及视神经病变，导致双目失明甚至死亡。可见，人体中毒机制研究及临床解毒方案的制定均需建立在化学的基础上。

（三）临床功能药物的合成

临床治疗离不开药物，而药物的获得又离不开化学。1932 年，德国化学家多马克（Domagk G）发现第一例磺胺类药物百浪多息（Prontosil），特别是在 1969 年发现甲氧苄啶（TMP）与磺胺类药物联用可有效增强抗菌作用后，更多类型的磺胺类抗生素问世，至今仍是重要的化学治疗药物。2004 年以来，人感染高致病性禽流感时有发生，为抑制疫情、治疗患者，采用化学合成法获得金刚烷胺和金刚乙胺等抗病毒药物，并借助化学技术研制出甲型 H1N1 流感病毒裂解疫苗——大流行流感病毒灭活疫苗。2015 年，中国药学家屠呦呦荣获诺贝尔生理学或医学奖，获奖成就是她从青蒿中分离提取出青蒿素，发现了青蒿素可以有效降低疟疾患者的死亡率，并合成了功效更强的双氢青蒿素，挽救了无数人的生命。不难发现，一些预防和治疗重大疾病的功能性药物也要依赖于化学。

（四）生物活性物质的分离

疾病预防对人们的健康至关重要，同时也是临床医学领域的重要研究内容。健康生活、延缓衰老已是当代医学研究的任务之一，其中清除体内多余的氧自由基是抗衰老的一种有效途径。为此，可以通过化学分离技术获得一些可以清除氧自由基的生物活性物质。例如，超氧化物歧化酶（SOD）是一种含有金属元素的活性蛋白酶，更是氧自由基的清除剂，具有抗衰老、抗肿瘤、增强免疫的功效。此外，番茄红素及茶多酚等抗衰老活性成分的有效提取均依赖于化学分离技术。

（五）药物成分、含量及药效分析

药物在临床应用前均需进行成分含量评价、稳定性评价、药代动力学评价及安全性评价等，通常涉及高效液相色谱技术、新药稳定性考察技术、高分辨液相-质谱联用分析技术及动物毒理实验技术等，这些技术也都建立在化学分析的基础上。2008 年，三聚氰胺事件就是因为奶粉中被非法添加了含氮量极高而溶解性较差的化工原料三聚氰胺（俗称蛋白精），导致众多食用这类奶粉的婴儿出现泌尿系统结石。从分析化学的角度说，常用的凯氏定氮法虽可测定牛奶的总含氮量，却无法确定氮的具体物质来源。可见，更加科学的成分分析结果有待于化学检测技术的进一步提高。2011 年食品塑化剂事件引起社会的高度关注，邻苯二甲酸二（2-乙基）己酯（DEHP）作为常见的一种塑化剂被非法添加到果汁、果酱、饮料等食品中，以达到乳化增稠效果。但 DEHP 等塑化剂属于一种环境荷尔蒙，会危害男性生殖能力，促使女性性早熟。因而，利用化学分析方法准确检测食品中的塑化剂对保护青少年的生长发育具有重要意义。

（六）现代生物医学研究

随着化学、材料学、生物学、医学等学科的不断融合，逐步形成了上游合成、中游性能、下游应用的三个需求层次，即通过化学技术合成出特定功能的材料，研究材料的生物及分子生物学性能，进而用于临床医学上的诊断和治疗。近年来，纳米材料因具有很高的比表面积和优异的物理化学性能，已广泛用于生物医学领域。例如，纳米金及其复合材料因具有独特的径向表面等离子体共振效应、强的双质子活性及良好的生物相容性而被用作药物载体及抗癌研究。磁性纳米材料因具有良好的磁性能已被用于细胞转染、靶向给药、磁共振成像及磁热治疗等。此外，通过化学手段可以设计、合成及调控不同组分、不同形貌及不同尺寸的功能纳米材料，进而获得纳米保健品、纳米抗菌药及创伤敷料、纳米仿生材料、纳米生物传感器、纳米生物芯片及可用于介入性诊疗的纳米探针等。

四、学习基础化学的方法

基础化学是医学院校临床专业在大学一年级开设的基础课程，其教学方法和教学模式与中学化学有着很大不同，加上课堂教学内容多、进度快，这就要求一年级学生要结合自己的实际情况尽快建立起适合自己的学习方法，逐步提高发现问题、分析问题和解决问题的能力。要学好基础化学，建议从以下几个方面思考。

（一）高度重视，做好大学思想定位

认知决定态度、态度决定行为。学好基础化学，思想定位很重要。作为一个刚刚步入大学的一年级学生，要想学好基础化学，首先要弄清几个问题：

1. 为什么要学（Why）？ 大学不是学习的终点，而是新的人生起点。到了大学才有“专业”之说，大学学习的几年也许会影响到人生今后的几十年。作为一名大学一年级学生，要知道大学是走向社会的桥梁。大学的学习是为了让自己成为一个社会需要的创新型人才、复合型人才或应用型人才，进而实现自己的社会价值，成为一个对社会有用的人。

2. 什么时候学（When）？ 可能有学生认为高中学习太苦，大学可以放松一下，或者认

为一年级可以休息休息，等到二年级时再开始学习，主观上没有引起高度重视。结果不仅没有养成良好的学习习惯，而且浪费了宝贵的时间，最终导致学习跟不上，学习压力很大。

3. **在哪里学（Where）？** 大学的学习方式是多样的，学习的场所并不限于课堂，课后学习或网络学习变得更加重要。在大学，图书馆、会议室、实验室、企事业实习单位均是重要的学习场所，学习没有地域限制，只要肯学习，哪里都可以。

4. **学什么（What）？** 考上大学，要知道大学期间准备干什么？除了重点学习专业基础理论、基本知识、基本技能等课本知识以外，还应注重学会如何做人、如何做事、如何求知以及如何共处，努力做一个德智体美劳全面发展的人。

5. **为谁学（Who）？** 这是个很关键的问题。干任何事情都要有理想和抱负。学习目标不明确，学习动力就不够，被动地学习容易让人丧失前进的航标。人生前进的动力来源自己，不管以前如何，只要从现在开始，朝着正确的方向努力学习，就会有收获。

（二）做好预习，充分熟悉教材内容

知己知彼，百战百胜。要想学好基础化学，充分了解基础化学的教学内容是十分必要的。基础化学主要包括溶液理论、化学平衡（酸碱平衡、沉淀溶解平衡、氧化还原平衡和配位平衡）、物质结构（原子结构和分子结构）以及现代仪器分析几个部分。学生在上每一节课之前做好预习，提前浏览整章内容，根据“学习目标”了解每章的重点内容和难点内容，结合“本章小结”弄清每章的关键知识点，对不太清楚的问题做好标记。做好预习不仅可帮助学生在课堂上能紧跟教师的思维，而且有利于学生对一些难点问题的彻底理解。

（三）认真听课，加强课后自学能力

在基础化学的学习过程中，课堂教学是一个特别重要的环节，认真听讲是学好基础化学的前提。在课堂上，学生的思维要紧跟教师的教学进度，注意捕获每堂课的教学重点。对于一些预习中遇到的问题或难点，可在教师的讲解过程中得以解决或弄懂。同时，要注意做好课堂笔记，但做笔记不是将教师课件内容抄下来，而是将每章的重点、难点、参考文献、前沿知识等记录下来，以备课后巩固和复习。另一方面，加强课后自学是学好基础化学的有力保障。由于课堂上讲授的内容多、进度快，学生很难在课堂上将所有知识全部“消化”，这就需要在自习课上再次梳理当天上课的内容，加强对重要知识点的理解和记忆，同时辅以课后练习，并在阶段性时期进行复习巩固和延伸阅读。课下有针对性的复习不仅可以有效提高学习效果，而且可以快速培养自学能力。

（四）注重实践，努力提高动手能力

基础化学是一门理论与实践并重的自然学科。基础化学实验是建立在化学基础理论和基本知识基础上的实践训练，是培养学生基本技能、提高学生动手能力和创新能力的重要途径。根据临床医学人才培养方案和基础化学教学大纲的要求，基础化学总成绩一般由理论成绩、实验成绩以及其他过程性评价成绩组成。所以，要想学好基础化学，也要重视化学实验课的学习。通过一些验证性实验和综合性实验，掌握相应的实验方法和实验技能，通过一些研究性实验，培养科研思维和创新精神。

（五）利用资源，积极参与第二课堂

近年来，现代教育技术和互联网飞速发展。特别是2008年以来，教育部提出高等学校教学质量与教学改革工程意见，大学的教学模式发生了巨大变化，基础化学的教学方法也在不断丰富。要想学好基础化学，除了需要重视课堂教学以外，还必须充分利用好各种课外教学资源，积极参与第二课堂，大力开展自学和研讨。通常包括以下几类。

1. **精品课程** 基础化学或无机化学精品课程中含有课程教学大纲、教案、教学课件、教学录像、习题答案及拓展练习等资源，学生可以结合课堂教学的实际情况，充分利用好这些资源。

2. **网络慕课** 大规模在线开放课程（MOOC）是开展网络教学第二课堂的有效手段。慕

课可以依托互联网，设有大量微课视频和习题训练，注重师生互动和网络交流，有助于形成学生学业的过程性评价数据。

3. **网络测试**　可以利用手机或电脑客户端，进入相关在线测试网站，对已学过的各章知识进行自我测试。

此外，自制的基础化学网络辅导网站、相关化学资源网站以及新出现的智慧课堂等均提供了丰富的教学资源和学习途径。

（李祥子）

第一章 溶 液

学习目标

【掌握】溶液组成标度的表示方法和有关计算；渗透现象与渗透压；渗透浓度的计算；渗透压在医学上的应用。

【熟悉】晶体渗透压；胶体渗透压。

【了解】溶液蒸气压下降、沸点升高和凝固点降低；稀溶液依数性在日常生活中的应用。

农业生产和日常生活中经常接触到溶液，溶液与医学也有密切联系。人体血液、细胞内液、细胞外液以及其他体液都是溶液，体内的许多化学反应都是在溶液中进行的，营养物质的消化和吸收等都与溶液有关。

第一节 溶 解

一、溶液的形成及分类

一种或多种物质以分子、原子或离子状态分散于另一种物质中形成的均匀而又稳定的混合物称为**溶液**(**solution**)。分散其他物质的物质称为**溶剂**(**solvent**)，通常用 A 表示，被分散的物质称为**溶质**(**solute**)，通常用 B 表示。

将气体或固体分散于某液体中形成溶液，习惯上将液体叫作溶剂，而将被分散的气体或固体叫作溶质；如果是两种液体相互分散形成的溶液，则称其中量多的液体为溶剂，量少的液体为溶质。

组成溶液的物质是在微观层次上混合，其分散程度均匀，因此溶液是一种多组分的均相体系，性质稳定。然而，溶液的形成过程不是简单的溶质和溶剂的机械混合，而是一种特殊的物理化学过程，常伴随体积、能量和颜色等变化。溶质在溶剂中的分散属于物理变化，需要吸收热量；溶质与溶剂之间发生的溶剂化作用属于化学变化，会放出热量。例如，氢氧化钠或浓硫酸溶于水会放出大量的热，使溶液的温度升高，而硝酸钾溶于水会吸收热量，使溶液的温度降低；乙醇和水混合形成乙醇的水溶液，溶液的总体积减小，而苯和乙酸混合形成苯的乙酸溶液后，溶液的总体积增大。

溶液的分类方法很多，按照物质的聚集状态来分，溶液可分为气态溶液、固态溶液和液态溶液。气态溶液即为气体混合物，如空气、水煤气等；液态溶液可分为水溶液和非水溶液，如墨水、碘酒等；固态溶液包括金属氢化物和合金，如氢气溶解到金属镧中形成的金属氢化物，铜银

合金、汞齐(汞与不同金属的合金)等。

按照溶质在溶剂中的解离程度来分,溶液可分为电解质溶液和非电解质溶液。溶质在溶剂中能完全或部分解离的溶液称为电解质溶液,如氢氧化钠的水溶液、乙酸的水溶液、乙酸的液氨溶液等;溶质在溶剂中不能解离的溶液称为非电解质溶液,如葡萄糖的水溶液、蔗糖的水溶液、萘的苯溶液等。

二、溶解度

溶解度是指在一定的温度和压力下,物质在一定量溶剂中溶解的最高量。常用符号 S 表示。溶解度是衡量物质在溶剂中溶解性大小的量度,是溶解性的定量表示。通常采用 100g 溶剂中能溶解溶质的克数来表示,单位为 g/100g。例如,20℃时氯化钠的溶解度是 36g/100g H_2O,可表示为 $S(NaCl)=36g/100g\ H_2O$;溶解度也可以用饱和溶液的浓度表示。

一种物质在某种溶剂中的溶解度主要取决于溶剂和溶质的性质。溶质分子与溶剂分子的结构越相似,相互溶解就越容易,即相似相溶原理。利用该原理可预测溶质在不同溶剂中的溶解性,有助于选择合适的溶剂。

第二节 溶液的组成标度

溶液的性质除了与溶质、溶剂的本性有关外,还常与溶液中溶质和溶剂的相对含量有关。溶液的组成标度是指溶液中溶质和溶剂的相对含量,下面介绍几种常用的组成标度。

一、质量分数、体积分数、摩尔分数

(一) 质量分数

物质 B 的**质量分数(mass fraction)**定义为物质 B 的质量 m_B除以溶液的总质量 m,符号为 ω_B,即

$$\omega_B \overset{\text{def}}{=\!=} \frac{m_B}{m} \tag{1-1}$$

ω_B 的 SI 单位为 1,可以用百分数表示。

例 1-1 将 500g 蔗糖溶于水配制成 850g 糖水,计算此糖水中蔗糖的质量分数。

解 根据式(1-1),蔗糖的质量分数为

$$\omega(\text{蔗糖})=\frac{m(\text{蔗糖})}{m(\text{混合物})}=\frac{500g}{850g}=0.588=58.8\%$$

(二) 体积分数

物质 B 的**体积分数(volume fraction)**定义为物质 B 的体积 V_B除以溶液混合前溶质和溶剂的体积之和 $\sum_i V_i$,符号为 φ_B,即

$$\varphi_B \overset{\text{def}}{=\!=} \frac{V_B}{\sum_i V_i} \tag{1-2}$$

φ_B 的 SI 单位为 1,可以用百分数表示。

例 1-2 20℃时,将 70ml 乙醇与 30ml 水混合,得到 96.8ml 乙醇溶液,计算所得乙醇溶液中乙醇的体积分数。

解 根据式(1-2),乙醇的体积分数为

$$\varphi(C_2H_5OH)=\frac{V(C_2H_5OH)}{V(C_2H_5OH)+V(H_2O)}$$

$$=\frac{70ml}{70ml+30ml}=0.70=70\%$$

(三)摩尔分数

摩尔分数(mole fraction)又称为物质的量分数,其定义为B的物质的量 n_B 与混合物的总物质的量 $\sum_i n_i$ 之比,符号为 x_B,即

$$x_B \xlongequal{\text{def}} \frac{n_B}{\sum_i n_i} \quad (1\text{-}3)$$

x_B的SI单位为1。

若溶液由溶质B和溶剂A组成,则溶质B的摩尔分数为

$$x_B=\frac{n_B}{n_A+n_B}$$

式中 n_B为溶质B的物质的量,n_A为溶剂A的物质的量。同理,溶剂A的摩尔分数为

$$x_A=\frac{n_A}{n_A+n_B}$$

显然,$x_A+x_B=1$,即溶液中所有物质的摩尔分数之和为1。

例1-3 将112g乳酸钠($NaC_3H_5O_3$)溶于1.00L纯水中配成溶液,计算溶液中乳酸钠的摩尔分数。

解 室温下,水的密度约为1 000g·L^{-1};$NaC_3H_5O_3$的摩尔质量为112g·mol^{-1};H_2O的摩尔质量为18g·mol^{-1}。

根据式(1-3),该溶液中乳酸钠的摩尔分数为

$$x(NaC_3H_5O_3)=\frac{n(NaC_3H_5O_3)}{n(NaC_3H_5O_3)+n(H_2O)}$$

$$=\frac{112g/112g\cdot mol^{-1}}{112g/112g\cdot mol^{-1}+(1.00L\times1\,000g\cdot L^{-1}/18g\cdot mol^{-1})}$$

$$=0.018$$

二、质量浓度和物质的量浓度

(一)质量浓度

质量浓度(mass concentration)定义为物质B的质量 m_B除以混合物的体积 V,符号为 ρ_B,即

$$\rho_B \xlongequal{\text{def}} \frac{m_B}{V} \quad (1\text{-}4)$$

ρ_B的SI单位为kg·m^{-3},常用单位为kg·L^{-1}、g·L^{-1}或mg·L^{-1}等。

例1-4 将25g葡萄糖($C_6H_{12}O_6$)固体溶于水配成500ml葡萄糖溶液,计算葡萄糖溶液的质量浓度。

解 根据式(1-4),葡萄糖溶液的质量浓度为

$$\rho(C_6H_{12}O_6)=\frac{m(C_6H_{12}O_6)}{V}=\frac{25g}{0.50L}=50g\cdot L^{-1}$$

（二）物质的量浓度

物质的量浓度（amount-of-substance concentration）定义为物质 B 的物质的量 n_B 除以混合物的体积 V，符号为 c_B。对溶液而言，物质的量浓度定义为溶质的物质的量除以溶液的体积，即

$$c_B \overset{\text{def}}{=\!=} \frac{n_B}{V} \tag{1-5}$$

物质的量浓度的 SI 单位是 $mol \cdot m^{-3}$，常用 $mol \cdot L^{-1}$、$mmol \cdot L^{-1}$ 及 $\mu mol \cdot L^{-1}$。

通常情况下说的**浓度（concentration）**大多是指物质的量浓度，用 c_B 表示。

使用物质的量浓度时，必须指明物质的基本单元，如 $c(Na_2CO_3) = 2mol \cdot L^{-1}$，$c\left(\frac{1}{2}Na_2CO_3\right) = 0.5mol \cdot L^{-1}$ 等。括号中的化学式符号表示物质的基本单元。

物质的量浓度已在医学上广泛使用，世界卫生组织（WHO）建议，在医学上表示体液的组成时，凡是体液中相对分子质量已知的物质，均应使用物质的量浓度。例如，人体血糖正常值，过去习惯表示为 70~100mg%，表示每 100ml 血液中含葡萄糖 70~100mg，按物质的量浓度应表示为 $c(C_6H_{12}O_6) = 3.9 \sim 5.6mmol \cdot L^{-1}$；对于未知相对分子质量的物质则可使用质量浓度。

由式（1-4）和（1-5），物质 B 的质量浓度 ρ_B 与其物质的量浓度 c_B 之间的关系为

$$\rho_B = c_B M_B \tag{1-6}$$

例 1-5 100ml 正常人血清中含 326mg Na^+ 和 165mg HCO_3^-，试计算正常人血清中 Na^+ 和 HCO_3^- 的物质的量浓度。

解 根据式（1-5），正常人血清中 Na^+ 的物质的量浓度为

$$c(Na^+) = \frac{0.326g/(23.0g \cdot mol^{-1})}{0.100L} = 0.142mol \cdot L^{-1}$$

正常人血清中 HCO_3^- 的物质的量浓度为

$$c(HCO_3^-) = \frac{0.165g/(61.0g \cdot mol^{-1})}{0.100L} = 2.7 \times 10^{-2}mol \cdot L^{-1}$$

例 1-6 市售冰乙酸密度为 $1.05kg \cdot L^{-1}$，HAc 的质量分数为 0.91，计算物质的量浓度 $c(HAc)$ 和 $c\left(\frac{1}{2}HAc\right)$，单位用 $mol \cdot L^{-1}$。

解 HAc 的摩尔质量为 $60g \cdot mol^{-1}$，$\frac{1}{2}$HAc 的摩尔质量为 $30g \cdot mol^{-1}$。

$$c(HAc) = \frac{1.05 \times 1\,000g \cdot L^{-1} \times 1L \times 0.91/60g \cdot mol^{-1}}{1L} = 16mol \cdot L^{-1}$$

$$c\left(\frac{1}{2}HAc\right) = \frac{1.05 \times 1\,000g \cdot L^{-1} \times 1L \times 0.91/30g \cdot mol^{-1}}{1L} = 32mol \cdot L^{-1}$$

三、质量摩尔浓度

溶质 B 的**质量摩尔浓度（molality）**定义为溶质 B 的物质的量 n_B 除以溶剂的质量 m_A，符号为 b_B，即

$$b_B \overset{\text{def}}{=\!=} \frac{n_B}{m_A} \tag{1-7}$$

b_B 的单位是 $mol \cdot kg^{-1}$。

由于质量摩尔浓度与温度无关，因此在物理化学中广为应用。

例 1-7 称取 7.00g 结晶草酸($H_2C_2O_4 \cdot 2H_2O$)溶于 90.0g 水中,求溶液中草酸的质量摩尔浓度 $b(H_2C_2O_4)$ 和摩尔分数 $x(H_2C_2O_4)$。

解 结晶草酸的摩尔质量 $M(H_2C_2O_4 \cdot 2H_2O) = 126g \cdot mol^{-1}$,而 $M(H_2C_2O_4) = 90.0g \cdot mol^{-1}$,7.00g 结晶草酸中草酸的质量为

$$m(H_2C_2O_4) = \frac{7.00g \times 90.0g \cdot mol^{-1}}{126g \cdot mol^{-1}} = 5.00g$$

溶液中水的质量为

$$m(H_2O) = 90.0g + (7.00 - 5.00)g = 92.0g$$

则

$$b(H_2C_2O_4) = \frac{\dfrac{5.00g}{90.0g \cdot mol^{-1}}}{\dfrac{92.0g}{1\,000g \cdot 1kg^{-1}}} = 0.604mol \cdot kg^{-1}$$

$$x(H_2C_2O_4) = \frac{\dfrac{5.00g}{90.0g \cdot mol^{-1}}}{\left(\dfrac{5.00g}{90.0g \cdot mol^{-1}}\right) + \left(\dfrac{92.0g}{18.0g \cdot mol^{-1}}\right)} = 0.010\,8$$

第三节 溶液的渗透压

溶液由溶质和溶剂组成,溶解作用使溶质和溶剂的性质都发生了变化。溶液的性质可分为两类:一类决定于溶质的本性,如溶液的颜色、体积、导电性和表面张力等;另一类与溶质的本性无关,只取决于溶液中溶质的质点数目,这类性质具有一定的规律性,所以统称为**稀溶液依数性(colligative property of dilute solution)**,简称依数性,其变化规律只适用于稀溶液。常见的稀溶液依数性包括溶液的蒸气压下降、沸点升高、凝固点降低和渗透压。

稀溶液依数性对细胞内外物质的交换、临床输液、机体内水及电解质代谢等,均具有一定的理论指导意义。本节重点阐述渗透压及其在医学上的意义。在此之前,首先简要介绍难挥发性非电解质稀溶液的蒸气压下降、沸点升高和凝固点降低。

一、溶液依数性简介

(一)溶液的蒸气压下降

1. 液体的蒸气压 在一定温度下,将某纯溶剂(如水)置于一密闭容器中,由于分子的热运动,一部分动能足够大的水分子将克服液体分子间的引力从液面逸出,扩散成为蒸气分子,形成气相,这一过程称为**蒸发(evaporation)**。同时,气相中的水蒸气分子也会接触到液面并被吸引到液相中,这一过程称为**凝结(condensation)**。开始时,蒸发过程占优势,但随着水蒸气密度的增大,凝结的速率也随之增大,当液体蒸发的速率与蒸气凝结的速率相等时,气相与液相达到平衡,即

$$H_2O(l) \rightleftharpoons H_2O(g)$$

式中 l 代表液相,g 代表气相。

此时,水蒸气的密度不再改变,它具有的压力也不再改变。我们把这时蒸气所具有的压力称为该温度下水的饱和蒸气压,简称**蒸气压(vapor pressure)**,用符号 p 表示,单位是 Pa(帕)

或 kPa(千帕)。蒸气压仅与液体的本质和温度有关,与液体的量以及液面上方空间体积无关。

在一定温度下,不同的物质蒸气压不同。一些液体的饱和蒸气压见表 1-1。

表 1-1 一些液体的饱和蒸气压(293.15K)

物质	蒸气压/kPa	物质	蒸气压/kPa
水	2.34	乙醚	57.6
乙醇	5.85	汞	1.6×10^{-4}
苯	9.96		

温度不同,同一液体的蒸气压亦不相同。水的蒸气压与温度的关系见表 1-2。

表 1-2 不同温度下水的蒸气压

T/K	p/kPa	T/K	p/kPa
273.15	0.610 6	333.15	19.918 3
293.15	2.338 5	353.15	47.342 6
313.15	7.375 4	373.15	101.324 7

图 1-1 反映了乙醚、乙醇、水、聚乙二醇等液体的蒸气压随温度升高而增大的情况。

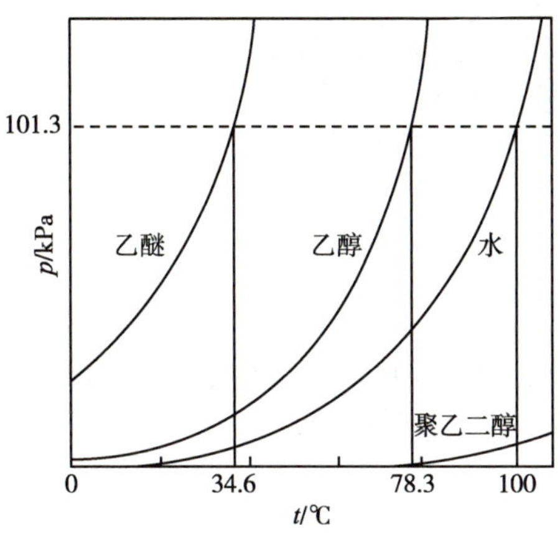

图 1-1 蒸气压与温度的关系图

固体也具有一定的蒸气压。固体可以直接蒸发为气体,这一现象称为**升华(sublimation)**。大多数固体的蒸气压都很小,只有少数固体如冰、碘、萘、樟脑等有较大的蒸气压。

固体的蒸气压也随温度的升高而增大,表 1-3 列出了不同温度下冰的蒸气压。

表 1-3 不同温度下冰的蒸气压

T/K	p/kPa	T/K	p/kPa
273.15	0.610 6	258.15	0.165 3
268.15	0.401 3	253.15	0.103 5
263.15	0.260 0	248.15	0.063 5

无论固体还是液体,蒸气压大者称为易挥发性物质,蒸气压小者则称为难挥发性物质。本章讨论稀溶液依数性时,忽略难挥发性溶质自身的蒸气压,只考虑溶剂的蒸气压。

2. **溶液的蒸气压下降——Raoult 定律**　实验证明，在相同温度下，当难挥发的非电解质溶于溶剂形成稀溶液后，稀溶液的蒸气压要比纯溶剂的蒸气压低。

问题与思考 1-1

为什么难挥发性物质的稀溶液的蒸气压低于纯溶剂的蒸气压？

溶液中部分液面或多或少地被难挥发性溶质的分子所占据，导致溶剂的表面积相对减少，单位时间内从溶液中蒸发出的溶剂分子数比从纯溶剂中蒸发出的分子数少，因此，平衡时溶液的蒸气压必然低于纯溶剂的蒸气压，这种现象称为溶液的**蒸气压下降(vapor pressure lowering)**。图 1-2表示纯溶剂和溶液在密闭容器内的蒸发-凝结情况。显然，溶液的浓度越大，溶液的蒸气压下降就越多。图 1-3 表示纯溶剂与溶液的蒸气压曲线。

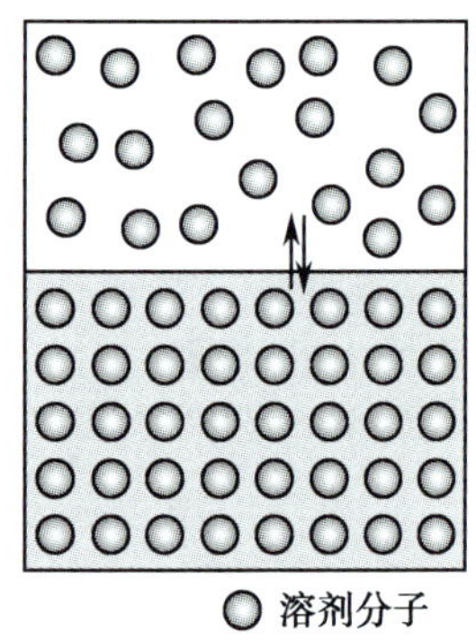

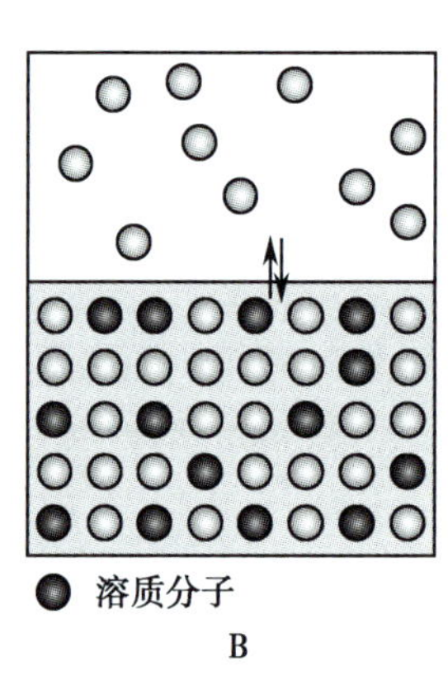

图 1-2　纯溶剂和溶液蒸发-凝结示意图

注：A. 纯溶剂；B. 溶液

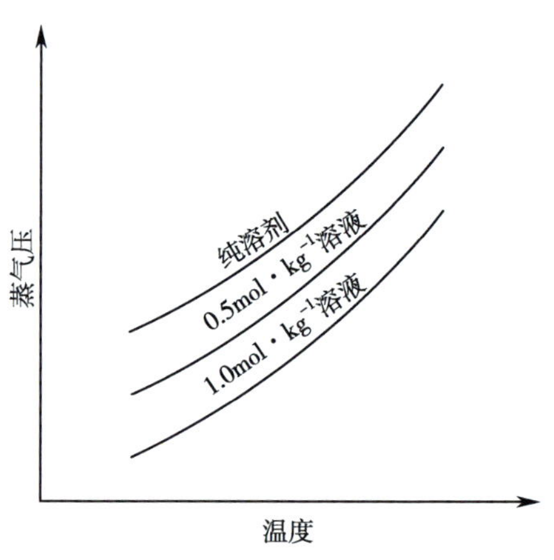

图 1-3　纯溶剂与溶液蒸气压曲线

1887 年，法国物理学家 Raoult FM 根据实验结果，总结得出如下规律：在一定温度下，难挥发性非电解质稀溶液的蒸气压等于纯溶剂的蒸气压乘以溶液中溶剂的摩尔分数。其数学表达式为

$$p = p^{\circ} x_{A} \tag{1-8}$$

式中 p°为纯溶剂的蒸气压，p 为同温度下溶液的蒸气压，x_A为溶液中溶剂的摩尔分数。

因为 $x_A<1$，$p<p^{\circ}$。对于只有一种溶质的稀溶液，设 x_B为溶质的摩尔分数，进一步得出

$$\Delta p = p^{\circ} x_{B} \tag{1-9}$$

式中 Δp 表示溶液的蒸气压下降。

通过溶液组成标度的换算，还可推导出稀溶液蒸气压下降与溶质的质量摩尔浓度 b_B的关系。即

$$\Delta p = K b_{B} \tag{1-10}$$

在一定温度下，K 为常数。

式(1-9)和(1-10)表明，在一定温度下，难挥发性非电解质稀溶液的蒸气压下降与溶液中溶质的摩尔分数(或质量摩尔浓度)成正比，即与溶液中所含溶质的微粒数有关，而与溶质的本性无关。

(二)溶液的沸点升高

1. **液体的沸点**　**沸点(boiling point)**是指液体的蒸气压等于外压，液体开始沸腾时的温度。液体的正常沸点是指外界压力为 100kPa 时的温度，用 T_b° 表示，简称沸点。例如，水的沸

点为 373.15K。通常情况下,没有注明压力条件的沸点都是指正常沸点。

液体的沸点与外界压力有关。外界压力越大,沸点越高,反之亦然。这种性质,常被应用于实际工作中。例如,对热不稳定的物质进行提取时,常采用减压蒸馏的方法以降低蒸发温度,以免高温破坏了物质。又如,医学上在医疗器械消毒灭菌时,通常采用高压灭菌法,这是为了在密闭的高压灭菌锅内获得更高的温度,进而缩短灭菌时间、提高灭菌效果。

2. **溶液的沸点升高** 实验证明,难挥发性非电解质稀溶液的沸点高于纯溶剂的沸点,这一现象称为溶液的**沸点升高(boiling point elevation)**。溶液沸点升高是溶液的蒸气压下降的必然结果。如图 1-4 中,横坐标表示温度,纵坐标表示蒸气压。AA′表示纯水的蒸气压曲线,BB′表示稀溶液的蒸气压曲线。

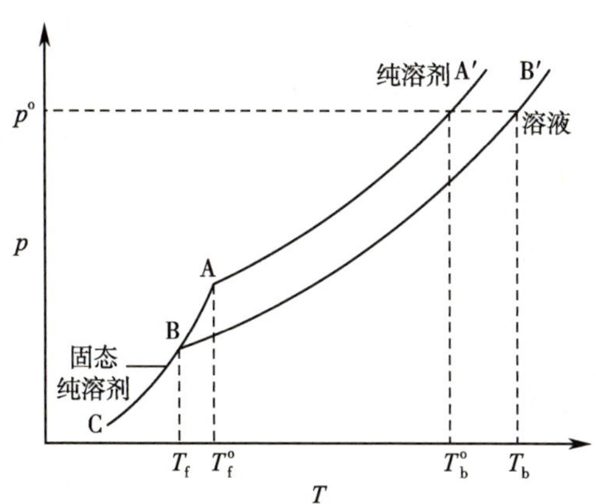

图 1-4 稀溶液的沸点升高和凝固点降低

从图 1-4 中的曲线可以看出,溶液的蒸气压在任何温度下都低于同温度下纯水的蒸气压。当温度为 373.15K 时,纯水的蒸气压等于 101.3kPa,纯水开始沸腾,达到其沸点 T_b°。此时溶液的蒸气压低于 101.3kPa,溶液并不沸腾,只有温度继续升高到 T_b时,溶液的蒸气压等于外压 101.3kPa,溶液才会沸腾,T_b为溶液的沸点。用 ΔT_b表示溶液的沸点升高,$\Delta T_b = T_b - T_b^{\circ}$。溶液浓度越大,其蒸气压下降越多,沸点升高就越多,即稀溶液的沸点升高与蒸气压下降成正比。根据 Raoult 定律,得出

$$\Delta T_b = K_b b_B \tag{1-11}$$

式中 K_b称为溶剂的沸点升高常数,它只与溶剂的本性有关。表 1-4 列出了常见溶剂的沸点及 K_b值。

表 1-4 常见溶剂的 T_b°、T_f° 和 K_b、K_f值

溶剂	T_b°/K	K_b/K·kg·mol^{-1}	T_f°/K	K_f/K·kg·mol^{-1}
水	373.15	0.512	273.15	1.86
乙酸	391.15	2.93	290.15	3.90
萘	491.15	5.80	353.15	6.90
苯	353.15	2.53	278.65	5.10
乙醇	351.55	1.22	155.85	1.99
四氯化碳	349.85	5.03	250.25	32.0
乙醚	307.85	2.02	156.95	1.80

从式(1-11)可以看出,在一定条件下,难挥发性非电解质稀溶液的沸点升高只与溶液的质量摩尔浓度成正比,而与溶质的本性无关。

(三)溶液的凝固点降低

1. 液体的凝固点　凝固点(freezing point)是指在一定外压下,物质的液相与固相达到平衡时的温度。在此温度下,液相蒸气压等于固相蒸气压。当外压为101.3kPa时,物质的凝固点称为正常凝固点,用T_f^o表示。例如,水的凝固点为273.15K,又称为冰点,此时水和冰的蒸气压相等。

2. 溶液的凝固点降低　实验证明,难挥发性非电解质稀溶液的凝固点总是低于纯溶剂的凝固点,这一现象称为溶液的**凝固点降低(freezing point depression)**。溶液的凝固点降低也是由溶液的蒸气压下降引起的。如图1-4所示,AB表示冰的蒸气压曲线,AB与AA′相交于A点,此时冰和水两相平衡共存,A对应的温度就是纯水的凝固点$T_f^o=273.15K$,但此时溶液的蒸气压低于纯水的蒸气压,这时溶液中的冰与水不能共存,冰将融化。若温度继续下降,由于冰的蒸气压比水的蒸气压降低得更快,当温度降至T_f时,冰和水的蒸气压相等,此时,溶液中冰和水共存,而T_f就是溶液的凝固点。溶液的凝固点降低也与溶液蒸气压下降有关。

问题与思考1-2

将相同质量的葡萄糖和蔗糖分别溶于等量的水中配制成溶液,两种溶液的凝固点都在0℃以下,但葡萄糖溶液的凝固点比蔗糖溶液要低,其中的原因是什么?

对于难挥发性非电解质稀溶液,用ΔT_f表示溶液的凝固点降低,$\Delta T_f=T_f^o-T_f$。根据Raoult定律,得出

$$\Delta T_f=K_f b_B \tag{1-12}$$

式中K_f称为溶剂的凝固点降低常数,它只与溶剂的本性有关。常见的一些溶剂的凝固点T_f^o及K_f值见表1-4。

从式(1-12)可以看出,难挥发性非电解质稀溶液的凝固点降低与溶液的质量摩尔浓度成正比,而与溶质的本性无关。

通过测定溶液的沸点升高和凝固点降低都可以推算溶质的摩尔质量(或相对分子质量)。由于大多数溶剂的$K_f>K_b$,同一溶液的凝固点降低值比沸点升高值大,灵敏度高且相对误差小。因此,在实际工作中,多采用凝固点降低法测定溶液的凝固点。此外,溶液凝固点的测定是在低温下进行,一般不会引起生物样品的变性或破坏。

由式(1-12),实验测定溶液的凝固点降低值ΔT_f,即可计算溶质的摩尔质量

$$\Delta T_f=K_f b_B=K_f\frac{m_B/M_B}{m_A}$$

得

$$M_B=K_f\frac{m_B}{\Delta T_f\cdot m_A} \tag{1-13}$$

式中m_B为溶质的质量(单位为g),m_A为溶剂的质量(单位为kg),M_B为溶质的摩尔质量。

例1-8　从人尿液中提取出一种中性含氮化合物,将90.0mg该化合物溶于12.0g水中,测得此溶液的凝固点降低值ΔT_f为0.233K,试求此中性含氮化合物的相对分子质量。水的$K_f=1.86K\cdot kg\cdot mol^{-1}$。

解　根据式(1-13)

$$M=1.86\text{K}\cdot\text{kg}\cdot\text{mol}^{-1}\times\frac{0.090\text{g}}{0.233\text{K}\times\frac{12.0}{1\,000}\text{kg}}=60\text{g}\cdot\text{mol}^{-1}$$

所以，此中性含氮化合物的相对分子质量为 60。

利用凝固点降低原理，可制作防冻剂和冷冻剂。例如，冬天为防止汽车水箱冻裂，常在水箱中加入甘油或乙二醇以降低水的凝固点。又如，常用食盐和冰的混合物做致冷剂，可使温度降至-22℃；用氯化钙和冰混合，可使温度降至-55℃。在水产事业和食品贮藏及运输中，广泛使用食盐和冰混合而成的冷却剂。

二、渗透现象和渗透压

（一）渗透现象

许多天然或人造薄膜对物质的透过具有选择性，它们只允许某些物质透过，而不允许另外一些物质透过，这类薄膜称为**半透膜（semipermeable membrane）**。动物的肠衣、细胞膜、毛细血管壁、人工羊皮纸、火棉胶等都是半透膜。

若用一种只允许水分子自由透过而蔗糖分子不能透过的半透膜将蔗糖溶液与纯水隔开，并使其液面高度相同（图 1-5A），经过一段时间后，可见蔗糖溶液一侧液面上升（图 1-5B），说明水分子不断地透过半透膜进入蔗糖溶液中。这种溶剂分子透过半透膜进入溶液中的自发过程称为**渗透（osmosis）**。

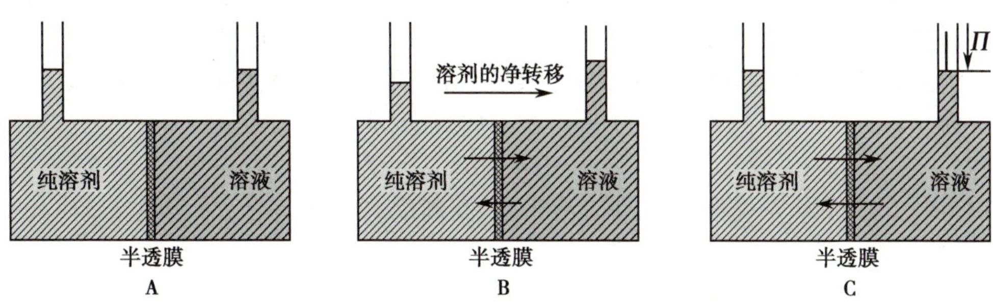

图 1-5 渗透现象与渗透压

渗透现象产生的原因，是由于膜两侧单位体积内溶剂分子数不相等，单位时间内由纯溶剂进入溶液的溶剂分子数要比由溶液进入纯溶剂的溶剂分子数多，膜两侧渗透速度不同，导致溶液一侧液面上升。因此，产生渗透现象的必备条件为：①有半透膜存在；②膜两侧单位体积内溶剂分子数不相等。

渗透现象不仅在溶液和纯溶剂之间可以发生，在浓度不同的两种溶液之间也可以发生。渗透方向是溶剂分子从纯溶剂进入溶液或从稀溶液进入浓溶液。

（二）渗透压

在上述实验过程中，渗透作用引起蔗糖溶液液面的上升，而随着溶液液面的升高，静水压慢慢增大，水分子从溶液进入纯水的速度加快。当静水压增大至一定值后，单位时间内通过半透膜进出溶液和纯溶剂的水分子数相等，就达到了渗透平衡。

为了阻止渗透现象发生，必须在溶液液面上施加一额外的压力（见图 1-5C），称为溶液的**渗透压（osmotic pressure）**，用符号 Π 表示，单位是 Pa 或 kPa。如果被半透膜隔开的是两种不同浓度的溶液，为阻止渗透现象发生，应在浓溶液液面上施加一额外压力，此压力是浓溶液与稀溶液的渗透压之差。

问题与思考 1-3

若用半透膜将溶液和纯溶剂隔开，并在溶液一侧施加一个大于其渗透压的外压时，会出现什么现象？

若选用一种高强度且耐高压的半透膜将溶液和纯溶剂隔开，在溶液液面上施加大于渗透压的外压，则溶液中将有更多的溶剂分子透过半透膜进入纯溶剂一侧，这种使渗透逆向进行的过程称为**反渗透(reverse osmosis)**。反渗透常用于从海水中提取淡水及废水除毒处理等。

三、溶液的渗透压与浓度及温度的关系

1886 年，荷兰物理学家 Van't Hoff 根据实验结果推导得出难挥发性非电解质稀溶液的渗透压与溶液浓度、热力学温度之间的关系为

$$\Pi V = n_B RT \qquad (1\text{-}14)$$

$$\Pi = c_B RT \qquad (1\text{-}15)$$

式中 Π 为溶液的渗透压(kPa)；n_B 为溶液中溶质的物质的量(mol)；V 是溶液的体积(L)；c_B 为溶液的物质的量浓度($mol \cdot L^{-1}$)；T 为热力学温度(K)；R 为摩尔气体常数($8.314J \cdot K^{-1} \cdot mol^{-1}$)。

Van't Hoff 公式表明，在一定温度下，稀溶液渗透压的大小仅与单位体积溶液中溶质的质点数目有关，而与溶质的本性无关。因此，渗透压也是稀溶液的一种依数性。

对于稀水溶液来说，其物质的量浓度与质量摩尔浓度近似相等，即 $c_B \approx b_B$，因此，式(1-15)可改写为

$$\Pi \approx b_B RT \qquad (1\text{-}16)$$

例 1-9　将 2.00g 蔗糖($C_{12}H_{22}O_{11}$)溶于水，配制成 50.0ml 溶液，求溶液在 37℃时的渗透压。

解　$M(C_{12}H_{22}O_{11}) = 342g \cdot mol^{-1}$

$$c(C_{12}H_{22}O_{11}) = \frac{2.00g / 342g \cdot mol^{-1}}{0.05L} = 0.117mol \cdot L^{-1}$$

$$\begin{aligned}\Pi &= c_B RT \\ &= 0.117mol \cdot L^{-1} \times 8.314kPa \cdot L \cdot K^{-1} \cdot mol^{-1} \times 310.15K = 302kPa\end{aligned}$$

通过实验测定难挥发性非电解质稀溶液的渗透压，可以计算溶质的摩尔质量(或相对分子质量)。

$$\Pi V = n_B RT = \frac{m_B}{M_B} RT$$

得

$$M_B = \frac{m_B}{\Pi V} RT \qquad (1\text{-}17)$$

式中 m_B 为溶质的质量(g)，M_B 为溶质的摩尔质量($g \cdot mol^{-1}$)。

此法主要用于测定高分子物质(如蛋白质)的相对分子质量。例如，浓度为 $1.00 \times 10^{-4} mol \cdot kg^{-1}$ 的某高分子化合物溶液的凝固点降低值 ΔT_f 为 1.86×10^{-4}K，数值很小，不能准确测定，而该溶液的渗透压 Π 为 0.226kPa，却能较准确地测量。因此，测定高分子化合物的相对分子质量常用渗透压法。但测定小分子溶质的相对分子质量用渗透压法则相当困难，多用凝固点降低法进行测定。

例 1-10 将 1.00g 血红蛋白溶于适量水中，配制成 100ml 溶液，在 298.15K 时，测得此溶液的渗透压为 0.367kPa，求血红蛋白的相对分子质量。

解 根据式(1-17)

$$M_B=\frac{m_B}{\Pi V}RT$$

$$M(\text{血红蛋白})=\frac{1.00\text{g}\times 8.314\text{kPa}\cdot\text{L}\cdot\text{K}^{-1}\cdot\text{mol}^{-1}\times 298.15\text{K}}{0.367\text{kPa}\times 0.100\text{L}}=6.75\times 10^{4}\text{g}\cdot\text{mol}^{-1}$$

所以血红蛋白的相对分子质量为 6.75×10^4。

前面讨论的依数性只适用于难挥发性非电解质的稀溶液。对于非电解质稀溶液来说，只要各溶液的物质的量浓度相同，单位体积内溶质的质点数就相同，其依数性也必然相同。然而，对于难挥发性电解质而言，因其在溶液中能发生解离，导致单位体积溶液中溶质的质点(分子和离子)数比相同浓度的非电解质溶液多，电解质稀溶液依数性的实验测定值与理论计算值之间存在着较大偏差。因此，在计算电解质稀溶液的依数性时，其公式中必须引入一个校正因子 i。故电解质稀溶液的渗透压公式可修正为

$$\Pi=ic_BRT\approx ib_BRT \tag{1-18}$$

校正因子 i 的数值，严格说来应由实验测得。对于强电解质溶液来说，由于强电解质在溶液中完全解离，溶液越稀，i 越趋近于一个电解质分子解离出的正离子和负离子数目之和。例如，在极稀的强电解质溶液中，AB 型强电解质(KCl、$CaSO_4$、$NaHCO_3$等)及 AB_2 或 A_2B 型强电解质($MgCl_2$、Na_2SO_4等)的校正因子 i 可分别取 2 和 3。

例 1-11 生理盐水(NaCl 溶液)常用于临床补液，其质量浓度为 $9.0\text{g}\cdot\text{L}^{-1}$，则 310.15K 时，生理盐水的渗透压为多少？

解 NaCl 的摩尔质量为 $58.5\text{g}\cdot\text{mol}^{-1}$，NaCl 在稀溶液中完全解离，$i=2$，则

$$\Pi=ic_BRT=2\times\frac{9.0\text{g}\cdot\text{L}^{-1}}{58.5\text{g}\cdot\text{mol}^{-1}}\times 8.314\text{kPa}\cdot\text{L}\cdot\text{K}^{-1}\cdot\text{mol}^{-1}\times 310.15\text{K} = 7.9\times10^{2}\text{kPa}$$

四、渗透压在医学上的意义

(一) 渗透浓度

渗透压是稀溶液的一种依数性，它仅与溶液中溶质粒子的浓度有关，而与溶质的本性无关。我们把溶液中能产生渗透效应的溶质粒子(分子、离子等)统称为渗透活性物质。根据国际纯粹与应用化学联合会(International Union of Pure and Applied Chemistry，IUPAC)和国际临床化学联合会(International Federation of Clinical Chemistry，IFCC)推荐，可以用**渗透浓度(osmotic concentration)**表示渗透活性物质的浓度，用符号 c_{os}表示，单位为 $\text{mol}\cdot\text{L}^{-1}$或 $\text{mmol}\cdot\text{L}^{-1}$。

根据 Van't Hoff 定律，在一定温度下，对于任一稀溶液，其渗透压与溶液的渗透浓度成正比，数学表达式为

$$\Pi=c_{os}RT \tag{1-19}$$

因此，医学上常用渗透浓度来比较溶液渗透压的大小。

例 1-12 计算 $50.0\text{g}\cdot\text{L}^{-1}$葡萄糖溶液、生理盐水和 $12.5\text{g}\cdot\text{L}^{-1}$ $NaHCO_3$溶液的渗透浓度(用 $\text{mmol}\cdot\text{L}^{-1}$表示)。

解 $M(C_6H_{12}O_6)=180\text{g}\cdot\text{mol}^{-1}$，$50.0\text{g}\cdot\text{L}^{-1}$葡萄糖溶液的渗透浓度为

$$c_{os}=\frac{\rho_B}{M_B}=\frac{50.0\text{g}\cdot\text{L}^{-1}}{180\text{g}\cdot\text{mol}^{-1}}=0.278\text{mol}\cdot\text{L}^{-1}=278\text{mmol}\cdot\text{L}^{-1}$$

$M(\text{NaCl})=58.5\text{g}\cdot\text{mol}^{-1}$，生理盐水的渗透浓度为

$$c_{os}=2\times\frac{\rho_B}{M_B}=2\times\frac{9.0g\cdot L^{-1}}{58.5g\cdot mol^{-1}}=0.308mol\cdot L^{-1}=308mmol\cdot L^{-1}$$

$M(NaHCO_3)=84g\cdot mol^{-1}$，$12.5g\cdot L^{-1}$ $NaHCO_3$溶液的渗透浓度为

$$c_{os}=2\times\frac{\rho_B}{M_B}=2\times\frac{12.5g\cdot L^{-1}}{84g\cdot mol^{-1}}=0.298mol\cdot L^{-1}=298mmol\cdot L^{-1}$$

表 1-5 列出了正常人血浆、组织间液和细胞内液中各种渗透活性物质的渗透浓度。

表 1-5 正常人血浆、组织间液和细胞内液中各种渗透活性物质的渗透浓度

渗透活性物质	细胞内液中浓度/ $mmol\cdot L^{-1}$	组织间液中浓度/ $mmol\cdot L^{-1}$	血浆中浓度/ $mmol\cdot L^{-1}$
Na^+	10	137	144
K^+	141	4.7	5.0
Ca^{2+}		2.4	2.5
Mg^{2+}	31	1.4	1.5
Cl^-	4.0	112.7	107
HCO_3^-	10	28.3	27
HPO_4^{2-}、$H_2PO_4^-$	11	2.0	2.0
SO_4^{2-}	1.0	0.5	0.5
磷酸肌酸	45		
肌肽	14		
氨基酸	8.0	2.0	2.0
肌酸	9.0	0.2	0.2
乳酸盐	1.5	1.2	1.2
三磷酸腺苷	5.0		
一磷酸己糖	3.7		
葡萄糖		5.6	5.6
蛋白质	4.0	0.2	1.2
尿素	4.0	4.0	4.0
c_{os}	302.2	302.2	303.7

（二）等渗、低渗和高渗溶液

从广义上讲，在相同温度下，渗透压相等的溶液互称为**等渗溶液（isotonic solution）**。对于渗透压不相等的溶液，渗透压相对更高的溶液称为**高渗溶液（hypertonic solution）**，渗透压相对更低的溶液则称为**低渗溶液（hypotonic solution）**。

医学上定义溶液的等渗、低渗和高渗是以血浆的总渗透浓度为参照标准。从表 1-5 可知，正常人血浆的渗透浓度为 303.7mmol·L^{-1}，所以医学上规定渗透浓度在 280~320mmol·L^{-1}范围内的溶液为等渗溶液；渗透浓度低于 280mmol·L^{-1}的溶液为低渗溶液；渗透浓度高于 320mmol·L^{-1}的溶液为高渗溶液。生理盐水(9.0g·L^{-1}的 NaCl 溶液)和 12.5g·L^{-1}的 $NaHCO_3$溶液均是临床上常用的等渗溶液。在实际应用中，个别略超出此范围的溶液，在医学上也看作等渗溶液，如 50.0g·L^{-1}的葡萄糖溶液和 18.7g·L^{-1}的乳酸钠溶液。

问题与思考 1-4

在临床治疗中，当需要为患者大剂量输液时，一般要输等渗溶液，为什么？

临床上为患者输液时，为防止渗透现象发生，通常使用等渗溶液。如果输液时大量使用高渗溶液或低渗溶液，会因发生渗透作用，而导致细胞变形或破坏，使其丧失正常的生理功能。现以红细胞在低渗、高渗和等渗溶液中的形态变化为例加以说明(图 1-6)。

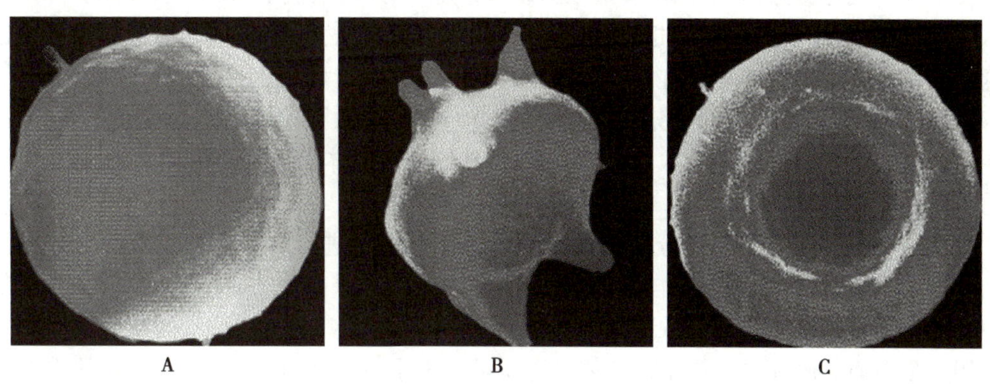

图 1-6 红细胞在不同浓度 NaCl 溶液中的形态变化

注：A. 5.0g·L^{-1}的 NaCl 溶液；B. 15.0g·L^{-1}的 NaCl 溶液；C. 9.0g·L^{-1}的 NaCl 溶液

若将红细胞置于浓度相对较低的 NaCl 溶液(如 5.0g·L^{-1})中，在显微镜下观察，可以看到红细胞发生膨胀、破裂，释放出血红蛋白，溶液变为红色，这种现象医学上称之为**溶血(hemolysis)**(见图 1-6A)。溶血的原因是细胞内液的渗透压高于细胞外液，细胞外液的水向细胞内渗透所致。

若将红细胞置于浓度相对较高的 NaCl 溶液(如 15g·L^{-1})中，在显微镜下观察，可以看见红细胞发生皱缩(见图 1-6B)。皱缩的红细胞可能互相聚结成团，若此现象发生在血管内，将产生“栓塞”。红细胞皱缩的原因是细胞内液的渗透压低于细胞外液，红细胞内的水向细胞外渗透所致。

若将红细胞置于生理盐水(9.0g·L^{-1}的 NaCl 溶液)中，在显微镜下观察，红细胞既不膨胀，也不皱缩，形态基本不变(见图 1-6C)。这是因为生理盐水和红细胞内液的渗透压相等，细胞内外液处于渗透平衡状态。

从以上实例可知，溶液渗透压的高低直接影响着置于其中的红细胞形态，溶液渗透压过高或过低都会使细胞活性遭到破坏，只有等渗溶液才能维持细胞的正常活性和生理功能。所以，临床上补液一般都要输等渗溶液。但是，也有使用高渗溶液的情况，如500g·L^{-1}的葡萄糖溶液，就是临床上常用的高渗溶液，主要是为了纠正低血糖情况。不过在使用时，应采用小剂量、慢速度的静脉注射，这样浓溶液才会被体液逐渐稀释，以免引起局部高渗而产生不良的后果。

（三）晶体渗透压和胶体渗透压

血浆等生物体液中含有电解质（如 NaCl、KCl、$NaHCO_3$ 等）、小分子物质（如葡萄糖、尿素、氨基酸等）以及高分子物质（如蛋白质、核酸等）等。在医学上，习惯把电解质和小分子物质统称为晶体物质，它们所产生的渗透压称为**晶体渗透压（crystalloid osmotic pressure）**；把高分子物质称为胶体物质，它们所产生的渗透压称为**胶体渗透压（colloid osmotic pressure）**。血浆中胶体物质的含量（约为 $70g \cdot L^{-1}$）虽高于晶体物质的含量（约为 $7.5g \cdot L^{-1}$），但是晶体物质的分子量小，而且其中的电解质可以解离，单位体积血浆中的质点数较多，而胶体物质的分子量很大，单位体积血浆中的质点数较少。因此，人体血浆的渗透压主要是由晶体物质产生的。如 310.15K 时，血浆的总渗透压约为 770kPa，其中胶体渗透压仅为 2.93~4.0kPa。

由于人体内各种半透膜（如毛细血管壁和细胞膜）的通透性不同，晶体渗透压和胶体渗透压在维持体内水、盐平衡功能上也各不相同。

细胞膜间隔着细胞内液和细胞外液，并且只允许水分子透过，而其他分子和离子（如 K^+、Na^+ 等离子）却不能自由透过。由于晶体渗透压比胶体渗透压大得多，因此，水分子的渗透方向主要取决于晶体渗透压，故晶体渗透压对维持细胞内、外的水盐平衡起主要作用。如果人体缺水，则细胞外液中盐的浓度将相对升高，导致晶体渗透压增大，于是细胞内液的水分子通过细胞膜向细胞外渗透，造成细胞内失水。若大量饮水，又会造成细胞外液中盐的浓度降低，晶体渗透压减小，细胞外液中的水分子就向细胞内渗透，严重时甚至产生水中毒。例如，向高温作业的工人提供含电解质的汽水，就是为了维持细胞外液晶体渗透压的相对恒定，以免影响细胞的形态和功能。

血浆与组织间液中某些成分的交换是透过毛细血管壁进行的。毛细血管壁与细胞膜不同，它允许水分子和各种小离子自由透过，而不允许蛋白质等高分子物质透过。因此，血浆与组织间液中小分子晶体物质的浓度相等，其对维持血浆与组织间液之间水的相对平衡几乎不起作用。蛋白质等胶体物质产生的胶体渗透压虽然很小，却对维持毛细血管内外的水盐平衡起到主要作用。如果由于某种病变造成血浆蛋白质减少，则血浆的胶体渗透压也随之降低，血浆中的水和盐等小分子物质就会透过毛细血管壁进入组织间液，引起血容量降低而组织间液增多，进而导致水肿。临床上对大面积烧伤或失血过多等原因造成血容量下降的患者，除补给电解质溶液外，还要同时输入血浆或右旋糖酐等血浆代用品，以便在增加血容量的同时，恢复血浆的胶体渗透压。

一般说来，人体血液的渗透压值较为恒定，而尿液渗透压值的变化较大。因而测定尿液的渗透压值对于人体肾脏功能评价以及临床疾病诊断均有重要意义。

（四）体液渗透压的测定

由于溶液渗透压较难直接测定，而溶液的凝固点降低相对更易测定。因此，临床上对血液、唾液、胃液、尿液等体液渗透压的测定，通常是采用“冰点渗透压计”测定其凝固点降低值进行推算。

例 1-13 测得人体血液的凝固点降低值为 0.56K，求血液在体温 37℃时的渗透压。水的 $K_f = 1.86K \cdot kg \cdot mol^{-1}$。

解 根据式 $\Pi = c_B RT, \Delta T_f = K_f b_B, c_B \approx b_B$

得

$$\Pi = \frac{\Delta T_f}{K_f} RT = \frac{0.56K}{1.86K \cdot kg \cdot mol^{-1}} \times 8.314kPa \cdot L \cdot K^{-1} \cdot mol^{-1} \times 310.15K = 7.8 \times 10^2 kPa$$

即人体血液在体温 37℃时的渗透压为 7.8×10^2kPa。

临床应用拓展阅读

透析疗法——肾衰竭的一种治疗方法

透析是指溶质通过半透膜,从高浓度溶液向低浓度溶液方向转移的过程。任何天然的(如腹膜)或人造的半透膜,只要该膜含有允许低分子量物质通过的孔径,那么这些物质就可以通过扩散和对流从膜的一侧转移到膜的另一侧。人体内的“毒物”(包括代谢产物、药物、外源性毒物)只要其相对分子质量大小适当,就能够通过透析被清除出体外。

透析疗法通常包括血液透析、血液滤过、血液灌流和腹膜透析,分别利用血液透析机、血滤机、血液灌流器和腹膜透析管对患者进行治疗。

血液透析对清除因肾功能衰竭所产生的有害物质以及纠正水电解质酸碱紊乱均有较好的效果。血液透析常用于治疗急、慢性肾功能衰竭和药物中毒,配合肾移植治疗。目前全世界每年有数十万肾衰患者在依赖透析维持生命,血液透析的长期存活率不断提高。人工肾透析治疗急、慢性肾衰不失为一种好的方法。

血液滤过是用血滤机对人体血液进行滤过,净化血液,适用于治疗急慢性肾衰、全身水肿、急性肺水肿、脑水肿、糖尿病性尿毒症以及不能承受血液透析的尿毒症患者。

血液灌流初期只用于治疗尿毒症,后经改进,还可用于治疗某些酶缺乏症和免疫性疾病。

腹膜透析与血液透析一样,也可用于治疗急慢性肾衰、电解质平衡紊乱以及药物中毒症。

人工肾是一种透析治疗设备。其原理是用半透膜将透析液与患者血液隔开,因浓度差而相互渗透,进而使患者的电解质和酸碱度恢复正常,并排出代谢产物,维持患者生命。在透析治疗过程中,患者的血液在中空纤维壁(血液透析膜)内向一侧流动,而透析液在中空纤维外向相反方向流动,血液中的小分子废物通过中空纤维壁进入透析液中。为了防止某些有用的盐类物质随着废物离开血液,透析液的酸碱度和渗透压应与血液保持基本相同。血液从患者臂部或腿部的血管通路流入人工肾,经过人工肾净化后,又流回静脉。患者的血液要流经人工肾净化多次之后,才能除去大部分的小分子废物。

影响肾脏功能的疾病很多,例如肾炎、肾盂肾炎、肾结核和急慢性肾功能衰竭等。这些疾病如果得不到及时诊治,就可能危及生命,而人工肾则是治疗这些疾病的重要武器。

本章小结

溶液是由溶质和溶剂组成。溶液的形成是一种特殊的物理化学过程,常伴随体积、能量和颜色等变化。溶质和溶剂的相对含量可用溶液的组成标度来表达,常用的有质量分数、体积分数、摩尔分数、质量浓度、物质的量浓度和质量摩尔浓度。

难挥发性非电解质稀溶液的蒸气压下降、沸点升高、凝固点降低和渗透压都与一定量溶液中所含溶质的物质的量成正比,即与溶质的质点数成正比,而与溶质的本性无关,这些性质统称为稀溶液的依数性。

渗透现象的产生必须具备两个条件：①有半透膜存在；②膜两侧单位体积内溶剂分子数不相等。

在一定温度下，稀溶液渗透压的大小仅与单位体积溶液中溶质的质点数目有关，而与溶质的本性无关。通过实验测定溶液的渗透压，可以推算溶质的摩尔质量（或相对分子质量）。

渗透浓度是指溶液中能产生渗透效应的溶质粒子的总浓度。医学上规定渗透浓度在280~320mmol·L^{-1}范围内的溶液为等渗溶液，低于280mmol·L^{-1}的溶液称为低渗溶液，高于320mmol·L^{-1}的溶液称为高渗溶液。

人体血浆的渗透压包括晶体渗透压和胶体渗透压，其中以晶体渗透压为主。

习题

1. 溶液的组成标度通常包括哪些？这些组成标度的定义各是什么？
2. 什么叫稀溶液依数性？常见的稀溶液依数性包括哪几个方面？
3. 什么叫渗透现象？渗透压的定义是什么？渗透现象产生的条件是什么？
4. 何谓医学上的等渗溶液？为什么在进行输液治疗时一般需要使用等渗溶液？
5. 什么是晶体渗透压和胶体渗透压？简述两者不同的生理功能。
6. 在溶液中，KI和$KMnO_4$可发生如下反应：

$$10KI+2KMnO_4+16H^+ = 12K^+ +2Mn^{2+}+5I_2+8H_2O$$

若反应后有0.476g I_2生成，则以$\left(KI+\frac{1}{5}KMnO_4\right)$为基本单元时，所消耗反应物的物质的量是多少？

7. 现有一患者需输液补充Na^+ 3.0g，若用生理盐水（9.0g·L^{-1} NaCl溶液），应需多少体积？

8. 经检测某成年人每100ml血浆中含K^+ 20mg、Cl^- 366mg，试计算它们各自的物质的量浓度（单位用mmol·L^{-1}表示）。

9. 在室温下，物质B（M_B=100.00g·mol^{-1}）的饱和溶液9.00ml的质量为10.00g，将该溶液蒸干后得到溶质2.00g，试计算此溶液的①质量分数ω_B；②质量浓度ρ_B；③质量摩尔浓度b_B；④物质的量浓度c_B。

10. 有两种溶液在同一温度时结冰，已知其中一种溶液为1.5g尿素溶于200g水中，另一种溶液为42.8g某难解离未知物溶于1 000g水中，求该未知物的摩尔质量（尿素的摩尔质量为60g·mol^{-1}）。

11. 某海水的含盐量相当于0.5mol·L^{-1}的NaCl溶液，设温度为300K，求此海水的渗透压。

12. 现有一种$NaHCO_3$溶液，测得其凝固点为-0.26℃，该溶液的渗透浓度为下列的哪个？为什么？

（1）70mmol·L^{-1}；（2）140mmol·L^{-1}；（3）280mmol·L^{-1}；（4）147mmol·L^{-1}；

13. 在310K时，下列稀溶液的渗透压由大到小的顺序为

（1）$c(C_6H_{12}O_6)$=0.20mol·L^{-1}；（2）$c(NaCl)$=0.20mol·L^{-1}；（3）$c(Na_2CO_3)$=0.20mol·L^{-1}

14. 生理盐水、50g·L^{-1}的葡萄糖（$C_6H_{12}O_6$）溶液、12.5g·L^{-1}的碳酸氢钠（$NaHCO_3$）溶液和18.7g·L^{-1}的乳酸钠（$NaC_3H_5O_3$）溶液均为临床上常用的等渗溶液。现按不同体积比配成

以下三种混合液：

(1)$\frac{1}{2}$(50g · L^{-1} $C_6H_{12}O_6$)+$\frac{1}{2}$(生理盐水)

(2)$\frac{1}{3}$(18.7g · L^{-1} $NaC_3H_5O_3$)+$\frac{2}{3}$(生理盐水)

(3)$\frac{1}{3}$(12.5g · L^{-1} $NaHCO_3$)+$\frac{2}{3}$(生理盐水)

试通过计算回答上述三种混合液是等渗、低渗还是高渗溶液？

15. 测得泪水的凝固点为-0.52℃，求泪水的渗透浓度和37℃时的渗透压。

16. 将1.01g胰岛素溶于适量水中配制成100ml溶液，测得298.15K时该溶液的渗透压为4.34kPa，试问该胰岛素的相对分子质量为多少？

(高 静)

第二章　酸碱溶液与酸碱平衡

学习目标

【掌握】酸碱质子理论；水的离子积与溶液的 pH；一元弱酸或弱碱的解离平衡及 pH 计算；缓冲溶液的组成及作用机制，缓冲溶液的 pH 计算，缓冲范围。

【熟悉】强电解质溶液理论；化学平衡常数；缓冲对选择及缓冲溶液的配制。

【了解】酸碱电子理论；多元弱酸或多元弱碱溶液 pH 计算，缓冲容量。

人体各种体液中都含有一定状态及含量的电解质，它们分布在机体各处，参与体内许多重要的生理和代谢活动，对维持正常的生命活动起着非常重要的作用。例如，在正常人体内，Na^+占细胞外液阳离子总量的 90%以上。K^+为细胞内液的主要阳离子，细胞内的 K^+占全身总量的 98%。Na^+、K^+状态及含量的相对平衡，维持着整个细胞的功能和结构完整，当平衡改变时，会对正常神经、肌肉等的生理、生化功能产生重要影响。水和电解质的代谢紊乱也可使全身器官系统，特别是心血管系统、神经系统的生理功能和机体的物质代谢产生相应的障碍。人体中大部分体液具有不同程度的缓冲作用，对于调节体内酸碱平衡和电解质平衡具有重要意义。因此，对医学生而言，有必要掌握酸碱溶液和缓冲溶液的基本理论、基本性质及相关知识。

第一节　强电解质溶液理论

一、电解质和解离度

电解质(electrolyte)是指溶于水中或在熔融状态下能导电的化合物，这些化合物的水溶液称为电解质溶液。根据电解质在水中的解离程度可分为**强电解质(strong electrolyte)**和**弱电解质(weak electrolyte)**。强电解质在水中全部解离或近乎全部解离，通常包括离子型化合物(如 KCl、NaOH)和强极性分子(如 HCl、HNO_3)。弱电解质在水中只有部分解离，主要仍是以分子形式存在，分子与离子间存在动态的解离平衡。弱电解质主要包括弱酸和弱碱，如 CH_3COOH(HAc)、NH_3等。

电解质在水中的解离程度可用**解离度(degree of dissociation)**来定量表达，定义为当电解质溶液达到解离平衡时，已解离的分子数与原有分子总数之比，用希腊字母 α 表示。

$$\alpha=\frac{\text{已解离的分子数}}{\text{原有分子总数}} \tag{2-1}$$

解离度量纲为 1，习惯上用百分率来表示。解离度主要受温度及浓度的影响，其值可通过测定稀溶液的依数性(如 T_f、T_b或 Π)求得。

例 2-1　已知 HAc 溶液的质量摩尔浓度为 0.1mol·kg^{-1}，测得此溶液的 $\Delta T_f=0.19K$，计算 HAc 的解离度。

解　HAc 为弱酸，在水溶液中存在解离平衡，设其解离度为 α，则已解离的 HAc 的质量摩尔浓度为 0.1αmol·kg^{-1}，根据解离平衡可得

$$HAc(aq) \rightleftharpoons H^+(aq) + Ac^-(aq)$$

初始态(mol·kg^{-1})	0.1		
平衡态(mol·kg^{-1})	$0.1-0.1\alpha$	0.1α	0.1α

达到解离平衡后，溶液中所有的粒子的总浓度为

$$\{(0.1-0.1\alpha)+0.1\alpha+0.1\alpha\}\ mol\cdot kg^{-1}=0.1(1+\alpha)\ mol\cdot kg^{-1}$$

根据 $\Delta T_f=K_f\cdot b_B$ 可得

$$0.19K=1.86K\cdot kg\cdot mol^{-1}\times 0.1(1+\alpha)\ mol\cdot kg^{-1}$$

$$\alpha=0.022=2.2\%$$

由于各种电解质的本性不同，它们的解离度也有很大差别。通常可按照解离度的大小进行大致分类，对于 0.1mol·kg^{-1}的电解质溶液而言，解离度>30%的称为强电解质，解离度<5%的称为弱电解质。

大多数离子型化合物和强极性分子在水溶液中都会以离子形式存在。所以，强电解质溶液的解离度理论上应为 100%，但实验测得的解离度却<100%，而且溶液浓度越大、离子电荷数越高，偏差越明显；此外，实验结果还表明，溶液依数性的数值也比完全以自由离子存在时要小。这些现象可以通过离子互吸理论进行合理解释。

二、离子强度

（一）Debey-Hückel 的离子互吸理论

1923 年，德拜（Debey P）和休克尔（Hückel E）提出了电解质的**离子互吸理论（ion interaction theory）**。该理论要点为：①强电解质在水溶液中完全解离，溶液中离子浓度较大；②离子间存在静电相互作用，任何一个离子都像被许多球形对称的异种电荷离子所包围，形成所谓的**离子氛（ion atmosphere）**。离子氛是一个平均统计模型（图 2-1）。

溶液中每一个离子氛的中心离子又是另一个离子氛的异种电荷离子的组成部分。由于离子氛的影响，溶液中离子运动受到限制，也就是不能百分之百地发挥应有的效能。离子氛的存在，导致电解质溶液的某些性质（如依数性、解离度）出现理论值与实验值的偏差。因此，实验测得的解离度并不代表强电解质在溶液中的实际解离度，它只反映了溶液中离子间相互牵引的程度，故称为**表观解离度（degree of apparent dissociation）**。

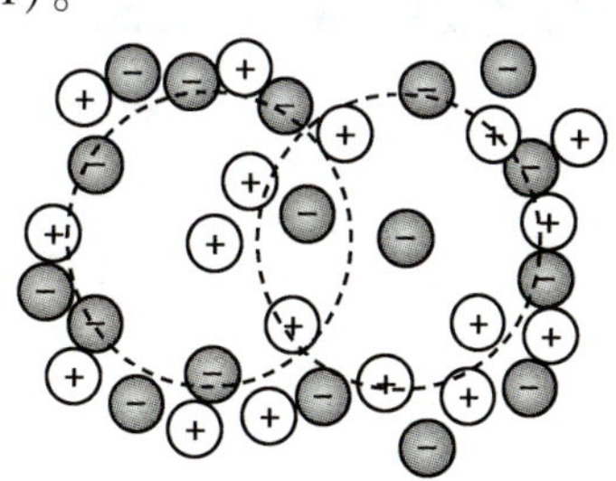

图 2-1　离子氛示意图

显然，离子氛的形成与溶液浓度和离子所带电荷有关。浓度越大，离子所带电荷越高，离子间的相互作用就越强。

（二）离子活度和离子强度

因为强电解质溶液中离子间存在相互作用，导致溶液的实际浓度和理论浓度存在差别。为了求得溶液的实际浓度，路易斯（Lewis GN）引入了活度的概念。**活度（activity）**是指电解质溶液中能真实发挥作用的离子浓度，也称为有效浓度，用 a_B 表示。活度可以通过对浓度进行校正而获得，将浓度乘上一个校正系数即为活度，这个校正系数称为**活度因子（activity factor）**，也称为活度系数，用 γ 表示。对于某溶质 B 的活度 a_B 与质量摩尔浓度 b_B 的关系为

$$a_B=\gamma_B \cdot b_B/b^{\ominus} \tag{2-2}$$

式中，$b^{\ominus}$为溶质 B 的标准质量摩尔浓度(即 $1mol \cdot kg^{-1}$)，a 和 γ 的量纲均为 1。活度因子 γ 反映了离子间相互影响的程度。一般说来，因为 $a_B<b_B$，所以 $\gamma_B<1$。溶液浓度愈大，离子间的距离愈小，相互牵制作用愈强，离子氛和离子对形成的概率就愈大，活度系数 γ 愈小，活度与浓度差别就愈显著；溶液愈稀，离子间的距离愈大，相互作用愈弱，离子氛和离子对形成的概率就愈小，离子近乎可以完全自由运动；活度系数 γ 愈接近于 1，活度与浓度差别愈小。根据以上分析，在一定条件下可认为活度近似等于浓度。比方说：①当强电解质溶液中的离子浓度很小，且离子所带的电荷也少时，$\gamma \approx 1$，活度 ≈ 浓度；②中性分子溶液也有活度和浓度的区别，但不像离子区别那么大，通常认为中性分子的 $\gamma \approx 1$；③对于弱电解质，因其解离度很小，离子浓度低，一般也视 $\gamma \approx 1$。

活度因子是溶液中离子间相互作用大小的体现，其主要受到溶液中离子浓度和离子电荷数的影响，与离子本性无关。为了阐明两者对离子活度的影响，1921 年 Lewis GN 引入了**离子强度(ionic strength)**的概念，其表示溶液中离子所产生的电场强度，定义为溶液中所有离子的质量摩尔浓度与离子电荷数平方乘积的总和的 1/2，用符号 I 表示，单位为 $mol \cdot kg^{-1}$。即

$$I \overset{\text{def}}{=\!=\!=} \frac{1}{2}\sum b_i z_i^2 \tag{2-3}$$

式中，b_i和 z_i分别为溶液中 i 离子的质量摩尔浓度和电荷数。近似计算时，可用 c_i代替 b_i。离子强度反映了离子间相互作用的强弱，I 值愈大，离子间相互作用愈强，活度因子 γ_i愈小，活度与浓度偏差愈大；反之，I 值愈小，离子间相互作用愈弱，γ_i愈接近 1，活度与浓度愈接近。

值得注意的是，在生物体中，离子强度对激素、酶和维生素的功能影响也不可简单忽略。

例 2-2　计算 0.9%生理盐水溶液的离子强度。

解　设有 1L 生理盐水，则含有 9g NaCl，$M(NaCl)=58.5g \cdot mol^{-1}$，可知 $n(NaCl)=0.154mol$，忽略溶液体积及密度的变化，则 $b(NaCl)=0.154mol \cdot kg^{-1}$。根据离子强度公式 $I=\frac{1}{2}\sum b_i z_i^2$可得

$$I=\frac{1}{2}(0.154mol \cdot kg^{-1} \times 1^2+0.154mol \cdot kg^{-1} \times (-1)^2)=0.154mol \cdot kg^{-1}$$

问题与思考 2-1

在计算 NaCl 溶液的渗透压时，为什么一定强调是稀溶液，其校正因子 i 才近似等于 2?

第二节　酸碱理论

酸和碱是电解质的重要组成部分。人们对酸碱物质的认识经历了一个由现象到本质的逐渐完善过程。在这个过程中，研究者先后提出了多种酸碱理论，其中比较经典的有 1884 年瑞典化学家 Arrhenius 建立的酸碱电离理论，该理论的主要观点是：在水溶液中解离出的阳离子全部是 H^+的物质是酸，解离出的阴离子全部是 OH^-的物质是碱。它从物质的组成上揭示了酸碱的特点，至今仍在无机化学、分析化学等领域广泛使用。但该理论也有两个明显的局限性：①酸碱反应仅限于水体系，因此对于非水体系和无溶剂体系都不适用；②将酸碱定义为在水溶液中能解离出 H^+或 OH^-的物质，对于许多物质所显示出的酸性或碱性无法进行合理解释，如 NH_3、Na_2CO_3本身并不含有 OH^-，但它们溶液显碱性；类似 NH_4Cl 水溶液呈酸性，而其自身也不

能解离出 H^+。为了解决这些问题，丹麦化学家 Bronsted J N 和英国化学家 Lowry T M 在 1923 年提出了酸碱质子理论。美国化学家 Lewis G N 提出了酸碱电子理论。本节重点介绍酸碱质子理论，简要介绍酸碱电子理论。

一、酸碱质子理论

（一）质子酸碱概念

酸碱质子理论从质子得失的角度定义酸碱。认为凡能给出质子（H^+）的物质都是**酸（acid）**，凡能接受质子的物质都是**碱（base）**。酸是质子的给体，碱是质子的受体。酸和碱不是孤立的，酸给出质子后余下的部分就是碱，碱接受质子后即成酸，两者相互依赖，在一定条件下可相互转化，这种关系称为共轭关系。酸与碱的关系可表示为

$$\text{酸} \rightleftharpoons \text{质子} + \text{碱}$$

$$HCl \rightleftharpoons H^+ + Cl^-$$

$$HAc \rightleftharpoons H^+ + Ac^-$$

$$H_2PO_4^- \rightleftharpoons H^+ + HPO_4^{2-}$$

$$HCO_3^- \rightleftharpoons H^+ + CO_3^{2-}$$

$$NH_4^+ \rightleftharpoons H^+ + NH_3$$

$$H_3O^+ \rightleftharpoons H^+ + H_2O$$

$$H_2O \rightleftharpoons H^+ + OH^-$$

$$[Al(H_2O)_6]^{3+} \rightleftharpoons H^+ + [Al(H_2O)_5OH]^{2+}$$

以上关系式也称为**酸碱半反应式（half reaction of acid-base）**，半反应左边的物质是**共轭酸（conjugate acid）**，右边的物质是对应的**共轭碱（conjugate base）**和 H^+（质子）。酸给出一个质子后变为其共轭碱，碱结合一个质子后变为其共轭酸。共轭酸碱对在组成上仅相差一个质子，既相互依存，又可相互转化。酸和碱既可以是中性分子，也可以是阳离子或阴离子。

对于既能给出质子表现为酸，又能接受质子显示出碱性的物质称为**两性物质（amphoteric substance）**，例如 $H_2PO_4^-$ 给出一个质子变为 HPO_4^{2-}，显酸性，也可以得到一个质子形成 H_3PO_4，显碱性；HCO_3^- 失去质子变为 CO_3^{2-}，为质子酸，也得到一个质子形成 H_2CO_3，为质子碱。因此 $H_2PO_4^-$、HCO_3^- 都是两性物质。另外，在酸碱质子理论中没有电离理论中盐的概念。例如，在电离理论中 KCl 是一种盐，但酸碱质子理论认为 Cl^- 可以接受质子，为质子碱，而 K^+ 既不能给出质子，又不能接受质子，是非酸非碱物质。

酸碱质子理论体现出酸和碱相互转化和相互依存的关系，并不局限是否能够在水溶液中解离出 H^+ 或 OH^-，因此，极大地扩展了酸碱物质的范围。

（二）酸碱反应的实质

质子体积极小，电荷密度非常大，在溶液中不能单独存在。因此，酸碱半反应式仅仅反映了酸碱的共轭关系，并不是真实的反应式。酸碱反应的发生必须是在酸给出质子的同时，质子要与碱迅速结合。所以，在实际的酸碱反应中，酸给出质子的半反应和碱接受质子的半反应必然同时发生，缺一不可。

例如，在 CH_3COOH 水溶液中，存在着两个酸碱半反应

酸半反应 1　　$\underset{\text{酸}_1}{CH_3COOH(aq)} \rightleftharpoons \underset{\text{碱}_1}{CH_3COO^-(aq)} + H^+(aq)$

碱半反应 2　　$\underset{\text{碱}_2}{H_2O(l)} + H^+(aq) \rightleftharpoons \underset{\text{酸}_2}{H_3O^+(aq)}$

将两式相加，得到总反应式

$$CH_3COOH(aq)+H_2O(l) \xrightarrow{H^+} \rightleftharpoons CH_3COO^-(aq)+H_3O^+(aq)$$

在上式中，CH_3COOH 给出一个 H^+ 变为共轭碱 CH_3COO^-，完成酸半反应。同时，H_2O 接受 H^+ 变为其共轭酸，完成碱半反应，反应的最终结果是 CH_3COOH 把 H^+ 传递给了 H_2O。在反应过程中，CH_3COOH 给出 H^+ 和 H_2O 接受 H^+ 几乎是同时发生，没有 H_2O 接受 H^+ 的半反应存在，CH_3COOH 就不能给出质子，即不能在水中解离。所以说酸碱反应的实质是两对共轭酸碱对之间的**质子传递反应(proton-transfer reactions)**。

质子在两对共轭酸碱对之间传递时，既不需要一定在水溶液中进行，也不要求先解离出独立的质子，再与碱结合。因此，质子传递反应在水体系、非水体系及气相体系中均可进行，只要质子能从一种物质转移到另一种物质中去就可以定义为酸碱反应。

在酸碱反应中，存在着争夺质子的过程，该过程决定了反应进行的方向。酸碱反应的必然方向为较强的酸将质子传递给较强的碱，生成较弱的酸和较弱的碱，参与反应的酸和碱愈强，反应进行愈完全。因此，酸碱强弱的判断是酸碱质子理论的重要内容，其根本判断标准是酸、碱给出或接受质子能力的大小。就共轭酸碱对而言，它们的强度是相互制约的，酸的酸性愈强，给出质子能力愈强，其对应的共轭碱的碱性就愈弱，反之亦然。例如，HCl 与 NH_3 的酸碱反应

$$HCl+NH_3 \rightleftharpoons NH_4^++Cl^-$$

因 HCl 的酸性比 NH_4^+ 强，NH_3 的碱性比 Cl^- 强，故上述反应自发地向右进行。

(三) 溶剂的拉平效应和区分效应

溶液中酸碱的强度是相对的，其不仅与酸碱的本性有关，还取决于溶剂给出或接受质子的能力。这是因为在质子传递反应中，质子的传递依赖于溶剂的性质。在同一溶剂中，酸碱的相对强度取决于酸碱的本性；但在不同溶剂中，同一酸或碱的相对强弱则取决于溶剂的性质，即同一种酸或碱在不同溶剂中，表现出不同强度。例如，HNO_3 在水中是一种强酸，趋于完全解离，然而其在冰乙酸中并不能完全解离，为中等强度酸，溶于纯硫酸中则会呈现碱性。

实验表明，$HClO_4$、H_2SO_4、HCl 和 HNO_3 的酸强度是有差别的，其强度顺序为 $HClO_4>HCl>H_2SO_4>HNO_3$，但在水溶液中并不能区分它们的强度。这是由于在水溶液中这些强酸给出质子的能力都很强，碱性物质 H_2O 足够接受这些酸给出的质子变为 H_3O^+，只要浓度不太高，这些强酸可完全解离，所以只要浓度相同，它们水溶液的 H_3O^+ 浓度也相同。这些强酸(以 HA 表示)与 H_2O 发生了如下反应

$$HA(aq)+H_2O(l) \rightleftharpoons A^-(aq)+H_3O^+(aq)$$

H_2O 接受了由 HA 解离出来的质子而生成 H_3O^+，各种不同强度的酸都被拉平到了最强酸 H_3O^+ 的水平上。这种能将各种不同强度的酸(或碱)拉平到溶剂化质子(如 H_3O^+)水平的效应称为溶剂的**拉平效应(leveling effect)**。水是 $HClO_4$、H_2SO_4、HCl 和 HNO_3 这四种酸的拉平溶剂。如果要区分 $HClO_4$、H_2SO_4、HCl 和 HNO_3 的酸强度，可选用接受质子能力比水更弱的溶剂(如冰乙酸)，它们的强度就会体现出差别。这种能区分出酸(或碱)强弱的效应称为溶剂的**区分效应(differentiating effect)**。如在水中，HCl 的酸性强于 HAc，因此，水对这两种酸具有区分效应，即水是这两种酸的区分溶剂。但若将 HCl 和 HAc 溶于液氨中，它们就都变成强酸。这是因为液氨的碱性比水更强，更容易接受 HCl 和 HAc 解离出来的质子，使这两种酸在液氨中均能够完全解离，即酸的强度被液氨拉平到 NH_4^+ 的强度水平，即液氨是 HCl 和 HAc 的拉平溶剂。因此，同一酸或碱在不同溶剂中的强度受到溶剂接受或给出质子能力大小影响。

与电离理论相比，酸碱质子理论一方面扩大了酸和碱的范畴，另一方面把许多离子平衡都

归结为酸碱反应而使之系统化。但酸碱质子理论也具有一定的局限性,它不能解释没有质子转移的酸碱反应,而且规定酸必须含有质子且能和溶剂发生质子交换。因此,质子酸就将化学组成中不含氢原子但又具有酸性的物质排除在外,如 $AlCl_3$,BF_3,SO_3等。对于这些物质,酸碱电子理论作出了很好解释。

二、酸碱电子理论

(一)酸碱的定义

美国化学家 Lewis GN 在 1923 年提出了**酸碱电子理论(electron theory of acid and base)**。其要点为:凡是具有孤对电子,能给出电子对形成配位键的分子、离子或原子团都为碱;凡是具有空轨道,能够接受电子对的分子、离子或原子团都叫酸。碱必须具有未共用的电子对,是电子对的给体,酸必须具有可以接受电子对的空轨道,是电子对的受体。酸碱反应的实质是碱提供一对电子与酸形成配位键,反应过程中并不发生电子转移。电子酸碱反应的通式可表示为

$$A + :B \rightleftharpoons A:B$$

$$\text{酸} + \text{碱} \rightleftharpoons \text{酸碱配合物}$$

例如

$$H^+ + :OH^- \rightleftharpoons H \leftarrow OH$$

$$SO_3 + :O^{2-} \rightleftharpoons [O \rightarrow SO_3]^{2-}$$

$$Ag^+ + 2:NH_3 \rightleftharpoons [H_3N \rightarrow Ag \leftarrow NH_3]^+$$

O^{2-}、OH^-和 NH_3都是电子对给体,属于碱,也称为亲核试剂。而 H^+、SO_3和 Ag^+都是电子对受体,都为酸,也叫作亲电试剂。

酸碱电子理论中只有酸、碱和酸碱配合物,没有盐的概念。在判断一种物质究竟属于碱,还是属于酸,或是属于酸碱配合物,应该在具体反应中确定,不能脱离具体反应来认定物质的酸碱性。

酸碱电子理论扩大了酸碱的范围,包括的物质种类非常广泛。因此,酸碱电子理论所定义的酸和碱也分别称为 Lewis 酸和 Lewis 碱。由于含有配位键的化合物非常普遍,所以属于 Lewis 酸碱的物质也极为丰富。可以说,凡是金属离子都是酸,与金属离子结合的不管是阴离子或中性分子都是碱。金属氧化物(如 MgO、MnO_2等)、各种配合物(如$[BF_4]^-$、$[Ni(CO)_4]$等)以及电离理论中的盐(如 $MgSO_4$、$SnCl_4$等),都属于酸碱配合物。此外,很多有机化合物也可看作是酸碱配合物,如甲醇可以看作是由甲基离子 CH_3^+(酸)和羟基离子 OH^-(碱)组成的;乙酸乙酯可看作是由乙酰离子 CH_3CO^+(酸)和乙氧基离子 $C_2H_5O^-$(碱)组成的;甚至烷烃类也可看作是由 H^+(酸)和碳阴离子 R^-(碱)组成的酸碱配合物。

(二)酸碱反应的类型

根据酸碱电子理论,酸碱反应是电子对受体与电子对给体之间形成配位反应。据此,酸碱反应可分为以下四种类型。

1. 酸碱加合反应 即一般的配位反应。如

$$Cu^{2+}(aq) + 4NH_3(aq) \rightleftharpoons [Cu(NH_3)_4]^{2+}(aq)$$

2. 酸取代反应 该类反应可认为是酸取代了酸碱配合物中的酸,生成了新的酸碱配合物。如

$$[Ag(NH_3)_2]^+(aq) + 2H^+(aq) \rightleftharpoons Ag^+(aq) + 2NH_4^+(aq)$$

在反应中,酸(H^+)取代了酸碱配合物$[Ag(NH_3)_2]^+$中的酸(Ag^+),形成了新的酸碱配合物 NH_4^+,所以叫作酸取代反应,也称为亲电取代反应。

3. 碱取代反应 该类反应特点是碱取代了酸碱配合物中的碱，生成了新的酸碱配合物。如

$$[Ag(NH_3)_2]^+(aq)+I^-(aq)\rightleftharpoons AgI\downarrow(s)+2NH_3(aq)$$

碱(I^-)取代了酸碱配合物$[Ag(NH_3)_2]^+$中的碱(NH_3)，形成了新的酸碱配合物 AgI，所以称为碱取代反应，也可以叫作亲核取代反应。

4. 双取代反应 也就是一般的酸碱反应。如

$$HCl(aq)+NaOH(aq)\rightleftharpoons NaCl(aq)+H_2O(aq)$$

在此反应中，既有酸的取代反应又有碱的取代反应，所以叫作双取代反应。

酸碱电子理论还可用于氧化还原反应的理论解释。氧化剂是接受电子的酸性物质，还原剂是给出电子的碱性物质。

酸碱电子理论对酸碱的强弱不能给出定量标准，它认为，酸、碱强弱的顺序就是取代的顺序，而取代需用某种酸(或碱)作参照，参照标准不同，测出酸碱强度的顺序可能不同。这也是酸碱电子理论的不足之处。

第三节 弱电解质溶液的解离平衡

一、化学平衡常数

(一) 可逆反应和化学平衡

可逆反应在人类的生命活动中发挥着重要作用。如人体中所需氧气的运输就涉及如下可逆反应

$$Hb(aq)+O_2(g)\rightleftharpoons HbO_2(aq)$$

在肺部，O_2的分压较高，血液中的血红蛋白(Hb)与O_2结合生成氧合血红蛋白(HbO_2)，HbO_2会随血液到身体各个部位，在这些部位O_2的分压较低，HbO_2释放出O_2，以满足体内新陈代谢的需要。

化学上规定：在同一条件下，既能向正反应方向进行，同时又能向逆反应方向进行的反应，叫作**可逆反应(reversible reaction)**，也称对峙反应。

绝大多数化学反应都是可逆的，只是可逆的程度不同。有些反应的逆反应较弱，所以整体看上去反应朝着一个方向进行，如沉淀反应、爆炸反应和复分解反应等。也有些反应在进行时，逆反应发生条件尚未具备，反应物就已耗尽，如MnO_2作为催化剂的$KClO_3$受热分解放出氧气的反应。这些可逆程度很小的反应习惯上称为**不可逆反应(irreversible reaction)**。

对于可逆性较为显著的化学反应，其整个反应不可能正向进行到底，即反应物不可能完全转化为产物。例如，在一定温度下，将H_2和I_2按一定体积比装入密闭容器，将发生如下反应

$$H_2(g)+I_2(g)\longrightarrow 2HI(g)$$

当反应“完成”时，体系中$H_2(g)$、$I_2(g)$和 HI(g)三种物质同时存在，说明反应物并没有完全转变为产物。这是因为$H_2(g)$和$I_2(g)$生成 HI(g)的反应可逆程度较高。当$H_2(g)$和$I_2(g)$反应生成 HI(g)的同时，生成的 HI(g)又会分解为$H_2(g)$和$I_2(g)$，反应可表示为

$$2HI(g)\longrightarrow H_2(g)+I_2(g)$$

上述反应同时进行，方向相反。因此，用下式表示$H_2(g)$和$I_2(g)$的反应更为准确。

$$H_2(g)+I_2(g)\rightleftharpoons 2HI(g)$$

通常用“$\rightleftharpoons$”表示可逆反应，规定由左向右进行的反应叫作正反应；从右向左进行的反应叫作逆反应。

如何衡量可逆反应在一定条件下所能到达的最大程度是一个核心问题。以 $N_2(g)$ 和 $H_2(g)$ 合成 $NH_3(g)$ 可逆反应为例，其反应式可表示为

$$N_2(g)+3H_2(g) \rightleftharpoons 2NH_3(g)$$

当反应刚开始时，容器中只有 $N_2(g)$ 和 $H_2(g)$，此时它们的浓度最大，而 $NH_3(g)$ 的浓度为零，正向反应趋势最大，即正反应速率最大。随着反应的进行，N_2 和 H_2 的浓度逐渐减小，正向反应速率也会降低；同时，$NH_3(g)$ 的浓度从零开始增大，一旦有 $NH_3(g)$ 生成，逆反应就立即开始进行，且逆反应速率会随着 $NH_3(g)$ 的浓度的增大而增大。经过一定的时间，正向反应速率和逆向反应速率相等，即 $v_{正}=v_{逆}$（图 2-2）。

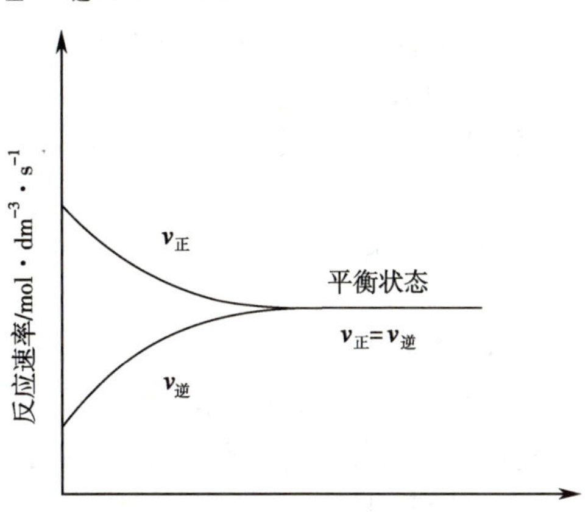

图 2-2　可逆反应的反应速率变化示意图

此时，体系中 $N_2(g)$、$H_2(g)$ 和 $NH_3(g)$ 的浓度不再随时间发生变化，反应达到了最大限度，此时产物的产率最高。这种正、逆反应速率相等时，体系所处的状态称为**化学平衡**（**chemical equilibrium**）。

化学平衡状态有以下几个特征：①化学平衡是一种动态平衡：反应达到平衡后，反应仍在继续，$v_{正}=v_{逆}$，方向相反。②$v_{正}=v_{逆}$是化学平衡建立的条件。③平衡状态体现了封闭体系中可逆反应进行的最大限度：各组分浓度不再随时间改变，这是建立平衡的标志。化学反应一定是在相对密闭的体系里才能达到平衡，如果反应在敞开体系，因为存在体系与外界的物质交换，反应达不到平衡状态。例如，在敞开容器中 NH_4HCO_3 的热分解反应

$$NH_4HCO_3(aq) \longrightarrow NH_3(g)+CO_2(g)+H_2O(aq)$$

由于产生的气态物质逸出系统，产物浓度不断降低，正向反应一直进行，直到分解完全。④化学平衡是有条件的：当外界条件改变，正、逆反应速率也会变化，原平衡被破坏，建立新的动态平衡。

（二）化学平衡常数

为了更好地研究化学平衡，需要知道平衡状态下反应体系内相关组分的定量关系。因此，引入了化学平衡常数的概念。在一定温度下，可逆反应无论从正反应开始，还是从逆反应开始，也不管反应物起始浓度多大，最后都达到化学平衡，此时各生成物浓度的化学计量数次幂的乘积与各反应物浓度的化学计量数次幂的乘积之比是个常数，称为**化学平衡常数**（**chemical equilibrium constant**），用 K 表示，量纲为 1。

对于任一可逆反应

$$aA+bB \rightleftharpoons dD+eE$$

在一定温度下达到平衡时，都有如下关系

$$K_c=\frac{[D]^d[E]^e}{[A]^a[B]^b} \tag{2-4}$$

上式中方括号表示体系内各组分的平衡浓度。

对于气相反应,在恒温恒压条件下,由于气体的分压与浓度成正比,所以可以用平衡时各气体的分压来代替浓度。对于任一气相可逆反应

$$aA(g)+bB(g) \rightleftharpoons dD(g)+eE(g)$$

以 p_A、p_B、p_D、p_E 分别表示各组分的平衡分压,则式(2-4)变为

$$K_p=\frac{p_D^d p_E^e}{p_A^a p_B^b} \qquad (2\text{-}5)$$

在一定温度下,每一个可逆反应都对应一个平衡常数 K,它是温度的函数。它反映了可逆反应在一定条件下达到平衡时反应物的转化程度,K 值越大表示正反应进行的程度越大,产物的相对平衡浓度越大,反应物的转化率越高。

平衡常数 K 和物质的起始浓度无关,也与反应的开始方向无关,即反应从正反应开始,还是从逆反应开始对 K 都没影响。

通过实验测定反应物和产物的平衡浓度或平衡分压,计算得到的平衡常数叫实验平衡常数。

例 2-3　在一定温度下,反应 $N_2+3H_2 \rightleftharpoons 2NH_3$ 达到平衡时,测得 $[N_2]=3mol \cdot L^{-1}$,$[H_2]=9mol \cdot L^{-1}$,$[NH_3]=4mol \cdot L^{-1}$,求该温度时的化学平衡常数以及 N_2 和 H_2 的初始浓度。

解　(1)求平衡常数 K。将已知各组分平衡浓度代入平衡常数 K 表达式可求得。

$$K=\frac{[NH_3]^2}{[N_2][H_2]^3}=\frac{4^2}{3\times9^3}=7.32\times10^{-3}$$

(2)求 N_2 和 H_2 的初始浓度。对于这个问题,需要注意反应物的消耗量与产物的生成量之间的比例关系,还要清楚初始浓度与平衡浓度的关系。

根据反应方程式　　　$N_2+3H_2 \rightleftharpoons 2NH_3$

可知,N_2 和 H_2 的消耗量与 NH_3 生成量间的物质的量比例为 1∶3∶2。

设生成 $4mol \cdot L^{-1}$ NH_3 需 N_2 和 H_2 的浓度分别为 x 和 y,则

$$1:2=x:4 \qquad x=2mol \cdot L^{-1}$$

$$3:2=y:4 \qquad y=6mol \cdot L^{-1}$$

反应物的初始浓度等于消耗的浓度与平衡浓度之和,所以

$$c(N_2)=3mol \cdot L^{-1}+2mol \cdot L^{-1}=5mol \cdot L^{-1}$$

$$c(H_2)=9mol \cdot L^{-1}+6mol \cdot L^{-1}=15mol \cdot L^{-1}$$

故该温度时平衡常数 K 为 7.32×10^{-3},N_2 和 H_2 的初始浓度分别为 $5mol \cdot L^{-1}$ 和 $15mol \cdot L^{-1}$。

由例 2-3 可知,利用实验平衡常数 K 进行相关计算时会遇到量纲方面的问题,所以化学上引入了**标准平衡常数(standard equilibrium constant)**,其数值可通过热力学公式间接计算获得,用 $K^\ominus$ 表示。

对于任一可逆反应

$$aA+bB \rightleftharpoons dD+eE$$

在标准状态下达到平衡时,都有如下关系

$$K^\ominus=\frac{([D]/c^\ominus)^d([E]/c^\ominus)^e}{([A]/c^\ominus)^a([B]/c^\ominus)^b} \qquad (2\text{-}6)$$

若 A、B、D、E 为气体,则 $K^\ominus$ 表达式可转换为

$$K^\ominus=\frac{(p(D)/p^\ominus)^d(p(E)/p^\ominus)^e}{(p(A)/p^\ominus)^a(p(B)/p^\ominus)^b} \qquad (2\text{-}7)$$

在 $K^\ominus$ 的表达式中,体系中各组分的浓度(或分压)是平衡状态时的相对浓度(或相对分

压)，即平衡浓度(或平衡分压)与标准浓度 $c^{\ominus}$($c^{\ominus}=1\text{mol}\cdot\text{L}^{-1}$)(或标准大气压，$p^{\ominus}=100\text{kPa}$)的比值。相对浓度或相对分压量纲为1，所以标准平衡常数 $K^{\ominus}$ 量纲也为1。实验平衡常数和标准平衡常数虽有区别，但物理意义上是统一的。

(三) 化学平衡常数书写规则

书写化学平衡常数关系式时，必须注意以下几点。

1. 同一可逆反应，书写方式不同，其平衡常数的表达式和数值也不相同。例如：在373K时，NO_2 和 N_2O_4 的可逆反应

$$N_2O_4 \rightleftharpoons 2NO_2 \quad K_1=\frac{[NO_2]^2}{[N_2O_4]}=0.36$$

$$\frac{1}{2}N_2O_4 \rightleftharpoons NO_2 \quad K_2=\frac{[NO_2]}{[N_2O_4]^{\frac{1}{2}}}=0.6$$

从上式可看出，$K_1=K_2^2$。因此，书写平衡常数一定要与化学方程式对应。

因为平衡常数是温度的函数，在进行有关 K 的计算时，必须注明反应温度。考虑到常温范围内 K 值变化很小，故常温下对于 K 值计算可不注明温度。例如

$$N_2O_4 \rightleftharpoons 2NO_2$$

$$K=\frac{[NO_2]^2}{[N_2O_4]}=0.36(373\text{K})$$

$$K=\frac{[NO_2]^2}{[N_2O_4]}=3.2(423\text{K})$$

2. 如果有纯固体或纯液体参加反应，由于它们的浓度可看作常数，故均不写入平衡常数表达式中。另外，对于稀水溶液的反应，水的浓度也认为反应前后没有变化，因此也不必写在平衡常数表达式中。例如

$$CaCO_3(s) \rightleftharpoons CaO(s)+CO_2(g) \quad K=[CO_2]$$

$$CO_2(g)+H_2(g) \rightleftharpoons CO(g)+H_2O(l) \quad K=\frac{[CO]}{[CO_2][H_2]}$$

需要注意的是，对于非水溶液中的反应，如有水参加反应(不论水是反应物还是生成物)，水的浓度必须写入平衡常数表达式中。例如

$$CH_3COOH(l)+C_2H_5OH(l) \rightleftharpoons CH_3COOC_2H_5(l)+H_2O(l)$$

$$K=\frac{[CH_3COOC_2H_5][H_2O]}{[C_2H_5OH][CH_3COOH]}$$

(四) 化学平衡常数的应用

对于可逆反应，化学平衡常数是非常重要的参数，具有广泛用途，主要包括以下三方面。

1. **判断反应进行的程度**　在一定条件下，可逆反应的平衡状态是反应物转化为产物所能达到的最大限度。因此，平衡常数的数值大小是反应进行程度的重要标志。任一化学反应的平衡常数 K 值愈大，说明正反应进行的程度愈大，平衡时混合物中生成物的浓度愈大；相反，平衡常数 K 值愈小，说明该条件下愈有利于逆向反应的进行，反应物的平衡转化率愈小。

2. **预测化学反应进行的方向**　通过可逆反应的反应商与平衡常数 K 进行比较，可推测反应进行的方向。反应商是指在一定温度下，化学反应到达某种状态时，各产物浓度以其化学计量系数次幂的乘积与各反应物浓度以其化学计量系数次幂的乘积之比，用 Q 来表示。对于任一化学反应

$$aA+bB \rightleftharpoons dD+eE$$

其 Q 表达式如下所示

$$Q=\frac{(c_D)^d(c_E)^e}{(c_A)^a(c_B)^b} \tag{2-8}$$

式(2-8)中 c 表示任意状态下的瞬时浓度，并不一定是平衡浓度。K 和 Q 形式相同，单位也一致，但概念不同。根据 K 和 Q 的相对大小，可判断可逆反应进行的方向，即

当 $K=Q$ 时，即 $K/Q=1$，可逆反应处于平衡状态（反应进行的最大限度）；

当 $K>Q$ 时，即 $K/Q>1$，可逆反应正方向进行，直到 $K=Q$ 为止；

当 $K<Q$ 时，即 $K/Q<1$，可逆反应逆方向进行，直到 $K=Q$ 为止。

对于有气相参加的反应，在反应商的表达式中，用各种气态物质的分压表示。

3. 利用多重平衡规则计算平衡常数　化学上把一种物质同时参与几种平衡的现象称为多重平衡。如

$$(1)\ SO_2(g)+\frac{1}{2}O_2(g)\rightleftharpoons SO_3(g) \quad K_1=\frac{(p_{SO_3})}{(p_{SO_2})(p_{O_2})^{1/2}}$$

$$(2)\ NO_2(g)\rightleftharpoons NO(g)+\frac{1}{2}O_2(g) \quad K_2=\frac{(p_{NO})(p_{O_2})^{1/2}}{(p_{NO_2})}$$

$$(3)\ SO_2(g)+NO_2(g)\rightleftharpoons SO_3(g)+NO(g) \quad K_3=\frac{(p_{SO_3})(p_{NO})}{(p_{SO_2})(p_{NO_2})}$$

从上面三个平衡可以发现，式(1)与式(2)相加就可得到式(3)，三个平衡常数则有如下关系

$$K_1K_2=\frac{(p_{SO_3})}{(p_{SO_2})(p_{O_2})^{1/2}}\times\frac{(p_{NO})(p_{O_2})^{1/2}}{(p_{NO_2})}=\frac{(p_{SO_3})(p_{NO})}{(p_{SO_2})(p_{NO_2})}=K_3$$

由此可以得出结论，当几个可逆化学反应相加或相减，可得到另一个可逆化学反应，所得可逆化学反应的平衡常数就等于原来几个可逆化学反应的平衡常数之积或之商，称之为多重平衡规则。利用这个规则，可以根据几个可逆化学反应的组合关系间接求得所需化学反应的平衡常数。

（五）化学平衡的移动

化学平衡是一种暂时的动态平衡，如果外界条件发生变化，原来的平衡状态将被破坏，导致体系中各种组分的相对浓度或分压发生改变，直到在新的条件下建立新的平衡。这种由于反应条件的变化而使反应从一种平衡态变到另一平衡态的过程称为**化学平衡的移动（shift of chemical equilibrium）**。

影响化学平衡移动的因素主要有浓度、压力和温度。这三种因素对化学平衡移动的影响结果可通过勒夏特列（Le Chatelier）原理进行定性判断。Le Chatelier 原理主要内容是：假如改变平衡体系的外部条件，平衡就向着减弱这个改变的方向移动。根据这个原理，可以得到以下几个结论。

1. 当增加反应物浓度或减小产物浓度时，反应商 Q 减小，系统原平衡状态被破坏，此时，$Q<K$，平衡就向能减少反应物的方向移动，即正向进行。随着反应的进行，反应物浓度逐渐降低，产物浓度逐渐增大，反应商 Q 也随之增大，直至 $Q=K$ 时，系统又达到新的平衡状态。相反，减小反应物浓度或增大产物浓度时，Q 增大，使 $Q>K$，化学平衡逆向移动，Q 逐渐减小，直至 $Q=K$ 时，建立新的化学平衡。

2. 对于有气体参与的可逆化学反应，在等温、等容条件下，增大反应物分压或减少产物分压时，Q 减小，使 $Q<K$，化学平衡正向移动；减小反应物分压或增大产物分压时，Q 增大，使 $Q>K$，化学平衡逆向移动；通入惰性气体，不改变各物质分压，Q 不变，化学平衡不发生移动。

一定温度下，改变总压会同时改变各物质的分压，对于反应式前后气体物质化学计量数相

等的反应,化学平衡不发生移动。对于反应式前后气体物质化学计量数不等的反应,增大总压平衡将向分子数减少的方向移动,减小总压平衡将向分子数增加的方向移动。若保持体系总压不变,通入惰性气体会使体系总体积增大,相当于减小各物质的分压,对于反应式前后气体物质化学计量数不等的反应,平衡会向气体分子数增加的方向移动。

对只有液体或固体参加的可逆反应来说,改变压力对其化学平衡影响很小,可以不予考虑。

3. 在其他条件不变的情况下,升高温度,化学平衡向能降低温度(即吸热)的方向移动;降低温度,化学平衡向能升高温度(即放热)的方向移动。与浓度和压力对化学平衡的影响不同,改变温度会导致化学平衡常数的变化,这是由于化学平衡常数是温度的函数。

问题与思考 2-2

NO 和 CO 是汽车尾气中排放的两种大气污染物,有人提议在一定的条件下使这两种气体反应转变成 N_2和 CO_2,以消除对大气的污染。如果该反应在 298.15K 时的标准平衡常数是 1.7×10^{60},某市大气中,N_2、CO_2、NO、CO 的分压力分别是 78.1kPa、0.31kPa、0.000 05kPa、0.005kPa,试判断该反应的方向。

二、水的离子积与溶液的 pH

(一)水的质子自递平衡和水的离子积

纯水有微弱的导电能力,说明水也是一种弱电解质。根据酸碱质子理论,水是既可以给出质子,又可以接受质子的两性物质,可表示为

$$\text{半反应}_1\quad \underset{\text{酸}_1}{H_2O(l)} \rightleftharpoons H^+(aq) + \underset{\text{碱}_1}{OH^-(aq)}$$

$$\text{半反应}_2\quad \underset{\text{碱}_2}{H_2O(l)} + H^+(aq) \rightleftharpoons \underset{\text{酸}_2}{H_3O^+(aq)}$$

$$\text{总反应}\quad \underset{\text{酸}_1}{H_2O(l)} + \underset{\text{碱}_2}{H_2O(l)} \rightleftharpoons \underset{\text{碱}_1}{OH^-(aq)} + \underset{\text{酸}_2}{H_3O^+(aq)}$$

这种水分子之间发生的质子传递反应,称为水的**质子自递反应(proton self-transfer reaction)**,也称水的自偶电离。其平衡常数表达式为

$$K=\frac{[H_3O^+][OH^-]}{[H_2O][H_2O]}$$

上式中的$[H_2O]$可以看成是一个常数,故有

$$K_w=[H_3O^+][OH^-] \tag{2-9}$$

K_w称为水的**质子自递平衡常数(proton self-transfer constant)**,又称**水的离子积(ionic product of water)**,它表示在一定温度下,水中$[H_3O^+]$和$[OH^-]$之积为一常数,其数值与温度有关,温度升高,K_w增大。例如,273K 时,K_w为 1.13×10^{-15},298.15K 时为 1.01×10^{-14},373K 时为 5.59×10^{-13}。其他温度下水的离子积常数(pK_w)见附录三的附表 3-1。

需要注意的是,水的离子积适用于所有稀水溶液。因此,在一定温度下,只要知道溶液中的 H_3O^+或 OH^-浓度,就可以根据式(2-9)计算出相应的另外一种离子的浓度。

(二)水溶液的 pH

K_w反映了水溶液中 H_3O^+和 OH^-离子浓度间的关系,故可用 H_3O^+浓度(或 OH^-浓度)来表

示溶液的酸碱性。根据离子积的表达式可知，在中性溶液中，$[H_3O^+]=[OH^-]=\sqrt{K_w}$；酸性溶液中，$[H_3O^+]>[OH^-]$；碱性溶液中，$[H_3O^+]<[OH^-]$。

在实际应用时，水溶液中 H_3O^+ 浓度变化幅度很大，浓的超过 $10mol\cdot L^{-1}$，稀的可达 $10^{-15}mol\cdot L^{-1}$。当 $[H_3O^+]$ 介于 $10^{-14}\sim1mol\cdot L^{-1}$ 时，一般用 pH 表示溶液的酸碱度，pH 定义是溶液中 H_3O^+ 活度的负对数，即

$$pH=-\lg\alpha(H_3O^+) \tag{2-10}$$

对于稀溶液，由于活度系数可近似等于 1，所以可用浓度代替活度，有

$$pH=-\lg[H_3O^+] \tag{2-11}$$

溶液的酸碱性也可用 pOH 表示，即

$$pOH=-\lg\alpha(OH^-) \text{ 或 } pOH=-\lg[OH^-]$$

根据水的离子积可知

$$pH+pOH=pK_w \tag{2-12}$$

25℃时，水溶液中 $pH+pOH=14$

对于在 $[H_3O^+]>1mol\cdot L^{-1}$ 或 $[OH^-]>1mol\cdot L^{-1}$ 的情况下，直接用 H_3O^+ 浓度或 OH^- 的浓度 $c(mol\cdot L^{-1})$ 表示溶液的酸碱度。人体的各种体液都有其 pH 范围（表 2-1），酶催化等生物体的生化反应，均需在一定的 pH 范围内才能正常进行。

表 2-1 人体各种体液的 pH

体液	pH	体液	pH
血清	7.35~7.45	婴儿胃液	~5.0
唾液	6.35~6.85	成人胃液	0.9~1.5
尿液	4.8~7.5	大肠液	8.3~8.4
泪水	~7.4	小肠液	~7.6
乳汁	6.0~6.9	脑脊液	7.35~7.45
胰液	7.5~8.0		

三、一元弱酸或弱碱的解离平衡及 pH 计算

（一）一元弱酸、弱碱的解离平衡及其平衡常数

弱酸、弱碱在溶液中都存在解离平衡，它们属于一类化学平衡。对于任意一元弱酸 HB 的水溶液，HB 与 H_2O 之间的解离平衡，可表示为

$$HB(aq)+H_2O(l)\rightleftharpoons B^-(aq)+H_3O^+(aq)$$

根据化学平衡常数关系式，解离常数表达式为

$$K=\frac{[H_3O^+][B^-]}{[HB][H_2O]}$$

式中方括号表示体系中各组分的平衡浓度。在稀水溶液中，$[H_2O]$ 可视为常数，因此上式可写为

$$K_a=\frac{[H_3O^+][B^-]}{[HB]} \tag{2-13}$$

K_a 称为**酸解离常数（acid dissociation constant）**。在一定温度下，其数值一定。K_a 的大小表示酸在水溶液中给出质子能力的强弱，即酸性的相对强弱。K_a 愈大，说明该酸在水中给出质子的

能力愈强，酸性愈强；反之亦然。例如，HAc 和 HCN 的 K_a 分别为 1.75×10^{-5} 和 6.2×10^{-10}，前者 K_a 大，酸性更强。大部分弱酸的 K_a 都很小，为了应用方便，通常用 pK_a 表示，$pK_a=-\lg K_a$。

与一元弱酸类似，一元弱碱 B^- 也有相应的**碱解离常数（base dissociation constant）**，用 K_b 表示，其表达式为

$$K_b=\frac{[OH^-][HB]}{[B^-]} \tag{2-14}$$

K_b 表示碱在水溶液中相对强度，K_b 值愈大，碱性愈强，$pK_b=-\lg K_b$。

表 2-2 中列出了一些常见弱酸的 K_a 和 pK_a 值，更多数据见附录三的附表 3-2。

表 2-2　部分共轭酸碱对在水溶液中的 K_a 和 pK_a 值（25℃）

	共轭酸 HA	K_a（aq）	pK_a（aq）	共轭碱 A^-	
酸性增强（↑）	H_3O^+	-	-	H_2O	碱性增强（↓）
	$H_2C_2O_4$	5.6×10^{-2}	1.25	$HC_2O_4^-$	
	H_2SO_3	1.4×10^{-2}	1.85	HSO_3^-	
	HSO_4^-	1.0×10^{-2}	1.99	SO_4^{2-}	
	H_3PO_4	6.9×10^{-3}	2.16	$H_2PO_4^-$	
	HF	6.3×10^{-4}	3.20	F^-	
	HNO_2	5.6×10^{-4}	3.25	NO_2^-	
	HCOOH	1.8×10^{-4}	3.75	$HCOO^-$	
	$HC_2O_4^-$	1.5×10^{-4}	3.81	$C_2O_4^{2-}$	
	HAc	1.75×10^{-5}	4.76	Ac^-	
	H_2CO_3	4.5×10^{-7}	6.35	HCO_3^-	
	H_2S	8.9×10^{-8}	7.05	HS^-	
	HSO_3^-	6.0×10^{-8}	7.2	SO_3^{2-}	
	$H_2PO_4^-$	6.1×10^{-8}	7.21	HPO_4^{2-}	
	HCN	6.2×10^{-10}	9.21	CN^-	
	NH_4^+	5.6×10^{-10}	9.25	NH_3	
	HCO_3^-	4.7×10^{-11}	10.33	CO_3^{2-}	
	HS^-	1.0×10^{-19}	19.0	S^{2-}	
	HPO_4^{2-}	4.8×10^{-13}	12.32	PO_4^{3-}	
	H_2O	1.0×10^{-14}	14.0	OH^-	

（二）共轭酸碱解离常数的关系

弱酸 HB 的酸解离常数 K_a 与其共轭碱 B^- 的碱解离常数 K_b 之间有确定的对应关系。在弱酸 HB 和共轭碱 B^- 的水溶液中，发生如下酸碱反应

$$HB(aq)+H_2O(l)\rightleftharpoons B^-(aq)+H_3O^+(aq)$$

$$B^-(aq)+H_3O^+(aq)\rightleftharpoons HB(aq)+H_2O(l)$$

水的质子自递反应为

$$H_2O(l)+H_2O(l)\rightleftharpoons OH^-(aq)+H_3O^+(aq)$$

解离反应达到平衡后，体系中各个组分平衡浓度之间存在下列关系：

$$K_a=\frac{[H_3O^+][B^-]}{[HB]}$$

$$K_b=\frac{[OH^-][HB]}{[B^-]}$$

$$K_w=[H_3O^+][OH^-]$$

将 K_a 与 K_b 相乘可以得到如下关系式

$$K_w=K_a\cdot K_b \tag{2-15}$$

根据式(2-15)可知,已知弱酸的解离常数 K_a,就可求出其共轭碱的解离常数 K_b,反之亦然。

例 2-4　已知某弱酸 HA 的 K_a 值为 1.78×10^{-4},求其共轭碱 A^- 的 K_b。

解　HA 与 A^- 为共轭酸碱对,已知 K_a,根据式(2-15)可求得 K_b。

$K_a=1.78\times10^{-4}$,根据 $K_w=K_a\cdot K_b$,

$K_b=K_w/K_a=1.00\times10^{-14}/1.78\times10^{-4}=5.62\times10^{-11}$

所以共轭碱 A^- 的 K_b 值为 5.62×10^{-11}。

(三)酸碱平衡移动

弱酸、弱碱在水中的解离平衡是相对的、有条件的。若外界条件发生改变,酸碱平衡就会发生移动,直到在新条件下又建立新的酸碱平衡。影响酸碱解离平衡移动的因素主要有浓度、同离子效应及盐效应。

1. **浓度对酸碱解离平衡的影响**　弱酸 HB 在水溶液中的解离反应可表示为

$$HB(aq)+H_2O(l)\rightleftharpoons B^-(aq)+H_3O^+(aq)$$

反应达到平衡后,若增大反应物 HB 的浓度,则平衡被破坏,根据 Le Chatelier 原理,平衡会向着减小 HB 浓度的方向移动,即正反应方向移动,B^- 和 H_3O^+ 浓度增大,直到建立新的平衡。反之,若减小 HB 的浓度,平衡将向着生成 HB 的方向移动。HB 浓度与解离度 α 的关系推导如下。

若 HB 水溶液总浓度为 c(包括解离和未解离的 HB 浓度),达到解离平衡时的解离度为 α,则

$$HB(aq)\ +\ H_2O(l)\rightleftharpoons B^-(aq)\ +\ H_3O^+(aq)$$

平衡时浓度($mol\cdot L^{-1}$)　$c-c\alpha$　　　$c\alpha$　　　$c\alpha$

$$K_a=\frac{[H_3O^+][B^-]}{[HB]}=\frac{c^2\alpha^2}{c-c\alpha}=\frac{c\alpha^2}{1-\alpha}$$

若此溶液中弱电解质的解离度 $\alpha<5\%$,因此,$1-\alpha\approx1$,则 $K_a=c\alpha^2$

$$\alpha=\sqrt{\frac{K_a}{c}} \tag{2-16}$$

式(2-16)表明,温度一定时,同一弱电解质的解离度与溶液浓度的平方根成反比,这种关系称为**稀释定律(dilution law)**。溶液愈稀,解离度愈大;当浓度相同时,不同弱电解质的解离度与 K_a 的平方根成正比,即 K_a 愈大,解离度愈大。

弱电解质的相对强弱可通过解离常数 K_a 或解离度 α 来进行比较。不过,解离度随弱电解质的浓度变化而变化,所以 K_a 比解离度 α 能更方便地表达电解质的相对强弱。

例 2-5　在剧烈运动时,肌肉组织会产生一些乳酸($CH_3CHOHCOOH$),其为一元弱酸,已知某乳酸溶液的浓度为 $0.100mol\cdot L^{-1}$,求该溶液的$[H_3O^+]$和解离度 α。(K_a 值为 1.4×10^{-4})

解　在已知 K_a 情况下,根据 K_a 的表达式可以计算出 H_3O^+ 浓度,再根据 α 的定义式计算出解离度。

设平衡时 H_3O^+ 浓度为 $x mol\cdot L^{-1}$,其解离平衡表达式为

$$CH_3CHOHCOOH+H_2O \rightleftharpoons CH_3CHOHCOO^-+H_3O^+$$

初始浓度/mol·L^{-1}　　0.100

平衡浓度/mol·L^{-1}　　0.100−x　　　　x　　　x

由 K_a 的表达式可得

$$K_a=\frac{[CH_3CHOHCOO^-][H_3O^+]}{[CH_3CHOHCOOH]}=\frac{x^2}{0.100-x}$$

将 $K_a=1.4\times10^{-4}$ 代入上式，可得 $x=3.74\times10^{-3}$mol·L^{-1}。

所以

$\alpha=x/c(CH_3CHOHCOOH)=3.74\times10^{-3}$mol·L^{-1}/0.100mol·L^{-1}$=3.74\times10^{-2}=3.74\%$

2. **同离子效应**　在弱电解质的水溶液中，加入与弱电解质含有相同离子的易溶强电解质，使弱电解质的解离度明显减小的现象称为**同离子效应(common ion effect)**。

如在 HAc 溶液中，加入强电解质 NaAc，由于 NaAc 在水溶液中全部解离成 Na^+ 和 Ac^-，使溶液中 Ac^- 的浓度增大，平衡会向着使 Ac^- 的浓度减小的方向移动，即向左移动，溶液中 H_3O^+ 浓度减小，从而降低了 HAc 的解离度。

$$HAc+H_2O \rightleftharpoons H_3O^++Ac^-$$

←平衡移动方向

$$NaAc \longrightarrow Na^++Ac^-$$

例 2-6　已知 HAc 溶液的浓度为 0.100mol·L^{-1}，向该溶液加入 NaAc 并使其浓度为 0.100mol·L^{-1}(忽略溶液体积变化)，比较加入 NaAc 前后 HAc 的解离度 α(K_a 值为 1.75×10^{-5})。

解　根据 K_a 的表达式可以计算出$[H_3O^+]$，再根据 α 的定义式计算出解离度。

(1)设加入 NaAc 前，HAc 的解离度为 α_1，平衡时$[H_3O^+]=x$，根据 HAc 解离平衡

$$HAc+H_2O \rightleftharpoons Ac^-+H_3O^+$$

初始浓度/mol·L^{-1}　　0.100　　　0　　0

平衡浓度/mol·L^{-1}　　0.100 − x　　x　　x

由 K_a 的表达式可得

$$K_a=\frac{[Ac^-][H_3O^+]}{[HAc]}=\frac{x^2}{0.100-x}$$

将 K_a 值为 1.75×10^{-5} 代入可得 $x=1.32\times10^{-3}$mol·L^{-1}。

所以，$\alpha_1=[H_3O^+]/c(HAc)=1.32\times10^{-3}$mol·L^{-1}/0.100mol·L^{-1}$=1.32\times10^{-2}=1.32\%$

(2)由于 NaAc 是强电解质，其解离产生的 Ac^-(浓度约为 0.100mol·L^{-1})会破坏 HAc 的原有解离平衡，使得平衡左移，HAc 的解离度降低。

设加入 NaAc 后，HAc 的解离度为 α_2，平衡时$[H_3O^+]=y$，则

$$HAc+H_2O \rightleftharpoons Ac^-+H_3O^+$$

初始浓度/mol·L^{-1}　　0.100　　0.100　　0

平衡浓度/mol·L^{-1}　　0.100−y　　0.100+y　　y

由于 $\alpha_2<5\%$，所以，$0.100-y\approx0.100$，$0.100+y\approx0.100$，根据 K_a 的表达式可得

$$y=[H_3O^+]=\frac{K_a[HAc]}{[Ac^-]}=\frac{1.75\times10^{-5}\times0.100\text{mol}\cdot\text{L}^{-1}}{0.100\text{mol}\cdot\text{L}^{-1}}=1.75\times10^{-5}\text{mol}\cdot\text{L}^{-1}$$

此时，$\alpha_2=[H_3O^+]/c(HAc)=1.75\times10^{-5}$mol·L^{-1}/0.100mol·L^{-1}$=1.75\times10^{-4}=0.0175\%$。

加入 NaAc 前后 HAc 的解离度之比为 $\alpha_1/\alpha_2=1.32\times10^{-2}/1.75\times10^{-4}\approx75$

同离子效应在实际应用中有重要意义，可用于控制弱电解质溶液的 pH，有关内容将在缓冲溶液中进行介绍。

3. **盐效应**　在弱电解质的水溶液中，加入与弱电解质不含相同离子的易溶强电解质，该弱电解质的解离度将略有增大，这种作用称为**盐效应（salt effect）**。由于加入的强电解质完全解离，溶液中离子总浓度增大，离子相互之间的牵制作用增强，导致弱电解质的解离度增大。例如，0.100mol · L^{-1}的 HAc 溶液中，其解离度为 1.32%；加入少量 NaCl 后，其解离度会增大到 1.8%。

值得注意的是，同离子效应发生的同时必然伴随着盐效应的发生，但同离子效应一般比盐效应的作用更为显著。因此对于稀溶液来说，通常忽略盐效应。

不论是浓度的影响、同离子效应还是盐效应，本质上都是酸碱平衡体系中某种组分浓度的变化而导致平衡的移动。

（四）一元弱酸或弱碱的 pH 计算

在实际工业生产和科学研究中，很多情况下都需要知道溶液的相对准确 pH。在计算溶液的 pH 时，首先要分析溶液中的酸或碱是强电解质还是弱电解质，然后考虑溶液的组成，最后根据分析结果选择合适的公式进行计算。

强酸都属于强电解质，在水中完全解离，解离出来的 H_3O^+ 因为同离子效应会强烈抑制水的质子自递平衡，水解离的 H_3O^+ 可以忽略。因此，溶液中的 H_3O^+ 可认为只来自强酸，所以一般情况下，强酸溶液的 H_3O^+ 浓度近似等于强酸的初始浓度。强碱与强酸情况类似。但当强酸或强碱的浓度很小，$[H_3O^+]$或$[OH^-]$小于 10^{-6}mol · L^{-1}时，H_2O 解离出的 H_3O^+ 不能忽略。

弱酸或弱碱属于弱电解质，存在解离平衡，根据弱酸或弱碱的解离常数，可以计算出一元弱酸或弱碱水溶液中的 H_3O^+ 或 OH^- 浓度。

例如，在浓度为 $c_a$mol · L^{-1}的弱酸 HB 水溶液中，存在着两种质子传递平衡

$$HB(aq)+H_2O(l) \rightleftharpoons B^-(aq)+H_3O^+(aq)$$

$$K_a=\frac{[H_3O^+][B^-]}{[HB]}$$

$$H_2O(l)+H_2O(l) \rightleftharpoons OH^-(aq)+H_3O^+(aq)$$

$$K_w=[H_3O^+][OH^-]$$

溶液中 H_3O^+、B^-、OH^- 和 HB 四种物质的平衡浓度都是未知的，要精确求得$[H_3O^+]$，计算比较麻烦。因此，我们可采用下面的近似处理。

1. 当 $K_a \cdot c_a \geqslant 20K_w$，可忽略水的质子自递平衡，只考虑弱酸的质子传递平衡，即溶液中的 H_3O^+ 只来源于弱酸的解离。设 HB 的解离度为 α，则有

$$HB(aq) + H_2O(l) \rightleftharpoons B^-(aq) + H_3O^+(aq)$$

初始浓度/mol · L^{-1}　c_a

平衡浓度/mol · L^{-1}　$c_a-c_a\alpha$　　　$c_a\alpha$　　　$c_a\alpha$

由 K_a 的表达式可得

$$K_a=\frac{[H_3O^+][B^-]}{[HB]}=\frac{c_a\alpha^2}{1-\alpha} \tag{2-17}$$

或

$$K_a=\frac{[H_3O^+]^2}{c_a-[H_3O^+]}$$

解方程可得

$$[H_3O^+]=\frac{-K_a+\sqrt{K_a^2+4K_ac_a}}{2} \tag{2-18}$$

2. 当弱酸的 $c_a/K_a \geqslant 500$，或 $\alpha<5\%$时，解离出的 H_3O^+ 很少，此时 $1-\alpha \approx 1$，式(2-17)可变为

$$K_a = c_a\alpha^2 = \frac{[H_3O^+]^2}{c_a} \tag{2-19}$$

$$[H_3O^+] = \sqrt{K_a \cdot c_a} \tag{2-20}$$

式(2-20)是计算一元弱酸溶液中$[H_3O^+]$的最简式。

同理，当$K_b \cdot c_b \geqslant 20K_w$，$c_b/K_b \geqslant 500$，可推导出一元弱碱溶液$[OH^-]$的最简式

$$[OH^-] = \sqrt{K_b \cdot c_b} \tag{2-21}$$

必须注意，在计算弱酸、弱碱的pH时，必须同时满足$K_a \cdot c_a$(或$K_b \cdot c_b$)$\geqslant 20K_w$和c_a/K_a(或c_b/K_b)$\geqslant 500$，才能用最简式进行计算，否则将造成较大误差(按$\alpha<5\%$计算，$c/K>400$，取$c/K \geqslant 500$，计算所得$[H_3O^+]$误差$<5\%$)。

例 2-7 计算0.100mol·L^{-1} HCN溶液的pH，以及CN^-、HCN和OH^-的浓度。

解 HCN为一元弱酸，查附录三附表3-2可知，$K_a = 6.2\times10^{-10}$。因为$K_a \cdot c_a = 6.2\times10^{-11} \geqslant 20K_w$，且$c_a/K_a = 0.100\text{mol}\cdot\text{L}^{-1}/(6.2\times10^{-10}) > 500$，故可用最简式(2-20)进行计算，即

$$[H_3O^+] = \sqrt{K_a \cdot c_a} = \sqrt{6.2\times10^{-10}\times0.100}\,\text{mol}\cdot\text{L}^{-1} = 7.9\times10^{-6}\text{mol}\cdot\text{L}^{-1}$$

$$\text{pH} = 5.10$$

$$[CN^-] = [H_3O^+] = 7.9\times10^{-6}\text{mol}\cdot\text{L}^{-1}$$

$$[HCN] = (0.100 - 7.9\times10^{-6})\,\text{mol}\cdot\text{L}^{-1} \approx 0.100\text{mol}\cdot\text{L}^{-1}$$

$$[OH^-] = K_w/[H_3O^+] = 1.27\times10^{-9}\text{mol}\cdot\text{L}^{-1}$$

例 2-8 计算0.100mol·L^{-1} NaAc溶液的pH。

解 NaAc为一元弱碱，HAc与Ac^-为共轭酸碱对。因此，通过HAc的K_a算出Ac^-的K_b，再根据是否满足$K_b \cdot c_b \geqslant 20K_w$，$c_b/K_b \geqslant 500$，选择最简式或近似式进行计算。

查附录三附表3-2，$K_a(HAc) = 1.75\times10^{-5}$，则

$$K_b(Ac^-) = K_w/K_a(HAc) = 1.0\times10^{-14}/1.75\times10^{-5} = 5.71\times10^{-10}$$

因为$K_b \cdot c_b \geqslant 20K_w$，$c_b/K_b \geqslant 500$，所以可用式(2-21)进行计算。

$$[OH^-] = \sqrt{K_b \cdot c_b} = \sqrt{5.71\times10^{-10}\times0.100}\,\text{mol}\cdot\text{L}^{-1} = 7.56\times10^{-6}\text{mol}\cdot\text{L}^{-1}$$

$$\text{pOH} = 5.12, \text{pH} = 14 - 5.12 = 8.88$$

四、多元弱酸或多元弱碱溶液 pH 计算

多元弱酸(碱)在水中存在分级解离，质子的传递是分步进行的，导致它们水溶液中的酸碱平衡更加复杂。例如，H_3PO_4存在三步解离，每一步对应一个解离常数

第一步 $$H_3PO_4 + H_2O \rightleftharpoons H_2PO_4^- + H_3O^+$$

$$K_{a1} = \frac{[H_2PO_4^-][H_3O^+]}{[H_3PO_4]} = 6.9\times10^{-3}$$

第二步 $$H_2PO_4^- + H_2O \rightleftharpoons HPO_4^{2-} + H_3O^+$$

$$K_{a2} = \frac{[HPO_4^{2-}][H_3O^+]}{[H_2PO_4^-]} = 6.1\times10^{-8}$$

第三步 $$HPO_4^{2-} + H_2O \rightleftharpoons PO_4^{3-} + H_3O^+$$

$$K_{a3} = \frac{[PO_4^{3-}][H_3O^+]}{[HPO_4^{2-}]} = 4.8\times10^{-13}$$

由上可知，H_3PO_4水溶液中H_3O^+虽然来自上述三个平衡以及水的解离平衡。但受到H_3PO_4第一步解离产生的H_3O^+同离子效应的影响，水的质子自递平衡、H_3PO_4的第二步

及第三步的质子转移均受到抑制。在一定条件下，可近似认为溶液中的 H_3O^+ 主要来自 H_3PO_4 的第一步解离，其他级解离可忽略不计，其 H_3O^+ 浓度计算可按一元弱酸的公式进行计算。

根据以上分析，在计算多元酸中 H_3O^+ 浓度时可按以下条件进行简化。

1. 当 $K_{a1} \cdot c_a \geqslant 20K_w$ 时，忽略水的质子自递平衡。

2. 当多元酸的 $K_{a1}>>K_{a2}>>K_{a3}$ 时，一般要求 $K_{a1}/K_{a2}>100$，H_3O^+ 浓度计算可按一元弱酸处理。

3. 当 $c_a/K_{a1} \geqslant 500$，或 $\alpha<5\%$ 时，H_3O^+ 浓度可用一元弱酸的最简式进行计算。

4. 经过近似处理后，可以发现多元弱酸第二步解离平衡所得的共轭碱的浓度近似等于 K_{a2}，与酸的起始浓度关系不大。如 H_3PO_4 水溶液中，$[HPO_4^{2-}] \approx K_{a2}(H_3PO_4)$；$H_2CO_3$ 水溶液中，$[CO_3^{2-}] \approx K_{a2}(H_2CO_3)$。

多元弱碱水溶液的分级解离与多元酸相似，根据类似条件，可按一元弱碱的计算方法处理。

例 2-9 计算 0.100mol·L^{-1} H_2S 溶液中 H_3O^+ 和 S^{2-} 浓度。

解 H_2S 为二元弱酸，根据 $K_{a1} \cdot c_a \geqslant 20K_w$ 判断是否能够忽略水的质子自递平衡，再根据 $K_{a1}/K_{a2}>100$ 和 $c_a/K_{a1} \geqslant 500$ 选择合适的 H_3O^+ 浓度计算公式。

(1) H_3O^+ 浓度的计算，查附录三附表 3-2，$K_{a1}=8.9\times10^{-8}$，$K_{a2}=1.0\times10^{-19}$。

因为 $K_{a1}/K_{a2}>100$，可忽略二级解离，将 H_2S 按一元弱酸进行处理。

由于 $K_{a1} \cdot c_a \geqslant 20K_w$，$c_a/K_{a1} \geqslant 500$，故可用一元弱酸的最简式来计算 H_3O^+ 浓度，即

$$[H_3O^+]=\sqrt{K_{a1} \cdot c_a}=\sqrt{8.9\times10^{-8}\times0.100}\text{ mol} \cdot \text{L}^{-1}=9.4\times10^{-5}\text{mol} \cdot \text{L}^{-1}$$

(2) S^{2-} 浓度的计算，根据 H_2S 的第二步解离平衡

$$HS^- + H_2O \rightleftharpoons S^{2-} + H_3O^+$$

$$K_{a2}=\frac{[S^{2-}][H_3O^+]}{[HS^-]}=1.0\times10^{-19}$$

因为 K_{a2} 极小，所以第二步解离非常微弱，可近似认为

$$[H_3O^+] \approx [HS^-]$$

因此，$[S^{2-}] \approx K_{a2}=1.0\times10^{-19}$mol·L^{-1}。

第四节 缓 冲 溶 液

一、缓冲溶液的组成及作用机制

（一）缓冲溶液和缓冲作用

一般水溶液、自然界的水资源和纯水的酸碱度都易受到各种外界因素影响而发生明显改变。如在 1L 纯水中加入 1ml 1mol·L^{-1} HCl 或 NaOH，pH 就会改变三个单位。但是有一类溶液，当向其中加入少量强酸、强碱或稀释时，pH 却不会发生明显变化。如在 1.0L 含 HAc 和 NaAc 均为 0.10mol 的混合溶液中，加入 1ml 1mol·L^{-1} HCl 或 NaOH 后，溶液的 pH 只改变了 0.09 个单位。此外，实验表明，在上述 HAc-NaAc 的混合溶液加入一定量水进行稀释，pH 的变化幅度也非常小。这种能抵抗外加少量强酸、强碱或适当稀释，而保持溶液的 pH 基本不变的作用称为**缓冲作用**（**buffer action**），具有缓冲作用的溶液称为**缓冲溶液**（**buffer solution**）。

（二）缓冲作用机制

缓冲溶液为什么具有缓冲作用？现以 HAc-NaAc 缓冲溶液为例说明缓冲作用机制。

在 HAc-NaAc 组成的混合溶液中，NaAc 是强电解质，在溶液中完全解离，以 Na^+、Ac^- 存在。HAc 是弱电解质，只有部分解离，在水溶液中存在 HAc、H_3O^+ 和 Ac^- 之间的动态平衡。由于 NaAc 解离出大量 Ac^- 引起的同离子效应，导致 HAc 的解离度明显降低，因此 HAc 在溶液中几乎都以分子状态存在。当 HAc 解离达到平衡时，体系中 HAc（共轭酸）分子和 Ac^-（共轭碱）浓度都较大。溶液中存在如下解离反应

$$NaAc(s) \longrightarrow Na^+(aq) + Ac^-(aq)$$

$$\underset{\text{大量}}{HAc(aq)} + H_2O(l) \rightleftharpoons \underset{\text{大量}}{Ac^-(aq)} + H_3O^+(aq)$$

当向 HAc-NaAc 混合溶液中加少量强酸时，H_3O^+ 浓度增大，原 HAc 解离平衡被破坏，平衡会向着 H_3O^+ 浓度减小的方向移动。即外加的 H_3O^+ 会与溶液中的 Ac^- 结合，生成难解离的 HAc 和 H_2O 分子。通过平衡左移消耗掉外加的 H_3O^+，溶液中 $[H_3O^+]$ 无明显增大，从而保持 pH 基本不变。在 HAc-NaAc 体系中，共轭碱 Ac^- 起到抵抗少量外来强酸的作用，称其为抗酸成分。

相反，当向溶液中加入少量强碱，引起 H_3O^+ 浓度减小，HAc 解离平衡会向着 H_3O^+ 浓度增大的方向移动。即外加的 OH^- 会与溶液中的 H_3O^+ 结合生成 H_2O。通过平衡右移，HAc 分子解离，补充被外加 OH^- 消耗掉的 H_3O^+，溶液中 $[H_3O^+]$ 不会明显降低，仍保持 pH 基本不变。在 HAc-NaAc 体系中，共轭酸 HAc 分子起到抵抗少量外来强碱的作用，称其为抗碱成分。

可见，缓冲作用是在有足量抗酸成分和抗碱成分共存的缓冲体系中，通过自身共轭酸碱对的质子转移平衡来实现的。但需要注意，如果向缓冲溶液中加入大量强酸或强碱，缓冲溶液中的抗酸成分或抗碱成分耗尽，缓冲溶液也就不具有缓冲能力了。

（三）缓冲溶液的组成

从缓冲作用机制可以看出，缓冲溶液一般是由足够浓度、适当比例的共轭酸碱组成。组成缓冲溶液的共轭酸碱对又叫**缓冲系（buffer system）**或**缓冲对（buffer pair）**。常见的缓冲系有三种：弱酸及其共轭碱、弱碱及其共轭酸、两性物质及其对应的共轭酸（碱）。一些常用缓冲系见表 2-3。

表 2-3　常见的缓冲系

缓冲系	弱酸	共轭碱	质子转移平衡	pK_a（25℃）
HAc-NaAc	HAc	Ac^-	$HAc+H_2O \rightleftharpoons Ac^-+H_3O^+$	4.75
H_2CO_3-$NaHCO_3$	H_2CO_3	HCO_3^-	$H_2CO_3+H_2O \rightleftharpoons HCO_3^-+H_3O^+$	6.35
H_3PO_4-NaH_2PO_4	H_3PO_4	$H_2PO_4^-$	$H_3PO_4+H_2O \rightleftharpoons H_2PO_4^-+H_3O^+$	2.16
Tris · HCl-Tris	Tris · H^+	Tris	$Tris \cdot H^+ + H_2O \rightleftharpoons Tris+H_3O^+$	8.30
NH_4Cl-NH_3	NH_4^+	NH_3	$NH_4^++H_2O \rightleftharpoons NH_3+H_3O^+$	9.25

二、缓冲溶液 pH 的计算

由于缓冲作用的本质是利用共轭酸碱对之间质子转移平衡的移动，所以缓冲溶液 pH 的计算必然和共轭酸碱的浓度及其质子转移平衡常数有关。在弱酸（HB）及其共轭碱（B^-）组成的缓冲溶液中，HB 和 B^- 之间存在如下质子转移平衡关系

$$HB(aq) + H_2O(l) \rightleftharpoons B^-(aq) + H_3O^+(aq)$$

在稀溶液中，H_2O 的浓度可看作常数，达到平衡时

$$K_a = \frac{[H_3O^+][B^-]}{[HB]}$$

整理得

$$[H_3O^+] = K_a \times \frac{[HB]}{[B^-]}$$

等式两边取负对数得

$$pH = pK_a + \lg \frac{[B^-]}{[HB]}$$

即

$$pH = pK_a + \lg \frac{[共轭碱]}{[共轭酸]} \tag{2-22}$$

式(2-22)就是计算缓冲溶液 pH 的亨德森-哈森巴哈(Henderson-Hasselbalch)方程，也称缓冲公式。式中 pK_a 为弱酸解离常数的负对数，共轭碱$[B^-]$与共轭酸$[HB]$的比值称为**缓冲比(buffer-component ratio)**。

因为缓冲溶液中的共轭酸是弱电解质，溶液中又有足量的共轭碱存在，同离子效应使 HB 的解离度更小。因此，$[B^-]$和$[HB]$也可分别用溶液中共轭碱和共轭酸的初始浓度 $c(HB)$ 和 $c(B^-)$来代替，故式(2-22)也可表示为

$$pH = pK_a + \lg \frac{c(B^-)}{c(HB)} \tag{2-23}$$

若溶液的体积为 V，由于 $c(HB) = n(HB)/V$ 和 $c(B^-) = n(B^-)/V$，所以式(2-23)又可变为

$$pH = pK_a + \lg \frac{n(B^-)}{n(HB)} \tag{2-24}$$

若使用初始浓度相同、体积不同的共轭酸碱混合而得的缓冲溶液，则 $n(B^-)/n(HB) = V(B^-)/V(HB)$，代入式(2-24)得

$$pH = pK_a + \lg \frac{V(B^-)}{V(HB)} \tag{2-25}$$

根据以上各式可知，缓冲溶液有如下性质：

1. 缓冲溶液的 pH 取决于缓冲系中弱酸的 pK_a 和缓冲比($[B^-]/[HB]$)。若缓冲系一定，则 pK_a 一定，缓冲溶液的 pH 随缓冲比的改变而改变。缓冲比等于 1 时，$pH = pK_a$。

2. 弱酸的解离常数 K_a 是温度的函数，所以缓冲溶液的 pH 受温度影响。

3. 缓冲溶液在一定范围内加水稀释时，缓冲比不变，故 pH 不变，即缓冲溶液有一定的抗稀释能力。但由于稀释会引起溶液中离子强度的变化，致使缓冲溶液的 pH 也会有微小改变。如果过度稀释，使共轭酸碱的浓度大大下降，不能维持缓冲系的足够浓度，溶液也会丧失缓冲能力。

例 2-10　计算 0.10mol·L^{-1} $NH_3·H_2O$ 50ml 和 0.20mol·L^{-1} NH_4Cl 30ml 混合溶液的 pH。

解　查附录三附表 3-2，$pK_a(NH_4^+) = 9.25$，根据式(2-24)可得

$$pH = pK_a + \lg \frac{n(NH_3)}{n(NH_4^+)} = 9.25 + \lg \frac{0.10mol \cdot L^{-1} \times 50mL}{0.20mol \cdot L^{-1} \times 30mL} = 9.17$$

例 2-11　在含有 0.10mol·L^{-1} Na_2HPO_4 和 0.10mol·L^{-1} NaH_2PO_4 的 50ml 缓冲溶液，(1)求该缓冲溶液的 pH；(2)在该溶液中分别加入 0.05ml 1.0mol·L^{-1} HCl 或 1.0mol·L^{-1} NaOH 后，求溶液的 pH 的变化。

解　(1)通过查附录三附表 3-2，H_3PO_4 的 $pK_{a2}=7.21$，$pK_{a3}=12.32$，可看出 $H_2PO_4^-$ 和 HPO_4^{2-} 的平衡浓度可用初始浓度代替，所以可用式(2-23)计算该缓冲溶液 pH。

将 $c(H_2PO_4^-)=0.10mol\cdot L^{-1}$，$c(HPO_4^{2-})=0.10mol\cdot L^{-1}$，代入式(2-23)得

$$pH=pK_a+\lg\frac{c(HPO_4^{2-})}{c(H_2PO_4^-)}=7.21+\lg\frac{0.100mol\cdot L^{-1}}{0.100mol\cdot L^{-1}}=7.21$$

(2)加入 0.05ml HCl 后，溶液中的 HPO_4^{2-} 与 H_3O^+ 结合生成 $H_2PO_4^-$，因此

$$[H_2PO_4^-]=0.1mol\cdot L^{-1}+\frac{1.0mol\cdot L^{-1}\times0.05\times10^{-3}L}{50.05\times10^{-3}L}=0.101mol\cdot L^{-1}$$

$$[HPO_4^{2-}]=0.1mol\cdot L^{-1}-\frac{1.0mol\cdot L^{-1}\times0.05\times10^{-3}L}{50.05\times10^{-3}L}=0.099mol\cdot L^{-1}$$

$$pH=pK_a+\lg\frac{[HPO_4^{2-}]}{[H_2PO_4^-]}=7.21+\lg\frac{0.099mol\cdot L^{-1}}{0.101mol\cdot L^{-1}}=7.20$$

加入 HCl 后，溶液的 pH 比原来降低约 0.01 单位。

加入 0.05ml NaOH 后，溶液中的 $H_2PO_4^-$ 与 OH^- 结合生成 HPO_4^{2-}，故

$$[H_2PO_4^-]=0.1mol\cdot L^{-1}-\frac{1.0mol\cdot L^{-1}\times0.05\times10^{-3}L}{50.05\times10^{-3}L}=0.099mol\cdot L^{-1}$$

$$[HPO_4^{2-}]=0.1mol\cdot L^{-1}+\frac{1.0mol\cdot L^{-1}\times0.05\times10^{-3}L}{50.05\times10^{-3}L}=0.101mol\cdot L^{-1}$$

$$pH=pK_a+\lg\frac{[HPO_4^{2-}]}{[H_2PO_4^-]}=7.21+\lg\frac{0.101}{0.099}=7.22$$

加入 NaOH 后，溶液的 pH 比原来升高了约 0.01 单位。

三、缓冲容量和缓冲范围

(一) 缓冲容量

任何缓冲溶液的缓冲能力都有一定的限度，只有外加酸或碱的量在一定范围内，缓冲溶液才能体现其缓冲能力。为了衡量缓冲溶液的缓冲能力强弱，斯莱克(Slyke V)于 1922 年引入了**缓冲容量(buffer capacity)**概念，用 β 表示，其定义为：单位体积(1L 或 1ml)缓冲溶液的 pH 改变 1 个单位所需加入一元强酸或一元强碱的物质的量，定义为

$$\beta\overset{\text{def}}{=\!=}\frac{dn_{a(b)}}{V|dpH|}\tag{2-26}$$

式中 V 是缓冲溶液的体积，$dn_{a(b)}$ 是缓冲溶液中加入微量一元强酸(dn_a)或一元强碱(dn_b)的物质的量，$|dpH|$ 为缓冲溶液 pH 的微小改变量的绝对值。由式(2-26)可知，β 为正值，单位是“浓度 · pH^{-1}”。在 $dn_{a(b)}$ 和 V 一定的条件下，pH 的改变量 $|dpH|$ 愈小，β 愈大，缓冲溶液的缓冲能力愈强；反之，缓冲能力愈弱。

(二) 缓冲容量的影响因素

对于由共轭酸碱对构成的缓冲溶液，式(2-26)经过数学推导可获得缓冲容量与总浓度 $c_{总}$ ($c_{总}=[HB]+[B^-]$)、[HB]及$[B^-]$的关系式：

$$\beta=2.303\times\frac{[HB]}{[HB]+[B^-]}\times\frac{[B^-]}{[HB]+[B^-]}\times\{[HB]+[B^-]\}\tag{2-27}$$

$$\beta=2.303\times\frac{[HB]}{c_{总}}\times\frac{[B^-]}{c_{总}}\times c_{总}=2.303[HB][B^-]/c_{总}\tag{2-28}$$

从上式可以看出，缓冲容量的大小主要取决于缓冲溶液的总浓度和共轭酸碱的平衡浓度。对于这个结论，可从一些溶液的缓冲容量随其 pH 的变化关系进行分析(图 2-3)。

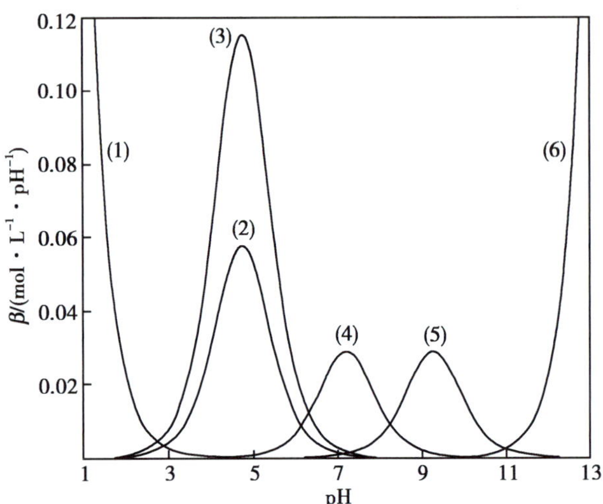

图 2-3 缓冲容量与 pH 的关系

注：(1) HCl +KCl；(2) 0.1mol · L^{-1} HAc+NaOH；(3) 0.2mol · L^{-1} HAc+NaOH；(4) 0.05mol · L^{-1} KH_2PO_4+NaOH；(5) 0.05mol · L^{-1} H_3BO_3+NaOH；(6) NaOH+KCl

图 2-3 中，曲线(2)和(3)分别表示总浓度为 0.1mol · L^{-1} 和 0.2mol · L^{-1} 的 HAc-Ac^- 缓冲系的缓冲容量与其 pH 关系，从这两条曲线的对比可以看出，当缓冲比一定时，HAc-Ac^- 缓冲系的总浓度增大一倍，缓冲容量会相应增大一倍，这主要是因为总浓度愈大，溶液中抗酸、抗碱成分愈多。因此，对于同一缓冲系，缓冲比一定时，总浓度愈大，缓冲容量愈大。

根据 Henderson-Hasselbalch 方程，缓冲溶液的 pH 受到缓冲比的影响，缓冲比 = 1 时，pH = pK_a。从图 2-3 中的曲线(2)、(3)、(4)、(5)均可看出，当 $[HB]=[B^-]$，即 $\frac{[B^-]}{[HB]}=1$ 时，缓冲容量达到最大，缓冲比偏离 1 愈远，缓冲容量愈小。这说明对于同一缓冲系，$c_{总}$ 一定时，缓冲比 $\frac{[B^-]}{[HB]}$ 愈接近 1，缓冲容量愈大。

从图 2-3 中的曲线(1)和(6)可看出，强酸(HCl+KCl)和强碱(NaOH+KCl)溶液也具有很强的缓冲能力。这是因为在这些溶液中，$[H_3O^+]$ 或 $[OH^-]$ 非常大，当少量的强酸或强碱加入后，并不会明显改变溶液中 H_3O^+ 或 OH^- 的浓度；另外，强电解质 KCl 的加入会使溶液中的离子强度增大，也有利于减弱外加 H_3O^+ 或 OH^- 引起的变化。这类溶液虽然有缓冲能力，但其酸性或碱性太强，在生物学、医学领域应用很少。

(三) 缓冲范围

根据上述讨论可知，当缓冲溶液的 $c_{总}$ 一定时，缓冲比决定了缓冲容量。一般认为，缓冲比 >10∶1 或<1∶10，缓冲溶液几乎丧失缓冲能力。只有缓冲比介于 1∶10~10∶1 之间时，缓冲溶液才有较好的缓冲作用，这一比值范围经式(2-22)就转化为(pK_a-1)~(pK_a+1)。通常情况下，将缓冲溶液的 pH 处于 pK_a±1 的有效区间，称为缓冲溶液的**有效缓冲范围(buffer effective range)**。不同缓冲系，因各自弱酸的 pK_a 不同，所以缓冲范围也各不相同。需要注意的是，实际的缓冲范围与理论缓冲范围也不一定完全相同。

四、缓冲溶液的配制

（一）缓冲溶液的配制方法

根据对缓冲容量和缓冲范围的讨论，在配制一定 pH 的缓冲溶液时，为了保证所配缓冲溶液具有一定缓冲能力，应按下列原则和步骤进行。

1. **选择合适的缓冲系**　选择缓冲系时应考虑两个因素：①使所需配制的缓冲溶液的 pH 要在所选缓冲系的有效缓冲范围（$pK_a \pm 1$）之内，并尽量接近于弱酸的 pK_a，以便获得较大的缓冲容量。例如，配制 pH = 4.0 的缓冲溶液可选择 $pK_a = 3.75$ 的 $HCOOH\text{-}HCOO^-$ 缓冲系，而不选择 $HAc\text{-}Ac^-$（$pK_a = 4.75$）缓冲系，因为 $HCOOH\text{-}HCOO^-$ 缓冲系的 $pK_a = 3.75$ 更接近 pH。②所选缓冲系的物质必须对主反应无干扰，不产生气体、沉淀、配合物及弱电解质等副反应。对于生物医学研究领域中缓冲系的选择，除了满足缓冲溶液配制的一般要求外，还应无毒、热稳定性较高、对酶稳定、能透过生物膜等。因为有时影响实验结果的因素并不是缓冲溶液的 pH，而是缓冲溶液中的某种离子。如硼酸-硼酸盐缓冲系易与许多化合物形成复合盐，一般不用于配制细菌培养、注射液和口服液的缓冲溶液；柠檬酸-柠檬酸盐缓冲系中的柠檬酸根易与钙离子结合，所以不适合用于有钙离子的体系；碳酸-碳酸氢盐缓冲系则因碳酸易分解，也不宜采用。

2. **配制的缓冲溶液要有适当的总浓度**　缓冲溶液总浓度太低，缓冲容量过小；总浓度太高，离子强度太大或渗透压过高。因此，在实际工作中，一般使总浓度在 $0.05 \sim 0.2 mol \cdot L^{-1}$ 范围内为宜。

3. **计算所需共轭酸和共轭碱的量**　选择好缓冲系之后，可根据式（2-22）计算所需弱酸及其共轭碱的量。为配制方便，通常使用相同浓度的弱酸和共轭碱来配制。此时缓冲比就等于共轭碱与共轭酸的体积比。即

$$pH = pK_a + \lg \frac{V_{B^-}}{V_{HB}}$$

在实际工作中也会利用酸碱反应获得缓冲系，即酸碱反应的剩余物与产物组成缓冲溶液，如过量弱碱和强酸

$$NH_3 \cdot H_2O(aq,过量) + HCl(aq) \longrightarrow NH_4Cl(aq) + H_2O(l)$$

或过量弱酸与强碱

$$HAc(aq,过量) + NaOH(aq) \longrightarrow NaAc(aq) + H_2O(aq)$$

4. **校正**　由于按式（2-22）计算缓冲溶液 pH 时未考虑离子强度等因素的影响，导致计算结果与实测值存在差别。因此，对 pH 要求精确的实验，还需在 pH 计监控下，对所配缓冲溶液的 pH 加以校正。

例 2-12　如何配制 100ml pH 约为 5.00 的缓冲溶液。

解　（1）选择缓冲系：查附录三附表 3-2，丙酸的 $pK_a = 4.87$，与所需缓冲溶液的 pH 最接近，故选择丙酸-丙酸钠缓冲系。

（2）确定总浓度：要配制具有一定的缓冲能力的缓冲溶液，并考虑计算方便，可选用浓度均为 $0.1 mol \cdot L^{-1}$ 丙酸和丙酸钠，根据式（2-24）可得

$$pH = pK_a + \lg \frac{n(丙酸钠)}{n(丙酸)}$$

$$5.00 = 4.87 + \lg \frac{n(丙酸钠)}{n(丙酸)}$$

$$\lg\frac{n(\text{丙酸钠})}{n(\text{丙酸})}=0.13,\frac{n(\text{丙酸钠})}{n(\text{丙酸})}=1.35$$

又因　　$V(\text{丙酸})+V(\text{丙酸钠})=100\text{ml}$

解得　　$V(\text{丙酸})=42.5\text{ml}$　　$V(\text{丙酸钠})=57.5\text{ml}$

即将 42.5ml 0.1mol·L^{-1}丙酸和 57.5ml 0.1mol·L^{-1}丙酸钠进行混合，就得到 100ml pH 约为 5.00 的缓冲溶液。

在实际工作中，为了准确、方便地配制所需 pH 的缓冲溶液，还可查阅相关手册，按配方直接配制常用缓冲溶液。医学上广泛使用的 Tris 和 Tris·HCl 缓冲系的配方可见表 2-4。

表 2-4　Tris 和 Tris·HCl 组成的缓冲溶液

缓冲溶液组成/mol·L^{-1}			pH	
Tris	Tris·HCl	NaCl	25℃	37℃
0.02	0.02	0.14	8.220	7.904
0.05	0.05	0.11	8.225	7.908
0.006 667	0.02	0.14	7.745	7.428
0.016 67	0.05	0.11	7.745	7.427
0.05	0.05		8.173	7.851
0.016 67	0.05		7.699	7.382

Tris 和 Tris·HCl 的化学式分别为三(羟甲基)甲胺盐酸盐和三(羟甲基)甲胺，即 $(HOCH_2)_3CNH_2\cdot HCl$ 和 $(HOCH_2)_3CNH_2$。Tris 是一种弱碱，性质稳定，易溶于体液且不会使体液中的钙离子沉淀，对酶的活性几乎无影响，因而广泛应用于生理及生化等研究领域。在 Tris 缓冲溶液中加入 NaCl 是为了调节离子强度至 0.16，获得生理等渗溶液。此外，在医学领域还常用一些有机酸缓冲溶液，如甲酸-甲酸盐、柠檬酸-柠檬酸钠、硼酸盐及氨基酸缓冲溶液。

(二) 标准缓冲溶液

使用 pH 计测量溶液的 pH 时，必须先用标准缓冲溶液对 pH 计进行校正，标准缓冲溶液是已知准确 pH 的缓冲溶液，其 pH 是在一定温度下通过实验准确测定获得的。标准缓冲溶液性质稳定，有一定的缓冲容量和抗稀释能力。通常是由规定浓度的某些标准解离常数较小的两性物质或共轭酸碱对组成。一些常用标准缓冲溶液的 pH 及温度系数见表 2-5。

表 2-5　标准缓冲溶液

溶液	浓度/mol·L^{-1}	pH (25℃)	温度系数*/ΔpH·$℃^{-1}$
$KHC_4H_4O_6$	饱和，25℃	3.557	-0.001
$KHC_8H_4O_4$	0.05	4.008	+0.001
KH_2PO_4-Na_2HPO_4	0.025，0.025	6.865	-0.003
KH_2PO_4-Na_2HPO_4	0.008 695，0.030 43	7.413	-0.003
$Na_2B_4O_7\cdot 10H_2O$	0.01	9.180	-0.008

注：* 温度系数>0 时，表示缓冲溶液的 pH 随温度的升高而增大；温度系数<0 时，表示缓冲溶液的 pH 随温度的升高而减小。

在表 2-5 中，酒石酸氢钾($KHC_4H_4O_6$)、邻苯二甲酸氢钾($KHC_8H_4O_4$)和硼砂($Na_2B_4O_7\cdot 10H_2O$)的标准溶液都是由单一化合物组成，这些化合物溶液之所以具有缓冲作用，一种情况是因为这些化合物溶于水后能够解离出大量的两性离子。如酒石酸氢钾溶于水后可产生两性离子 $HC_4H_4O_6^-$，该离子可接受质子生成共轭酸 $H_2C_4H_4O_6$，也可失去质子变为共轭碱 $C_4H_4O_6^{2-}$，这样溶液中就存在 $H_2C_4H_4O_6$-$HC_4H_4O_6^-$ 和 $HC_4H_4O_6^-$-$C_4H_4O_6^{2-}$ 两个缓冲系。$H_2C_4H_4O_6$ 和 $HC_4H_4O_6^-$的 pK_a分别为 2.98 和 4.34，比较接近，使两个缓冲系的缓冲范围出现交叠，增强了缓冲能力。邻苯二甲酸氢钾也是这种原理。另一种情况是溶液中化合物的组分就相当于一个缓冲对，如硼砂溶液中存在 $Na_2B_4O_7 \cdot H_2O \rightleftharpoons 2HBO_2 + 2NaBO_2$ 水解平衡，溶液中同浓度的 HBO_2与 $NaBO_2$构成缓冲系，所以硼砂单独就可配制缓冲溶液。

五、缓冲溶液在医学中的应用

稳定的内环境是生物有机体进行正常生命活动的基础，各种体液维持一定的 pH 范围是内环境的重要组成部分。人体内各种体液都有一定的 pH 范围（见表 2-1）。其中，血液的 pH 范围较窄，为 7.35 ~7.45。若血液的 pH<7.35，会发生**酸中毒（acidosis）**；若血液的 pH>7.45，则发生**碱中毒（alkalosis）**。

血液能保持如此狭窄的 pH 范围，主要是因为血液中存在可保持 pH 基本恒定的多种缓冲系，以及与肾、肺协同作用的结果。血浆中存在的缓冲系主要有 H_2CO_3-HCO_3^-、$H_2PO_4^-$-HPO_4^{2-}及 H_nP-$H_{n-1}P^-$（H_nP 代表蛋白质）；红细胞中存在的缓冲系主要有 H_2b-Hb^-（H_2b 代表血红蛋白）、H_2bO_2-HbO_2^-（H_2bO_2代表氧合血红蛋白）、H_2CO_3-HCO_3^-及 $H_2PO_4^-$-HPO_4^{2-}。

在这些缓冲系中，碳酸缓冲系的浓度最高，在维持血液 pH 的正常范围中发挥最主要作用。二氧化碳是人体在正常新陈代谢过程中产生的酸性物质，溶于体液的二氧化碳以溶解态 CO_2的形式存在。在血浆中形成 HCO_3^--$CO_2(aq)$缓冲系。正常情况下，$[HCO_3^-]$与$[CO_2(aq)]$分别为 24mmol · L^{-1}和 1.2mmol · L^{-1}，即 20/1。在 37℃时，若 CO_2溶解于离子强度为 0.16 的血浆中，经校正后的 $pK'_{a1}=6.10$，则血浆中碳酸缓冲系 pH 的计算公式为

$$pH=pK'_{a1}+\lg\frac{[HCO_3^-]}{[CO_2(aq)]}=6.10+\lg\frac{0.024mol \cdot L^{-1}}{0.0012mol \cdot L}=6.10+\lg\frac{20}{1}=7.40$$

上式说明，只要缓冲比$[HCO_3^-]/[CO_2(aq)]$维持在 20∶1，血浆 pH 便可基本维持在 7.40。尽管血浆中的 H_2CO_3-HCO_3^-缓冲系的缓冲比超过了体外缓冲溶液的有效缓冲范围(1∶10~10∶1)，但血浆仍具有较强的缓冲能力。这主要是因为人体是一个敞开体系，通过肺呼吸作用和肾排泄作用的调节，使得血液中的 H_2CO_3和 $CO_2(aq)$浓度保持相对稳定。

通过呼吸作用的 CO_2溶于血浆生成 H_2CO_3，其会解离产生 HCO_3^-，此时，血浆中的 HCO_3^-与 $CO_2(aq)$会形成如下平衡

$$CO_2(aq)+H_2O \rightleftharpoons H_2CO_3 \rightleftharpoons H^+ + HCO_3^-$$

当人体血液中的酸性物质浓度增大时，共轭碱 HCO_3^-便发挥抗酸作用，其与 H_3O^+结合生成 H_2CO_3，上述平衡左移，生成的 H_2CO_3又经肺以 CO_2形式呼出。消耗的 HCO_3^-则由肾脏减少对其排泄得以补充，进而使得血浆中的 H_3O^+浓度不发生明显改变。

当血液中的碱性物质浓度增大，H_3O^+会和 OH^-生成 H_2O，反应为：$OH^- + H_2CO_3 \rightleftharpoons H_2O + HCO_3^-$。缓冲系中的抗碱成分 H_2CO_3解离补充消耗的 H_3O^+，同时，肺通过呼吸作用减小 CO_2的呼出量，使减少的 H_2CO_3得以补充。增加的 HCO_3^-则会通过肾脏加速对其排泄，从而能够维持缓冲比的相对稳定。

此外，血浆中其他缓冲系的存在也有助于 pH 的稳定。如血液对体内代谢所产生的 CO_2的转运，主要就是靠红细胞中的血红蛋白和氧合血红蛋白缓冲系来实现的。

问题与思考 2-3

体外缓冲溶液的有效缓冲范围为 10∶1~1∶10，而血浆中碳酸缓冲系的缓冲比却为 20∶1，如何解释该现象？

临床应用拓展阅读

1. 酸中毒与碱中毒　医学上，通常把动脉血 pH<7.35 定义为失代偿性酸中毒。酸中毒又分为呼吸性酸中毒和代谢性酸中毒。临床中常用的动脉血二氧化碳分压（$PaCO_2$）又称二氧化碳张力，是指呈物理状态、溶解在动脉血中的二氧化碳分子所产生的张力，反映了肺泡的换气功能及血液的酸碱状态。呼吸性酸中毒的基本特征是原发性的血浆碳酸增加，主要原因是二氧化碳排出减少或二氧化碳吸入过多。如支气管炎、肺炎和肺气肿等引起的换气不足病理状况下，都会引起呼吸性酸中毒。代谢性酸中毒指固定酸增多和/或碳酸氢根丢失，引起 pH 下降，以血浆中碳酸氢根浓度原发性减少为特征的酸碱平衡紊乱。轻微酸中毒者常会感到身体乏力、口渴等；严重酸中毒者可能会出现胃酸过多、神经衰弱、疲劳倦怠等；中老年患者还会出现神经痛、痛风、血压升高等。当血液 pH>7.45 时称为失代偿性碱中毒。碱中毒也分为呼吸性碱中毒和代谢性碱中毒。呼吸性碱中毒主要特征为血浆中的碳酸原发性减少。癔症、高热、气喘等使 CO_2 过度呼出都会引发呼吸性碱中毒。代谢性碱中毒则是指细胞外液碱增多和/或 H^+ 丢失引起的 pH 升高，以原发性血浆碳酸氢根增加为主要特征，其原因有碱性物质摄入过多或者酸性胃液丢失过多。当体液碱性过高时，对人体也不利，易导致呕吐、糖尿病、白血病等。

2. 人体酸碱平衡的调节机制　正常人体能够通过多种组织的协调作用保持各种体液 pH 的相对稳定。机体调节酸碱平衡主要通过四种作用方式：①血液的缓冲作用：血液中含有多种缓冲系，都由弱酸（缓冲酸）及其共轭碱组成，当代谢产生额外的酸性或者碱性物质进入血液，因为多种缓冲系的缓冲作用，保持血浆 pH 在 7.35~7.45 之间。血液缓冲系起效快（数秒钟）、缓冲能力强，但是会随着缓冲物质的消耗而失去缓冲作用，因此调节酸碱能力有限，长期膳食不当或某些疾病就会导致使体内酸度或碱度过量，造成酸中毒或碱中毒。②肺的作用：肺调节在酸碱平衡中的作用是通过改变肺泡通气量来控制二氧化碳的排出量，从而使血浆中碳酸氢根与碳酸比值接近正常，以保持 pH 相对稳定的方式来实现的，该调节方式起效快（数分钟起效），但仅能调节挥发性酸，不能调节固定酸。③组织细胞的调节作用：组织细胞是酸碱平衡的缓冲池，主要通过离子交换的方式进行调节，当细胞外的 H^+ 增多，H^+ 可弥散入细胞，而细胞内的 K^+ 从细胞内移出。④肾的调节作用：肾主要调节固定酸，通过调节肾小管上皮对 H^+、NH_4^+ 排出量和对 Na^+、HCO_3^- 的重吸收，维持体内酸碱平衡。肾脏调节酸碱平衡的作用持久而强大，但是起效时间慢，需要数小时。

本章小结

酸碱溶液可分为强酸碱和弱酸碱，均属于电解质溶液。强电解质溶液中通常存在离子氛和离子对，其有效浓度用活度表示。弱电解质存在解离平衡，其解离程度可以用解离度表示。根据质子理论，能给出质子的物质是酸，能够接受质子的物质是碱；酸（碱）的强弱取决于它们给出质子（接受）质子的能力，酸碱反应的实质是两对共轭酸碱对之间争夺质子的过程。路易斯酸碱电子理论规定能给出电子对的物质为碱，能接受电子对的物质为酸。弱酸、弱碱的解离平衡是化学平衡的一种，通常可用酸解离常数或碱解离常数来衡量酸碱强度。可以通过水的离子积和酸碱解离常数计算一定条件下弱酸或弱碱的pH，同离子效应和盐效应均可影响弱酸弱碱的平衡移动。

缓冲作用是指能抵抗外来少量强酸、强碱或稍加稀释而pH基本不变的能力，具有这种作用的溶液称为缓冲溶液。缓冲作用主要通过弱电解质解离平衡的移动来调节溶液的pH，其pH大小取决于缓冲溶液的酸解离常数和缓冲比。缓冲溶液具有一定的缓冲容量和缓冲范围，一般缓冲比为1时，缓冲能力最强，故在配制缓冲溶液时，应选择合适的缓冲系，要求所配制溶液的pH在$pK_a \pm 1$的范围内且尽量接近于pK_a，总浓度一般控制在$0.05 \sim 0.2 mol \cdot L^{-1}$。

习题

1. 什么是活度？在哪几种情况下活度可近似用浓度代替？

2. 指出下列各酸的共轭碱：H_2O、H_3O^+、$H_2PO_4^-$、HPO_4^{2-}、H_2CO_3、HCO_3^-、NH_4^+。

3. 指出下列各碱的共轭酸：H_2O、NH_2^-、$[Al(H_2O)_5OH]^{2+}$、CO_3^{2-}、$NH_3^+CH_2COO^-$、HS^-。

4. 什么是缓冲溶液？血液中最主要的缓冲系由哪两种物质组成？并以该缓冲系为例，说明缓冲作用的原理。

5. 写出H_3PO_4溶液中存在的质子转移平衡及离子，并请按各种离子浓度的大小排序。判断H_3O^+浓度是否为PO_4^{3-}浓度的3倍？

6. 液氨分子间可以发生质子自递反应：$NH_3(l)+NH_3(l) \rightleftharpoons NH_4^+(aq)+NH_2^-(aq)$。请写出乙酸在液氨中的质子传递反应，并说明乙酸在液氨中的酸性与在水中的酸性相比，是更强还是更弱？

7. 影响缓冲容量和缓冲溶液pH的因素分别有哪些？有什么样的影响？

8. 化学平衡状态的特征有哪些？写出化学平衡常数和反应商的表达式。根据化学平衡常数和反应商的关系，如何判断可逆反应进行的方向？

9. 在25℃时，试计算$0.001\,0 mol \cdot L^{-1}$ $NaNO_3$溶液的渗透压为多少？

10. 计算浓度均为$0.02 mol \cdot kg^{-1}$ HCl和NaCl等体积混合溶液的离子强度。

11. 酸奶的主要成分之一是乳酸（$HC_3H_5O_3$），现测得某酸奶样品的pH=3.22，求该酸奶中乳酸的浓度（乳酸的$K_a=1.4 \times 10^{-4}$）。

12. 某人在正常时尿液pH为5.6，由于电解质紊乱造成其尿液pH变为7.9，问该患者得病前后尿液中的H_3O^+浓度相差多少倍？

13. 计算pH=5.00、总浓度为$0.20 mol \cdot L^{-1}$的C_2H_5COOH（丙酸，用HPr表示）-C_2H_5COONa缓冲溶液中，C_2H_5COOH和C_2H_5COONa的物质的量浓度（C_2H_5COOH的$pK_a=4.87$）。

14. 镇痛药吗啡（$C_{17}H_{19}NO_3$）是一种弱碱，主要由未成熟的罂粟籽提取得到，其$K_b=7.9 \times 10^{-7}$。试计算$0.015 mol \cdot L^{-1}$吗啡水溶液的pH。

15. 奎宁($C_{20}H_{24}N_2O_2$,摩尔质量为 324.4g·mol^{-1}),俗称金鸡纳霜,是一种重要生物碱,也是一种广泛使用的抗疟药,其在水中的溶解度为 0.05g/100g(H_2O),计算该饱和溶液的 pH(忽略体积变化)($pK_{b1}=5.1$,$pK_{b2}=9.7$)。

16. 正常人体血浆中,$[HCO_3^-]=24.0$mmol·L^{-1}、$[CO_2(aq)]=1.20$mmol·L^{-1}。某患者因腹泻使血浆中$[HCO_3^-]$减少到原来的 90%,试求此人血浆的 pH,并判断是否会引起酸中毒。已知 H_2CO_3 的 $pK'_{a1}=6.10$。

17. 蔗糖的水解反应为

$$C_{12}H_{22}O_{11}(aq) \rightleftharpoons C_6H_{12}O_6(\text{果糖},aq)+C_6H_{12}O_6(\text{葡萄糖},aq)$$

设水的浓度在反应过程中不变,计算

(1)蔗糖的起始浓度为 1mol·L^{-1},反应达到平衡时,蔗糖水解了一半,K 为多少?

(2)蔗糖的起始浓度为 2mol·L^{-1},则在同样温度下达到平衡时,葡萄糖和果糖的浓度各为多少?

18. 肌红蛋白(Mb)是一种具有携带氧气能力的缀合蛋白。肌红蛋白的氧合作用为

$$Mb(aq)+O_2 \rightleftharpoons MbO_2(aq)$$

在 310.15K 时,反应的标准平衡常数 $K^{\ominus}=1.3\times10^2$,试计算当 O_2 的分压为 5.3kPa 时,氧合肌红蛋白(MbO_2)与肌红蛋白的浓度比值。

19. 在 1273.15K 时,下列可逆反应

$$FeO(s)+CO \rightleftharpoons Fe(s)+CO_2$$

其标准平衡常数 $K^{\ominus}=0.5$。如果在 CO 压力为 6 000kPa 的密闭容器中加入足量的 FeO,计算 CO 和 CO_2 的平衡分压。

20. 水杨酸($C_7H_6O_3$)是二元弱酸,它是阿司匹林以及很多止痛药的制备原料,在临床上也用来降低糖尿病患者并发心脏病的风险,但它酸性较强,大量服用会引起腹泻、呕吐、胃出血等不良反应。试计算 0.065mol·L^{-1}的水杨酸溶液的 pH 及平衡时各物质的浓度($K_{a1}=1.06\times10^{-3}$,$K_{a2}=3.6\times10^{-14}$)。

21. 浓度为 0.100mol·L^{-1}弱酸 HA 溶液的解离度 α 为 1.32%,①计算 HA 的解离常数。②如果在 1.00L 该溶液中加入固体 NaA(不考虑溶液体积变化),使其浓度为 0.100mol·L^{-1},计算溶液的 H_3O^+ 离子浓度和解离度。

22. 将 50.00ml 0.05mol·L^{-1}弱酸 HA 溶液,与 20.00ml 0.05mol·L^{-1} NaOH 溶液混合,将混合溶液加水稀释至 100.0ml,测得其 pH 为 5.25,计算求此弱酸 HA 的解离常数。

23. 临床检验得知三名患者血浆中 HCO_3^-和溶解态 $CO_2(aq)$的浓度如下:

(1)$[HCO_3^-]=24.0$mmol·L^{-1},$[CO_2(aq)]=1.20$mmol·L^{-1}

(2)$[HCO_3^-]=21.6$mmol·L^{-1},$[CO_2(aq)]=1.35$mmol·L^{-1}

(3)$[HCO_3^-]=56.0$mmol·L^{-1},$[CO_2(aq)]=1.40$mmol·L^{-1}

已知在血浆中校正后的 $pK'_{a1}(H_2CO_3)=6.10$,试分别计算三位患者血浆的 pH。并判断谁为酸中毒,谁为碱中毒,谁为正常?

24. 已知总浓度为 0.400mol·L^{-1}的甲酸(HCOOH)-甲酸钠(HCOONa)缓冲溶液的 pH=3.90,求甲酸和甲酸钠的物质的量浓度(HCOOH 的 $pK_a=3.75$)。

25. 将浓度均为 0.20mol·L^{-1} HAc 溶液和 NaAc 溶液各 45.00ml 等体积混合,求混合溶液的 pH,并分别计算在混合溶液中加入 10.00ml 0.01mol·L^{-1} HCl、10.00ml 0.01mol·L^{-1} NaOH 以及 10.00ml H_2O 后的 pH(HAc 的 $pK_a=4.76$)。

26. 巴比妥酸($C_4H_4N_2O_3$)是一元弱酸,其与巴比妥酸钠所构成的缓冲系是医学中常用缓冲系,现有总浓度 0.200mol·L^{-1} pH 为 3.70 的巴比妥酸-巴比妥酸钠缓冲溶液 200ml,欲将该

溶液的 pH 调整到 4.20，需加入 NaOH 多少克？并计算调整前后缓冲溶液的缓冲容量各为多少？（巴比妥酸的 $pK_a=4.01$）

27. 现有下列三个缓冲对：HAc-NaAc（$pK_a=4.76$）、NaH_2PO_4-Na_2HPO_4（$pK_a=7.20$）、$NaHCO_3$-Na_2CO_3（$pK_a=10.25$），欲配制 pH=10 的缓冲溶液，问：①应选择哪一个缓冲对？为什么？②如果配制 2L 总浓度为 1.00mol · L^{-1}缓冲溶液，需要多少毫升 4mol · L^{-1}的酸式盐和多少克 NaOH？

28. 柠檬酸（简写为 H_3Cit）-柠檬酸钠缓冲系是生物检测和细菌培养的常用缓冲系。现要求配制 pH=5.20 的缓冲溶液，需要在 200ml 的 0.200mol · L^{-1}柠檬酸溶液中，加入 0.400mol · L^{-1}的 NaOH 溶液多少毫升？（柠檬酸的 $pK_{a1}=3.12$，$pK_{a2}=4.77$，$pK_{a3}=6.40$）

29. 已知总浓度为 0.400mol · L^{-1} 的 HCOOH-HCOONa 缓冲溶液的 pH=3.90，①计算 HCOOH 的解离常数 pK_a（已知 $HCOO^-$ 的 $pK_b=10.25$）以及该缓冲溶液的有效缓冲范围；②计算 HCOOH 和 HCOONa 的物质的量浓度；③计算溶液的缓冲比，判断缓冲比控制是否恰当？

30. 现需配制 pH 约为 7.40 的 Tris · HCl-Tris 生理缓冲溶液（310K），计算在 Tris 和 Tris · HCl 浓度均为 0.050mol · L^{-1}的溶液 200ml 中，需要加入 0.050mol · L^{-1} HCl 溶液的体积为多少（ml）？在此溶液中需加入固体 NaCl 多少克，才能配成与血浆等渗的溶液？（已知 Tris · HCl 在 37℃ 时的 $pK_a=8.30$，忽略离子强度的影响）

（张 波　董 军）

第三章　沉淀溶解平衡

学习目标

【掌握】溶度积 K_{sp} 的表达式；溶度积与溶解度的关系；溶度积规则及其应用；沉淀溶解平衡中的相关计算。

【熟悉】难溶强电解质溶液中的同离子效应和盐效应；沉淀的生成；分级沉淀和沉淀的转化。

【了解】沉淀的溶解方法；沉淀溶解平衡的医学意义。

在含有固态难溶电解质的饱和溶液中，存在着难溶电解质（固相）与其解离的离子（液相）之间的动态平衡，称为沉淀溶解平衡。这是一种多相平衡，也属于化学平衡的一种。沉淀生成和溶解的现象在自然界普遍存在。例如，自然界中石笋和钟乳石的形成；某些药物的制备和分离提纯；人体内胆结石及泌尿系结石的形成，骨骼的形成及龋齿的产生；硫酸钡的制备及其在胃肠道造影上的应用等，都与沉淀溶解平衡有关。这些实例说明了沉淀溶解平衡对医学、生命科学、工业生产以及生态学都有着深远的影响。

第一节　溶度积和溶度积规则

一、溶度积

在强电解质中，有一类物质在水中的溶解度很小，如 AgCl、$CaCO_3$、$BaSO_4$等，但它们溶解的部分是完全解离的，这类电解质称为难溶强电解质。难溶强电解质通常是指在 298.15K 时溶解度小于 0.1g·L^{-1}的强电解质。在一定温度下，将难溶强电解质固体放入水中时，就会发生溶解和沉淀两个过程。以氯化银为例，AgCl(s)是由 Ag^+和 Cl^-组成的晶体，将其放入水中，晶体中的 Ag^+和 Cl^-在水分子的作用下，不断由晶体表面进入溶液中，成为无规则运动的水合离子，此过程称为**溶解（dissolution）**。与此同时，已经溶解在溶液中的 Ag^+和 Cl^-在不断运动中相互碰撞，又重新结合成 AgCl(s)沉积在固体表面，此过程称为**沉淀（precipitation）**。当溶解速率和沉淀速率相等时，沉淀和溶解之间便建立了动态平衡，称为**沉淀溶解平衡（precipitation-dissolution equilibrium）**。此时的溶液为**饱和溶液（saturated solution）**。可表示如下

$$AgCl(s) \underset{沉淀}{\overset{溶解}{\rightleftharpoons}} Ag^+(aq) + Cl^-(aq)$$

其平衡常数的表达式为

$$K=\frac{[Ag^+][Cl^-]}{[AgCl(s)]} \quad 即 \quad K[AgCl(s)]=[Ag^+][Cl^-]$$

由于$[AgCl(s)]$是常数，可并入常数项K，得

$$K_{sp}=[Ag^+][Cl^-] \tag{3-1}$$

K_{sp}称为难溶强电解质的沉淀溶解平衡常数，又称**溶度积常数**(**solubility product constant**)，简称溶度积。

对于任一难溶强电解质，可用通式A_aB_b表示，其沉淀溶解平衡可表达为

$$A_aB_b(s) \rightleftharpoons aA^{n+}(aq)+bB^{m-}(aq)$$

$$K_{sp}=[A^{n+}]^a[B^{m-}]^b \tag{3-2}$$

式(3-2)中，$an=bm$。该式表明：在一定温度下，难溶强电解质饱和溶液中各离子浓度幂的乘积为一常数。若考虑离子间的相互作用，溶度积应以离子活度幂的乘积来表示。但一般说来，难溶强电解质的溶解度较小，即离子强度较小，活度因子趋近于1，故通常可用浓度代替活度。K_{sp}既反映了难溶强电解质在水中溶解能力的大小，也反映了生成该难溶强电解质沉淀的难易程度，与物质的本性和温度有关。K_{sp}可由实验测得，也可通过热力学或电化学数据计算得到。一些常见难溶强电解质的K_{sp}值可见附录三的附表3-3。

二、溶度积和溶解度的关系

溶度积和**溶解度**(**solubility**)都可表示难溶强电解质在水中的溶解能力大小，它们之间既有联系又有区别。对于难溶强电解质形成的饱和溶液，溶度积K_{sp}是离子浓度幂的乘积，溶解度S则是单位溶剂中所能溶解溶质的量，通常是用“100g水中所溶解的溶质的质量”来表示，也可用溶质的物质的量浓度来表示。如果溶解度用物质的量浓度表示，则在溶度积和溶解度之间可建立直接的换算关系。对于A_aB_b型难溶强电解质来说，其K_{sp}和S的关系如下：

设难溶强电解质A_aB_b的溶解度为S，当沉淀溶解达平衡时

$$A_aB_b(s) \rightleftharpoons aA^{n+}(aq) + bB^{m-}(aq)$$

平衡浓度($mol \cdot L^{-1}$)　　　　aS　　　　bS

$$K_{sp}=[A^{n+}]^a \cdot [B^{m-}]^b=(aS)^a \cdot (bS)^b=a^a \cdot b^b \cdot S^{(a+b)}$$

$$S=\sqrt[(a+b)]{\frac{K_{sp}}{a^ab^b}} \tag{3-3}$$

例3-1　已知在298.15K时AgCl的溶解度是$1.91\times10^{-3}g \cdot L^{-1}$，求AgCl的$K_{sp}$。

解　已知AgCl的摩尔质量为$143.4g \cdot mol^{-1}$，将AgCl的溶解度换算成物质的量浓度为

$$S=\frac{1.91\times10^{-3}g \cdot L^{-1}}{143.4g \cdot mol^{-1}}=1.33\times10^{-5}mol \cdot L^{-1}$$

根据　　$AgCl(s) \rightleftharpoons Ag^+(aq)+Cl^-(aq)$

可知在AgCl的饱和溶液中，$[Ag^+]=[Cl^-]=1.33\times10^{-5}mol \cdot L^{-1}$

$$K_{sp}(AgCl)=[Ag^+][Cl^-]=S^2=(1.33\times10^{-5})^2=1.77\times10^{-10}$$

例3-2　已知在298.15K时Ag_2CrO_4的溶解度为$6.54\times10^{-5}mol \cdot L^{-1}$，求$Ag_2CrO_4$的$K_{sp}$。

解　根据　　$Ag_2CrO_4(s) \rightleftharpoons 2Ag^+(aq)+CrO_4^{2-}(aq)$

可知在Ag_2CrO_4的饱和溶液中，每生成1mol CrO_4^{2-}，同时生成2molAg^+，即

$$[Ag^+]=2S=2\times6.54\times10^{-5}mol \cdot L^{-1}=1.31\times10^{-4}mol \cdot L^{-1}$$

$$[CrO_4^{2-}]=S=6.54\times10^{-5}mol \cdot L^{-1}$$

$$K_{sp}(Ag_2CrO_4)=[Ag^+]^2[CrO_4^{2-}]=(2S)^2\times(S)=(1.31\times10^{-4})^2\times(6.54\times10^{-5})=1.12\times10^{-12}$$

例 3-3　已知在 298.15K 时，$K_{sp}\{Al(OH)_3\}=1.1\times10^{-33}$，求此时 $Al(OH)_3$ 的溶解度 S。

解　$$Al(OH)_3(s) \rightleftharpoons Al^{3+}(aq)+3OH^-(aq)$$

设 $Al(OH)_3$ 的溶解度为 Smol·L^{-1}，在饱和溶液中 $[Al^{3+}]=S$，$[OH^-]=3S$，则

$$K_{sp}\{Al(OH)_3\}=[Al^{3+}][OH^-]^3=S\times(3S)^3=27S^4=1.1\times10^{-33}$$

$$S=\sqrt[4]{1.1\times10^{-33}/27}=2.53\times10^{-9}\text{mol}\cdot\text{L}^{-1}$$

在一定温度下，对于相同类型的难溶强电解质来说，K_{sp} 越大，S 也越大。比如，AgCl 和 AgBr 都是 AB 型物质，可以通过比较它们 K_{sp} 的大小来衡量其 S 的大小；对于不同类型的难溶强电解质，如 AgCl 和 Ag_2CrO_4，前者为 AB 型物质，后者为 A_2B 型物质。通过例 3-1 和例 3-2 的计算可知，前者的 K_{sp} 大，但其溶解度却小于后者。这说明对于不同类型的难溶强电解质，不能直接从溶度积的大小来比较溶解度的大小，必须通过计算才能得出正确的结论。

由于影响难溶强电解质溶解度的因素很多，上述 K_{sp} 与 S 之间的换算也是有条件的：

(1)适用于离子强度很小、浓度可以代替活度的溶液。对于溶解度相对较大的难溶强电解质（如 $CaSO_4$、$AgBrO_3$ 等），由于溶液中离子浓度和离子强度较大，直接换算将会产生较大误差。

(2)适用于已溶解部分能全部解离的物质。对于 Hg_2Cl_2、Hg_2I_2 等共价性较强的化合物，溶液中还存在溶解的分子与水合离子之间的解离平衡，用上述方法换算也会产生较大误差。

(3)适用于溶解后解离出的阴、阳离子在水溶液中不发生水解或副反应程度很小的物质。对于难溶的硫化物、碳酸盐、磷酸盐、铁盐等，由于 S^{2-}、CO_3^{2-}、PO_4^{3-}、Fe^{3+} 的水解会促使难溶电解质更多地溶解。用上述方法换算同样会产生较大误差。

问题与思考 3-1

25℃时，PbF_2 和 $PbSO_4$ 的 K_{sp} 非常接近，两者饱和溶液中 Pb^{2+} 的浓度是否也非常接近？试说明原因。

三、溶度积规则

一定温度下，难溶强电解质 A_aB_b 的饱和溶液中，各离子浓度幂的乘积为一常数，即 $K_{sp}=[A^{n+}]^a[B^{m-}]^b$。在任意条件下，将难溶强电解质溶液中各离子浓度幂的乘积称为**离子积（ion product，I_P）**。I_P 的表达式是

$$I_P=c(A^{n+})^a c(B^{m-})^b$$

I_P 和 K_{sp} 的表达形式类似，但其含义不同。温度一定时 K_{sp} 是个常数，而 I_P 值是变化的，所以 K_{sp} 仅是 I_P 的一个特殊情况。对于给定的难溶强电解质溶液，K_{sp} 与 I_P 之间存在三种可能情况。

1. $I_P<K_{sp}$　表示溶液未达到饱和。体系处于非平衡状态，溶液无沉淀析出，若加入难溶强电解质固体，会继续溶解，直到 $I_P=K_{sp}$，溶液达到饱和为止。

2. $I_P=K_{sp}$　表示溶液刚好饱和。这时溶液中的沉淀与溶解达到动态平衡，既无沉淀析出又无沉淀溶解。

3. $I_P>K_{sp}$　表示溶液过饱和。体系也处于非平衡状态，溶液中将析出沉淀直到 $I_P=K_{sp}$，溶液达到饱和为止。

上述结论称为**溶度积规则（solubility product rule）**，它是难溶强电解质沉淀溶解平衡移动的判据。根据溶度积规则，可以判断溶液中沉淀的生成和溶解。

在使用溶度积规则时，下列因素也会给实际情况带来一定的偏差：①人肉眼观察到沉淀的极限是 0.01g·L^{-1}，因此实际上能观察到有沉淀生成的离子浓度往往比理论计算值要高；②有时溶液处于过饱和状态，即使 $I_P>K_{sp}$，但由于缺少结晶中心可能观察不到沉淀生成；③副反应的作用：若解离的离子发生了水解、配合和缔合等作用，致使溶液中实际的离子浓度小于理论计算值。因此，使用溶度积规则时要考虑沉淀的具体情况。

第二节　沉淀溶解平衡的移动

与其他化学平衡一样，难溶强电解质的沉淀溶解平衡也遵循 Le Chatelier 原理。如果条件改变，沉淀溶解平衡就会发生移动，直到建立新的平衡。根据溶度积规则，改变条件可以促使溶液中的离子形成沉淀，或使沉淀发生溶解。

一、同离子效应和盐效应

如果在难溶强电解质的饱和溶液中加入易溶强电解质，则难溶强电解质的溶解度与其在纯水中的溶解度就会不同。易溶强电解质的存在对难溶强电解质溶解度的影响是多方面的。这里主要讨论同离子效应和盐效应。

（一）同离子效应

如果向难溶强电解质的饱和溶液中，加入与该电解质含有相同离子的易溶强电解质时，就会使难溶强电解质的溶解度明显降低的现象，称为同离子效应。如在一定温度下，AgCl 饱和溶液中的沉淀溶解已达平衡，当加入易溶强电解质 NaCl 时，溶液中的 Cl^- 浓度增大，使得 AgCl 沉淀溶解平衡向左移动，如下式所示

$$AgCl(s) \rightleftharpoons Ag^+(aq) + Cl^-(aq)$$

$$NaCl \longrightarrow Na^+(aq) + Cl^-(aq)$$

此时溶液中的 $I_P>K_{sp}$，AgCl 沉淀进一步析出，溶解度降低。

例 3-4　已知 $K_{sp}(AgCl)=1.77\times10^{-10}$，计算 298.15K 时 AgCl 在 0.10mol·L^{-1} $AgNO_3$ 溶液中的溶解度。

解　在 0.10mol·L^{-1} $AgNO_3$ 溶液中 Ag^+ 浓度增大，产生同离子效应。

设沉淀溶解达平衡时 AgCl 的溶解度为 Smol·L^{-1}，则

$$AgCl(s) \rightleftharpoons Ag^+(aq) + Cl^-(aq)$$

平衡浓度(mol·L^{-1})　　　　$S+0.10\approx0.10$　　S

$$K_{sp}(AgCl)=[Ag^+][Cl^-]=0.10\times S=1.77\times10^{-10}$$

$$S=1.77\times10^{-10}/0.10=1.77\times10^{-9}\text{mol}\cdot\text{L}^{-1}$$

由此可知，AgCl 在 0.10mol·L^{-1} $AgNO_3$ 溶液中的溶解度只有 1.77×10^{-9}mol·L^{-1}，比在纯水中的溶解度（1.33×10^{-5}mol·L^{-1}，见例 3-1）低得多。

在沉淀溶解平衡中，同离子效应的应用实例很多。例如，加入适当过量的沉淀剂（如生成 Ag_2CrO_4 沉淀时加入过量的 Na_2CrO_4 溶液），使沉淀反应趋于完全。所谓完全，并不是指溶液中的某种被沉淀离子浓度等于零，而是要求溶液中被沉淀的离于浓度不超过 1.0×10^{-5}mol·L^{-1}，即认为这种离子沉淀完全。然而，沉淀剂的用量也不是愈多愈好，因为过多沉淀剂的加入往往会发生其他副反应（如酸效应、配位效应等），反而会增大溶解度。例如，在 AgCl 的饱和溶液中加入过量的 Cl^- 会生成 $[AgCl_2]^-$，反而使 AgCl 溶解度增大，甚至能全部溶解。

另外，在洗涤沉淀时也利用到同离子效应。从溶液中析出的沉淀常含有杂质，要得到纯净

的沉淀,就必须洗涤。为了减少洗涤过程中沉淀的损失,常用与沉淀含有相同离子的溶液来洗涤,而不用纯水洗涤。例如,在洗涤 $BaSO_4$沉淀时可用稀 H_2SO_4溶液进行洗涤。

问题与思考 3-2

在内服药物的生产过程中,除去产品中的杂质 SO_4^{2-} 时严禁使用钡盐,这是因为 Ba^{2+}有剧毒,其对人的致死量为 0.8g。但在医院,患者进行肠胃造影时,医生却让患者大量服用 $BaSO_4$(钡餐),试分析原因。

(二) 盐效应

如果向难溶强电解质的饱和溶液中,加入与该电解质不含相同离子的易溶强电解质时,将使难溶强电解质的溶解度略微增大的现象称为盐效应。例如,向 $BaSO_4$饱和溶液中加入 KNO_3时,会使 $BaSO_4$的溶解度比在纯水中的溶解度稍微增大。这是由于易溶强电解质 KNO_3的加入,使 $BaSO_4$饱和溶液中的离子强度增大,Ba^{2+}离子和 SO_4^{2-}离子受其他离子的牵制作用增强,导致它们的有效浓度降低,沉淀速率变慢,难溶强电解质的溶解速率暂时超过了沉淀速率,平衡向溶解的方向移动,当建立新的平衡时,难溶强电解质的溶解度就增大了。

产生同离子效应的同时必然伴随着盐效应,但通常同离子效应比盐效应的影响效果显著得多,当两种效应共存时,可忽略盐效应的影响。

二、沉淀的生成

根据溶度积规则,在难溶强电解质溶液中,产生沉淀的必要条件是溶液中的 $I_P>K_{sp}$,如果增大离子浓度,就会使平衡向生成沉淀的方向移动。通常采用下列方法促进沉淀生成。

(一) 加入沉淀剂

如前所述,加入过量沉淀剂可使被沉淀的离子沉淀完全。

例 3-5 向 20ml 0.002 0mol·L^{-1}的 K_2SO_4溶液加入 20ml 0.010mol·L^{-1}的 $BaCl_2$溶液,问有无 $BaSO_4$沉淀生成?并判断 SO_4^{2-}离子是否沉淀完全?已知 $K_{sp}(BaSO_4)=1.08\times10^{-10}$。

解 混合溶液的体积为 40ml,混合后 SO_4^{2-}和 Ba^{2+}的浓度分别是

$$c(SO_4^{2-})=(0.002\,0\text{mol}\cdot\text{L}^{-1}\times20\text{ml})/40\text{ml}=0.001\,0\text{mol}\cdot\text{L}^{-1}$$

$$c(Ba^{2+})=(0.010\text{mol}\cdot\text{L}^{-1}\times20\text{ml})/40\text{ml}=0.005\,0\text{mol}\cdot\text{L}^{-1}$$

$$I_P(BaSO_4)=c(Ba^{2+})\times c(SO_4^{2-})=0.005\,0\times0.001\,0=5.0\times10^{-6}>K_{sp}(BaSO_4)=1.08\times10^{-10}$$

因此,会产生 $BaSO_4$沉淀。

若想判断 SO_4^{2-}离子是否沉淀完全,就必须确定反应前后 Ba^{2+}和 SO_4^{2-}浓度的变化量。因为 $c(Ba^{2+})>c(SO_4^{2-})$,生成 $BaSO_4$沉淀时,Ba^{2+}是过量的,所以沉淀反应后 $c(Ba^{2+})=0.005\,0-0.001\,0=0.004\,0\text{mol}\cdot\text{L}^{-1}$。

设平衡时 $c(SO_4^{2-})=x\text{mol}\cdot\text{L}^{-1}$,则

$$BaSO_4(s)\rightleftharpoons Ba^{2+}(aq)+SO_4^{2-}(aq)$$

平衡浓度(mol·L^{-1}) $0.004\,0+x\approx0.004\,0$ x

$$K_{sp}(BaSO_4)=[Ba^{2+}][SO_4^{2-}]=0.004\,0x=1.08\times10^{-10}$$

$$x=2.7\times10^{-8}\text{mol}\cdot\text{L}^{-1}$$

由于 $c(SO_4^{2-})<1.0\times10^{-5}\text{mol}\cdot\text{L}^{-1}$,所以加入 $BaCl_2$后,溶液中的 SO_4^{2-}离子已沉淀完全。

在实际操作中,为了使某离子尽可能沉淀完全,都要加入过量的沉淀剂。综合考虑同离子

效应和盐效应，一般使沉淀剂过量20%～50%为宜。

（二）控制溶液的 pH

某些阴离子是 CO_3^{2-}、PO_4^{3-}、OH^-、S^{2-} 等的难溶强电解质，其沉淀生成除了与沉淀剂的用量有关外，还受溶液酸度的影响。故可以通过控制溶液的 pH 使沉淀生成或溶解。

例 3-6　298.15K 时，计算 0.010mol·L^{-1} Fe^{3+} 开始沉淀和沉淀完全时溶液的 pH。已知 $K_{sp}\{Fe(OH)_3\}=2.79\times10^{-39}$。

解　开始沉淀时 $Fe(OH)_3$ 的饱和溶液中

$$Fe(OH)_3(s) \rightleftharpoons Fe^{3+}(aq)+3OH^-(aq)$$

$$K_{sp}\{Fe(OH)_3\}=[Fe^{3+}][OH^-]^3$$

$$[OH^-]=\sqrt[3]{\frac{2.79\times10^{-39}}{0.010}}\text{mol}\cdot\text{L}^{-1}=6.53\times10^{-13}\text{mol}\cdot\text{L}^{-1}$$

$$pOH=12.19 \quad pH=14-12.19=1.81$$

沉淀完全时，$c(Fe^{3+})\leqslant1.0\times10^{-5}$mol·L^{-1}

$$[OH^-]=\sqrt[3]{\frac{2.79\times10^{-39}}{1.0\times10^{-5}}}\text{mol}\cdot\text{L}^{-1}=6.53\times10^{-12}\text{mol}\cdot\text{L}^{-1}$$

$$pOH=11.19 \quad pH=14-11.19=2.81$$

所以，使 0.010mol·L^{-1} Fe^{3+} 开始沉淀时，溶液的 pH 为 1.81；沉淀完全时，溶液的 pH 为2.81。

通过以上例题可以看出，一些难溶氢氧化物开始沉淀或沉淀完全时溶液并非碱性的。不同的难溶氢氧化物由于 K_{sp} 不同，其饱和溶液中的 OH^- 浓度不同，所以它们沉淀所需的 pH 也不同，故可通过控制溶液的 pH 可达到分离金属离子或除去杂质离子的目的。

三、分级沉淀和沉淀的转化

（一）分级沉淀

溶液中若同时存在有两种或两种以上的离子可与同一试剂反应生成沉淀，由于各沉淀的溶解度不同，则加入这种试剂时会存在先后沉淀的现象称为**分级沉淀（fractional precipitation）**或分步沉淀。例如，向含有相同浓度的 Cl^- 和 I^- 的混合溶液中，逐滴加入 $AgNO_3$ 溶液，先看到淡黄色 AgI 沉淀，继续滴加 $AgNO_3$ 溶液才会有白色的 AgCl 沉淀析出，这是因为 AgI 的 K_{sp} 比 AgCl 的 K_{sp} 小得多，只有 I_P 值最先达到 K_{sp} 值的沉淀才会先析出。

利用分级沉淀可进行离子间的相互分离。通常有两种情况：①生成的难溶强电解质类型相同，且被沉淀离子起始浓度基本一致，则可依据难溶强电解质的 K_{sp} 值由小到大的顺序依次生成沉淀，且两种沉淀的 K_{sp} 值差别越大，分离效果越好；②生成的难溶强电解质类型不同，或者几种离子起始浓度不同时，不能单纯根据 K_{sp} 值的大小判断沉淀顺序，必须依据溶度积公式先求出各离子沉淀时所需沉淀剂的最低浓度，然后按照所需沉淀剂浓度由小到大的顺序判断生成各种沉淀的先后顺序。

例 3-7　在含有 0.0010mol·L^{-1} Cl^- 和 0.0010mol·L^{-1} CrO_4^{2-} 的溶液中，逐滴加入 $AgNO_3$ 溶液（忽略体积变化），请问哪一种沉淀先析出？当第二种沉淀析出时，第一种离子是否已沉淀完全？已知 $K_{sp}(AgCl)=1.77\times10^{-10}$，$K_{sp}(Ag_2CrO_4)=1.12\times10^{-12}$。

解　根据溶度积规则，若想生成沉淀必须满足 $I_P>K_{sp}$，故生成 AgCl、Ag_2CrO_4 沉淀所需 Ag^+ 最低浓度分别为

$$c_1(Ag^+)=\frac{K_{sp}(AgCl)}{c(Cl^-)}=\frac{1.77\times10^{-10}}{0.0010}\text{mol}\cdot\text{L}^{-1}=1.77\times10^{-7}\text{mol}\cdot\text{L}^{-1}$$

$$c_2(Ag^+)=\sqrt{\frac{K_{sp}(Ag_2CrO_4)}{c(CrO_4^{2-})}}=\sqrt{\frac{1.12\times10^{-12}}{0.0010}}\ mol\cdot L^{-1}=3.35\times10^{-5}\ mol\cdot L^{-1}$$

由于 $c_1(Ag^+)<c_2(Ag^+)$，即生成 AgCl 沉淀所需 Ag^+ 最低浓度比生成 Ag_2CrO_4 沉淀所需 Ag^+ 最低浓度小，所以 AgCl 沉淀先析出。

当开始产生 Ag_2CrO_4 沉淀时，$c(Ag^+)=3.35\times10^{-5}\ mol\cdot L^{-1}$，溶液中残留的 Cl^- 浓度为

$$c(Cl^-)=\frac{K_{sp}(AgCl)}{c(Ag^+)}=\frac{1.77\times10^{-10}}{3.35\times10^{-5}}\ mol\cdot L^{-1}=5.28\times10^{-6}\ mol\cdot L^{-1}$$

由于 $c(Cl^-)=5.28\times10^{-6}\ mol\cdot L^{-1}<1.0\times10^{-5}\ mol\cdot L^{-1}$，所以开始产生 Ag_2CrO_4 沉淀时，Cl^- 已经沉淀完全，通过此种方法可以对 Cl^- 和 CrO_4^{2-} 进行分离。

通过以上计算可知，掌握了分级沉淀的规律就可根据具体情况，适当地控制反应条件，以实现混合离子的分离。

（二）沉淀的转化

向含有某一沉淀的饱和溶液中加入适当的试剂，使之转化为另一种沉淀的过程，称为**沉淀的转化（inversion of precipitate）**。在生产实践中，有一些沉淀既难溶于水又难溶于酸，对于这种情况就可采用沉淀的转化来处理。例如，锅炉中锅垢的主要成分是 $CaSO_4$，它的导热能力很小，不但会降低燃料的利用率，造成能源浪费，还会影响锅炉的使用寿命，造成安全隐患，所以必须定期清除。但 $CaSO_4$ 很难直接用酸溶的办法除去，但可用 Na_2CO_3 溶液处理，使其转化为疏松且能溶于酸的 $CaCO_3$ 沉淀，这样就可以将锅垢除掉。其转化过程如下

$$CaSO_4(s)+CO_3^{2-}(aq)\rightleftharpoons CaCO_3(s)+SO_4^{2-}(aq)$$

反应的平衡常数 K 为

$$K=\frac{[SO_4^{2-}]}{[CO_3^{2-}]}$$

在上式的分子分母中同时乘以 $[Ca^{2+}]$，则

$$K=\frac{[SO_4^{2-}][Ca^{2+}]}{[CO_3^{2-}][Ca^{2+}]}=\frac{K_{sp}(CaSO_4)}{K_{sp}(CaCO_3)}=\frac{4.93\times10^{-5}}{3.36\times10^{-9}}=1.47\times10^{4}$$

上述沉淀转化反应之所以能进行，是因为 $CaCO_3$ 的 K_{sp} 小于 $CaSO_4$ 的 K_{sp}，向 $CaSO_4$ 的饱和溶液中加入 Na_2CO_3 溶液时，CO_3^{2-} 就会与 Ca^{2+} 生成 K_{sp} 更小的沉淀，从而降低了 Ca^{2+} 浓度，使得 $CaSO_4$ 的沉淀溶解平衡向溶解的方向移动，从而实现了沉淀的转化。生成的 $CaCO_3$ 再用酸溶解就达到了消除锅垢的目的。

沉淀转化的程度可用其平衡常数来衡量，上述转化的平衡常数很大，说明沉淀转化相当完全。由此可见，对于相同类型的难溶强电解质，沉淀转化的方向是由溶度积大的转化为溶度积小的，且溶度积 K_{sp} 相差越大，转化反应越完全。对于不同类型的难溶强电解质，沉淀转化的方向是由溶解度大的转化为溶解度小的，需要计算出溶解度才能判断。例如，在 Ag_2CrO_4 沉淀中加入 NaCl 溶液，Ag_2CrO_4 会转化成 AgCl 沉淀。这是因为，虽然 $K_{sp}(Ag_2CrO_4)<K_{sp}(AgCl)$，但 Ag_2CrO_4 的溶解度却大于 AgCl 的，所以转化也可以进行。

若是溶解度较小的沉淀转化为溶解度较大的沉淀，其沉淀转化的平衡常数小于 1，这种转化往往比较困难，但一定条件下也是能够实现的。比如，将难溶的 $BaSO_4$ 沉淀转化为易溶于酸的 $BaCO_3$，转化反应如下

$$BaSO_4(s)+CO_3^{2-}(aq)\rightleftharpoons BaCO_3(s)+SO_4^{2-}(aq)$$

$$K=\frac{[SO_4^{2-}]}{[CO_3^{2-}]}=\frac{[SO_4^{2-}][Ba^{2+}]}{[CO_3^{2-}][Ba^{2+}]}=\frac{K_{sp}(BaSO_4)}{K_{sp}(BaCO_3)}=\frac{1.08\times10^{-10}}{2.58\times10^{-9}}=\frac{1}{24}$$

上述 K 值不大，只要保持溶液中 $c(CO_3^{2-})>24c(SO_4^{2-})$，就可将 $BaSO_4$ 转化为 $BaCO_3$。具体

操作是：将适量饱和 Na_2CO_3 溶液加入 $BaSO_4$ 沉淀中，充分搅拌，静置、弃去上层清液，再加入饱和 $NaCO_3$ 溶液，反复多次就可完成转化。如果沉淀转化反应的平衡常数特别小，则沉淀的转化将是非常困难的，甚至是不可能的。

问题与思考 3-3

龋齿是人类口腔最常见的疾病，在儿童中发病率较高，呈逐年上升的趋势。牙齿的表面有一层保护膜称釉质，长期处在酸性条件下就会被破坏而失去对牙齿的保护作用。饮用水中的含氟量过低也是龋齿高发的主要原因。使用含氟牙膏可以有效预防龋齿的发生。试根据沉淀溶解平衡的知识解释龋齿的发生与防治？

四、沉淀的溶解

根据溶度积规则，要使沉淀溶解，只要设法降低难溶强电解质饱和溶液中某一离子的浓度，使其 $I_P<K_{sp}$。常用的方法有以下几种。

（一）生成弱电解质使沉淀溶解

在难溶强电解质溶液中加入适当的离子，使其与难溶强电解质中某种离子结合生成了难解离的水、弱酸、弱碱等而使难溶强电解质溶解。

1. **难溶氢氧化物的溶解**　难溶氢氧化物能溶于强酸，是因为其饱和溶液中的 OH^- 与强酸中的 H^+ 反应生成了难解离的 H_2O。以 $Mg(OH)_2$ 为例，其反应如下

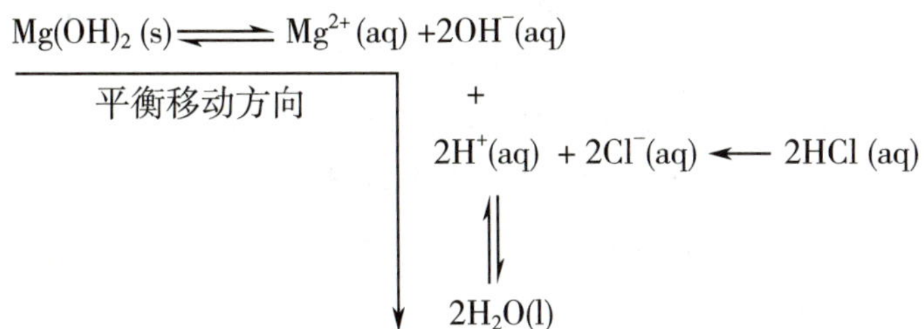

加入 HCl 后，由于溶液中 OH^- 和 H^+ 结合生成弱电解质 H_2O，降低了 OH^- 浓度，此时溶液中的 $I_P<K_{sp}$，$Mg(OH)_2$ 的沉淀溶解平衡遭到破坏并发生右移，以补充被消耗掉的 OH^-，从而导致 $Mg(OH)_2$ 沉淀溶解。此外，某些 K_{sp} 较大的难溶氢氧化物还能溶于铵盐。

2. **难溶碳酸盐的溶解**　难溶的碳酸盐易溶于盐酸，是因为碳酸盐中的 CO_3^{2-} 与酸生成难解离的 HCO_3^-，HCO_3^- 再与 H^+ 结合生成 CO_2 气体和 H_2O，使溶液中 CO_3^{2-} 浓度不断降低，导致难溶碳酸盐的 $I_P<K_{sp}$，最终促使沉淀溶解。例如

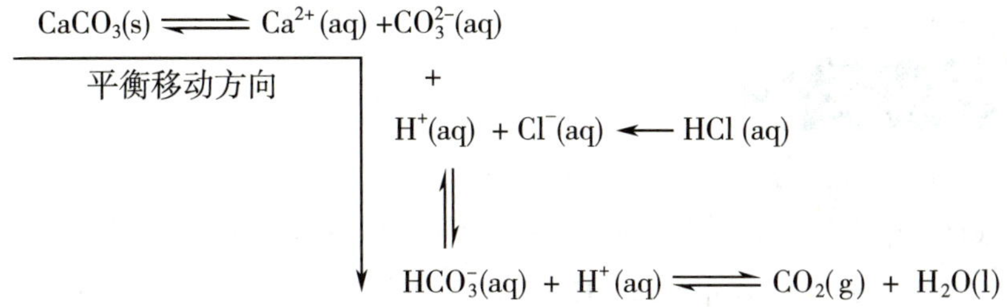

3. **难溶硫化物的溶解**　大多数难溶金属硫化物可溶于酸，是因为难溶硫化物溶液中的 S^{2-} 可与 H^+ 结合生成难解离的 HS^-，HS^- 再与 H^+ 结合生成 H_2S 气体，使溶液中 S^{2-} 浓度降低，导

致难溶硫化物的 $I_P<K_{sp}$，平衡向右移动，沉淀发生溶解。例如

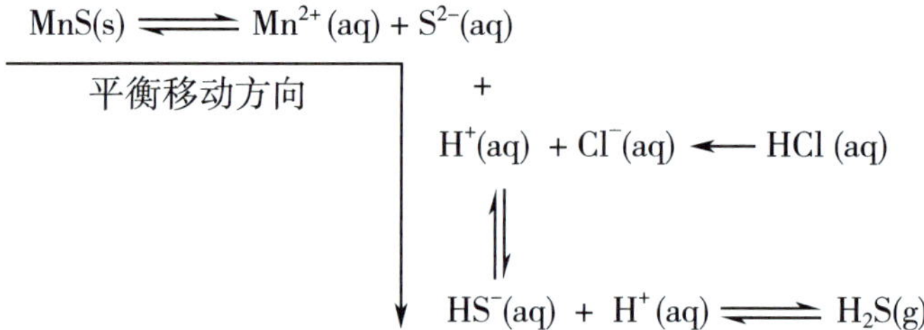

（二）生成配合物使沉淀溶解

在沉淀溶解平衡体系中，加入适当的配位剂，使相关离子形成稳定的配离子，从而降低其浓度，满足 $I_P<K_{sp}$，沉淀溶解。例如，AgCl 沉淀不溶于酸，但可溶于氨水。其反应如下

$AgCl(s) \rightleftharpoons Cl^-(aq) + Ag^+(aq)$

平衡移动方向

\+

$2NH_3(aq)$

$\rightleftharpoons$

$[Ag(NH_3)_2]^+(aq)$

由于 Ag^+ 和 NH_3 结合成难解离的配离子 $[Ag(NH_3)_2]^+$，降低了 Ag^+ 浓度，从而使 AgCl 沉淀溶解。

（三）氧化还原反应使沉淀溶解

在沉淀溶解平衡体系中，加入适当的氧化剂或还原剂，使相关离子发生氧化还原反应，从而降低其浓度，使沉淀溶解。由于金属硫化物的 K_{sp} 值相差很大，故其溶解情况大不相同。像 MnS、PbS、FeS 等 K_{sp} 值较大的金属硫化物都能溶于 HCl，而 CuS、Ag_2S 等 K_{sp} 值很小的金属硫化物就不能溶于盐酸，这是因为 CuS、Ag_2S 溶液中的 S^{2-} 浓度极小，即使加入浓度相当大的 H^+，也不能和微量的 S^{2-} 反应生成 H_2S。在这种情况下，可以通过加入 HNO_3 等氧化剂，将 S^{2-} 氧化为硫单质，从而降低 S^{2-} 的浓度，使沉淀溶解。例如，CuS（$K_{sp}=6.3\times10^{-36}$）溶于 HNO_3 的反应如下

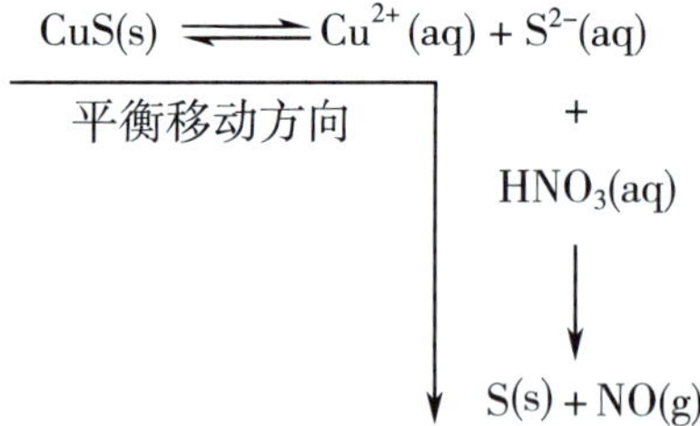

S^{2-} 被 HNO_3 氧化为硫单质，导致 CuS 的 $I_P<K_{sp}$，沉淀发生溶解。

问题与思考 3-4

试用溶度积规则解释下列现象：

（1）CaC_2O_4 可溶于盐酸，但不溶于乙酸，而 $CaCO_3$ 既可溶于盐酸，又可溶于乙酸。

（2）向含有 Mg^{2+} 的溶液中滴加 $NH_3 \cdot H_2O$，产生白色沉淀，再滴加 NH_4Cl 溶液，白色沉淀消失。

临床应用拓展阅读

人体的生物矿化现象

生物矿化(biomineralization)是指由生物体通过生物大分子的调控生成无机矿物的过程。**生物矿物(biomineral)**是指生物矿化所产生的含矿物质和有机基质,按照一定高级结构组装成的复合物质,如人体骨骼、牙齿等。目前已知的生物矿物有60多种,按其结构来分主要包括碳酸钙类、磷酸钙类、硅石类、氧化铁类和硫化铁类等。生物矿物受控于特殊的生物过程和生物环境,常常具有极高的选择性和方向性,因而所生成的晶体可表现出特殊的性能,如具有极高的强度和表面光洁度、良好的断裂韧性和减震性能等。生物矿物不但具有保护组织和骨架支持作用,而且还具有重力传感作用(如耳石)、磁场传感作用(如磁粒体)等特殊功能。

生物矿化包括正常生物矿化和异常生物矿化。正常生物矿化是指各种生物矿物的正常形成,如以羟基磷灰石为矿物组分的骨骼、牙齿的形成,或以碳酸钙为矿物成分的蛋壳、珍珠层、耳石的形成等。异常矿化又称为病理矿化。两种矿化的化学本质很相似,其差别在于正常矿化是在生物体内一定部位上发生,并按照特定的组成、结构和程度完成的受控过程;而异常矿化则属于失控过程,是在不应该形成矿物的部位矿化,即所谓异位矿化(如胆结石、泌尿系结石等的形成),或者矿化进行的程度过高或过低(如牙石、龋齿、骨质疏松等的形成)。

生物矿化涉及沉淀的生成和转化原理,下面以骨骼的形成与龋齿的产生、胆结石的形成为例简单介绍人体的生物矿化现象,即沉淀溶解平衡在医学上的意义。

1. 骨骼的形成与龋齿的产生　羟基磷灰石(简称HAP)是人体骨骼组织的主要无机成分,在体温37℃、pH为7.4的生理条件下,羟基磷灰石是最稳定的。实验证明,在生理条件下将Ca^{2+}和PO_4^{3-}混合时,首先析出的是无定形磷酸钙,然后转变成磷酸八钙,最后变成羟基磷灰石,其化学式是$Ca_{10}(PO_4)_6(OH)_2$。在骨骼形成过程中,成骨细胞负责骨骼的生物矿化过程。成骨细胞向形成骨组织的部位分泌钙离子和磷酸根离子,此外成骨细胞和其他形成骨骼有关的细胞也同时分泌一些基质蛋白分子。这些基质蛋白主要有两种作用:①促进沉淀晶核的形成,使沉淀较快地进行;②基质蛋白可以自发组装成一些特殊的超分子结构,指导形成的羟基磷灰石晶粒按照一定的方式聚集形成骨骼的结构。羟基磷灰石的沉淀和溶解是非常重要的生理过程,因为骨骼的成长是在不断的沉淀和溶解过程中进行的。此外,羟基磷灰石的溶解涉及很多病理过程,如龋齿和骨质疏松等。

与骨骼一样,人类的牙齿也是人体主要的矿化结构,具有牙本质和牙釉质。牙本质的化学组成与骨骼大致相同。最外层的牙釉质是高度的矿化系统,结构非常严密,是人体中最坚硬的部分,对于咀嚼、磨碎食物发挥重要作用。牙釉质的主要成分是羟基磷灰石和少量氟磷灰石、氯磷灰石等,其中羟基磷灰石所占比例超过了98%。人类口腔最常见的疾病——龋齿的产生与羟基磷灰石的溶解有关。当人们进餐后,口腔的细菌分解食物产生有机酸,特别是含糖量高的食物产生的有机酸更多。在酸的日积月累作用下,就会使牙釉质中的羟基磷灰石缓慢溶解,其反应式如下

$$Ca_{10}(PO_4)_6(OH)_2(s)+14H^+(aq)=10Ca^{2+}(aq)+6H_2PO_4^-(aq)+2H_2O(l)$$

当牙釉质溶解后,牙体内的有机物暴露在外,在口腔蛋白质水解酶的作用下,水解产生色素,加上外界环境中细菌产生色素致使病牙的牙本质变为褐色、黑褐色甚至黑色,

最后导致牙齿组织崩溃而造成龋洞，龋齿就这样产生了。为了预防龋齿的产生，除了注意口腔卫生、少吃高糖食物外，使用含氟牙膏和饮用适宜浓度（1.0~1.5mg·L^{-1}）的含氟饮用水也有利于防龋。F^-可以取代羟基磷灰石的OH^-，生成溶解度更小的氟磷灰石（简称FAP），分子式为$Ca_{10}(PO_4)_6F_2$。由于$Ca_{10}(PO_4)_6F_2$产生的F^-比$Ca_{10}(PO_4)_6(OH)_2$产生的OH^-的碱性更弱，所以氟磷灰石的抗酸能力比羟基磷灰石强，可有效防止龋齿的形成。另外，氟还能在釉质表层及表层下形成氟化钙沉淀，抑制菌斑，降低釉质羟基磷灰石的溶解度，增强晶体的完整性，促进再矿化。

2. 胆结石的形成　胆结石是一种发生在胆道系统内的异常生物矿化现象。它与泌尿系结石的区别在于泌尿系结石是在泌尿管道内产生的，其主要成分是草酸钙等无机矿物，有机基质含量较少；而胆结石是在胆囊内、肝内、外胆管内形成的，其主要成分为生物小分子、大分子（如蛋白）和金属离子胆红素络合物等，仅含有少量的磷酸钙和草酸钙等无机盐。根据主要化学成分，胆结石一般分为胆固醇型、胆色素型和混合型结石等。胆固醇型结石中胆固醇的含量大多在80%~95%之间，少数为50%~70%，非胆固醇组分主要是蛋白，也含少量钙盐。色素型胆结石主要含有胆红素钙聚合物、胆固醇、蛋白质、糖蛋白、多糖和胆汁酸等，也含有少量的碳酸盐、磷酸盐、脂肪酸盐和十多种金属离子，其中黑色素型结石还含有相当数量的胆红素铜络合物。混合型结石与色素性结石相似，但它主要由胆固醇和胆红素钙组成。

人体所含有的常量元素在胆结石中均能找到，人体必需的微量元素也大多存在于胆结石中。不同类型的胆结石含有的元素及其含量均有所差异，其中含量最高的元素是钙，所以胆结石中均含有难溶的钙盐，如磷酸钙、碳酸钙、胆红素钙和脂肪酸钙等。胆结石的形成过程是：胆囊分泌的黏糖蛋白质及来自肝脏的脂蛋白、球蛋白、纤连蛋白等蛋白质在胆汁环境中均失活变性，通过化学键或静电作用将胆红素盐、脂肪酸盐、碳酸盐和磷酸盐等俘获，形成较为坚固网架基质并沉淀下来，然后胆汁中其他难溶物质进一步填充或结合到基质上，慢慢形成胆结石。色素型和混合型结石是胆结石中非常难溶的两种，主要原因是其中的胆红素盐、难溶无机盐所占的比重较多。胆红素自由基一方面通过其易聚合的特性直接诱导结石的形成，另一方面通过损伤肝细胞导致代谢紊乱，间接促进结石的形成。胆结石的形成与多种因素有关，如胆汁代谢紊乱、胆囊功能异常、遗传因素、微生物因素和多种环境因素等。目前对胆固醇型结石的成因及治疗研究较多，并取得了一定成果，但由于色素型和混合型结石的成分非常复杂，迄今为止它们的形成原因还不清楚，治疗也不十分有效。有关肝脏胆固醇代谢导致胆汁胆固醇过饱和的机制以及致石基因的研究，也是当前研究胆石病成因的重点。

本章小结

难溶强电解质的沉淀溶解达到平衡时，溶液中离子浓度幂的乘积称为溶度积（K_{sp}），在一定温度下，K_{sp}为常数。在任意条件下离子浓度幂的乘积，称为离子积I_P。K_{sp}特指饱和溶液中离子浓度幂之乘积，是I_P的一种特殊情况。溶度积和溶解度都可以表示难溶强电解质的溶解能力，二者可根据K_{sp}表达式进行相互换算。同离子效应会使难溶强电解质的溶解度显著降低，而盐效应则会使难溶强电解质的溶解度略有增大。

溶度积规则是难溶强电解质沉淀溶解平衡移动的判据，利用溶度积规则，可以判断沉淀的生成与溶解。当溶液中 $I_P > K_{sp}$ 时，将会有沉淀生成；当 $I_P < K_{sp}$ 时，沉淀溶解。

根据难溶强电解质 K_{sp} 的不同，可以进行分级沉淀和沉淀的转化，利用分级沉淀可以分离某些金属离子。沉淀的溶解通常和酸碱平衡、氧化还原平衡、配位平衡相联系，沉淀溶解平衡属于多相平衡。

习题

1. 难溶强电解质的溶度积和离子积分别指什么？两者有何区别？什么叫沉淀溶解平衡中的同离子效应和盐效应？

2. 写出下列难溶强电解质的沉淀溶解平衡方程式及其溶度积常数表达式：

(1) CaC_2O_4；　(2) $Al(OH)_3$；　(3) PbI_2；　(4) $Mg_3(PO_4)_2$

3. 判断下列说法是否正确？

(1) 两种难溶强电解质，K_{sp} 越大，其溶解度也越大。

(2) AgCl 的 $K_{sp} = 1.77\times10^{-10}$，$Ag_2CrO_4$ 的 $K_{sp} = 1.12\times10^{-12}$，在 Cl^- 和 CrO_4^{2-} 浓度相同的溶液中，滴加 $AgNO_3$ 溶液，先析出 Ag_2CrO_4 沉淀。

(3) 在一定温度下，AgCl 饱和溶液中 Ag^+ 及 Cl^- 浓度的乘积是常数。

(4) 沉淀转化的方向是由 K_{sp} 大的转化为 K_{sp} 小的。

4. 在含有固体 AgCl 的饱和溶液中，加入下列物质，对 AgCl 的溶解度有什么影响？并解释之。

(1) $AgNO_3$；　(2) NaCl；　(3) KNO_3；　(4) 氨水

5. 已知 $K_{sp}\{Mn(OH)_2\} = 2.06\times10^{-13}$，假设溶于水中的 $Mn(OH)_2$ 完全解离，试计算：

(1) $Mn(OH)_2$ 在水中的溶解度（$mol\cdot L^{-1}$）。

(2) $Mn(OH)_2$ 在 $0.20mol\cdot L^{-1}$ $MnCl_2$ 溶液中的溶解度（$mol\cdot L^{-1}$）。

(3) $Mn(OH)_2$ 在 $0.10mol\cdot L^{-1}$ NaOH 溶液中的溶解度（$mol\cdot L^{-1}$）（假设 $Mn(OH)_2$ 在 NaOH 溶液中不发生其他变化）。

6. 判断下列条件下是否有沉淀生成？（已知 $K_{sp}(CaC_2O_4) = 2.32\times10^{-9}$、$K_{sp}(CaCO_3) = 3.36\times10^{-9}$）

(1) 将 $0.020mol\cdot L^{-1}$ $CaCl_2$ 溶液 10ml 与等体积同浓度的 $Na_2C_2O_4$ 溶液相混合。

(2) 在 $1.0mol\cdot L^{-1}$ $CaCl_2$ 溶液中通入 CO_2 气体至饱和（忽略体积的变化）。

7. 若溶液中含有浓度均为 $0.10mol\cdot L^{-1}$ 的 Mg^{2+} 和 Fe^{3+}，若利用两者形成氢氧化物的方式进行分离，应该如何控制溶液的 pH？（已知 $K_{sp}\{Mg(OH)_2\} = 5.61\times10^{-12}$、$K_{sp}\{Fe(OH)_3\} = 2.79\times10^{-39}$）

8. 据研究调查，有相当一部分的泌尿系结石是由 CaC_2O_4 组成的。正常人每天排尿量约为 1.4L，其中约含 0.10g Ca^{2+}。为了不使尿中形成 CaC_2O_4 沉淀，其中 $C_2O_4^{2-}$ 的最高浓度为多少？对泌尿系结石患者来说，医生总让其多饮水，试简单解释其原理（已知 $K_{sp}(CaC_2O_4) = 2.32\times10^{-9}$）。

9. 在浓度均为 $0.010mol\cdot L^{-1}$ 的 $AgNO_3$ 和 $Pb(NO_3)_2$ 的混合溶液中，逐滴加入 KI 溶液时，AgI 和 PbI_2 哪个沉淀先析出？当第二种离子刚开始沉淀时，溶液中的第一种离子浓度为多少？（已知 $K_{sp}(AgI) = 8.52\times10^{-17}$、$K_{sp}(PbI_2) = 9.8\times10^{-9}$，忽略溶液体积的变化）。

10. 人的牙齿表面有一层釉质，其组成为羟基磷灰石 $Ca_{10}(PO_4)_6(OH)_2$（$K_{sp} = 6.8\times10^{-37}$）。为了防止龋齿，人们常常使用含氟牙膏，牙膏中的氟化物可使羟基磷灰石转化为氟磷灰石 $Ca_{10}(PO_4)_6F_2$（$K_{sp} = 1.0\times10^{-60}$）。写出羟基磷灰石转化为氟磷灰石的离子方程式，并通过计算其转化反应的平衡常数说明哪种物质更稳定？

11. 将 10ml 0.10mol · L^{-1} $MgCl_2$和体积、浓度都相同的 $NH_3 \cdot H_2O$ 混合，问有无 $Mg(OH)_2$ 沉淀析出？如果要阻止 $Mg(OH)_2$ 沉淀的生成至少应加入多少克 NH_4Cl 固体？（忽略加入 NH_4Cl 固体引起的体积变化）（已知 $K_{sp}\{Mg(OH)_2\} = 5.61 \times 10^{-12}$，$K_b(NH_3) = 1.8 \times 10^{-5}$，$M_r(NH_4Cl) = 53.5$）

12. 某溶液中含有 0.10mol · L^{-1} 的 Cd^{2+} 和 0.10mol · L^{-1} 的 Mn^{2+}，为使 Cd^{2+} 形成 CdS 沉淀与 Mn^{2+} 分离，S^{2-} 浓度应控制在什么范围？是否可以利用分步沉淀的方法将两者分离？（已知 $K_{sp}(CdS) = 8.0 \times 10^{-27}$，$K_{sp}(MnS) = 2.5 \times 10^{-13}$）

（许景秀）

第四章　氧化还原反应

学习目标

【掌握】氧化还原的基本概念；电极类型；标准氢电极；标准电极电势及其应用；标准电池电动势及其应用；电极电势的 Nernst 方程。

【熟悉】离子-电子法配平氧化还原方程式；原电池概念；原电池组成及书写；电极反应及电池反应；标准电池电动势与氧化还原反应标准平衡常数的关系；Nernst 方程的应用（浓度、溶液 pH、沉淀的生成对电极电势的影响）。

【了解】电极电势产生的原因。

氧化还原反应是一类非常重要的化学反应，它与人类的生产生活及生命过程息息相关，如燃料的燃烧、金属冶炼、化学电池、生物的光合作用、呼吸作用、新陈代谢、神经传导及生物电现象等。

本章主要学习氧化还原的基本概念、原电池等问题，重点讨论了标准电极电势及其应用、标准电池电动势及其应用、Nernst 方程及其应用。

第一节　氧化还原反应和原电池

一、氧化还原的基本概念

（一）氧化值

1970 年，国际纯粹与应用化学联合会（IUPAC）对**氧化值（oxidation number）**的定义是指某元素一个原子的表观荷电数，这种荷电数是假设把每个化学键中的成键电子指定给电负性较大的原子而求得。

按照元素氧化值的定义，可以确定如下元素氧化值的几条规则：

1. 在单质分子中，元素的氧化值为零。如 O_2分子中，O 的氧化值为零。

2. 在电中性的分子中，所有元素的氧化值之和为零。

3. 在单原子离子中，元素的氧化值等于离子的电荷数。如 K^+中 K 的氧化值为+1。在多原子离子中，所有元素的氧化值之和等于离子的电荷数。如 $Cr_2O_7^{2-}$ 中的元素氧化值之和为-2。

4. 氧的氧化值在多数化合物（如 H_2O）中为-2，但在过氧化物（如 H_2O_2）中为-1，在超氧化物（如 NaO_2）中为$-\frac{1}{2}$，在氟氧化物（如 OF_2）中为+2。

5. 氢的氧化值在多数化合物（如 H_2O）中为+1，但在金属氢化物（如 NaH）中为-1。

例 4-1 确定 $KMnO_4$ 中 Mn 元素的氧化值及 $Na_2S_4O_6$ 中 S 元素的氧化值。

解 设 $KMnO_4$ 中 Mn 元素的氧化值为 x，由于 O 的氧化值为-2，K 的氧化值为+1，则

$$1+x+4\times(-2)=0, x=+7$$

故 Mn 元素的氧化值为+7。

设 $Na_2S_4O_6$ 中 S 元素的氧化值为 x，由于 O 的氧化值为-2，Na 的氧化值为+1，则

$$2\times1+4x+6\times(-2)=0, x=+2.5$$

故 S 元素氧化值为+2.5。

由例 4-1 可知，元素的氧化值可以是整数和小数（或分数）。

（二）氧化还原反应

元素的氧化值发生变化的化学反应称为**氧化还原反应（oxidation-reduction reaction）**。在氧化还原反应中，元素氧化值升高的过程称为**氧化（oxidation）**，元素氧化值降低的过程称为**还原（reduction）**，氧化值升高的物质称为**还原剂（reducing agent）**，氧化值降低的物质称为**氧化剂（oxidizing agent）**。例如，氧化还原反应

$$Zn(s)+Cu^{2+}(aq)=\!=\!=Zn^{2+}(aq)+Cu(s)$$

Zn 的氧化值升高（由 0 变成+2），失去 2 个电子，发生了氧化反应，是还原剂；Cu^{2+} 的氧化值降低（由+2 变成 0），得到 2 个电子，发生了还原反应，是氧化剂。

（三）氧化还原半反应及氧化还原电对

任一氧化还原反应都可拆分成两个**氧化还原半反应（redox half-reaction）**：①还原剂被氧化的半反应；②氧化剂被还原的半反应。

如氧化还原反应 $Zn(s)+Cu^{2+}(aq)=\!=\!=Zn^{2+}(aq)+Cu(s)$ 可拆分成

$$Zn(s)-2e^-=\!=\!=Zn^{2+}(aq) \quad （氧化反应）$$

$$Cu^{2+}(aq)+2e^-=\!=\!=Cu(s) \quad （还原反应）$$

氧化还原半反应可用通式表示

$$\nu_O Ox+ne^- \rightleftharpoons \nu_R Red \tag{4-1}$$

式（4-1）中，n 为半反应中电子转移的数目，Ox 为氧化型物质（某元素原子氧化值相对较高的物质），Red 则为还原型物质（某元素原子氧化值相对较低的物质），ν_O 为氧化型物质的化学计量系数，ν_R 为还原型物质的化学计量系数。同一元素原子的氧化型物质及对应的还原型物质称为**氧化还原电对（redox electric couple）**，简称电对。通常写成：氧化型/还原型（Ox/Red），如 Zn^{2+}/Zn，Cu^{2+}/Cu。

（四）氧化还原反应方程式的配平

对于氧化还原反应方程式的配平方法，高中学过氧化值法，下面介绍离子-电子法。

离子-电子法配平氧化还原反应方程式的基本依据是氧化剂得到的电子数等于还原剂失去的电子数，以及物料平衡。

下面以反应 $K_2Cr_2O_7+KI+HCl \longrightarrow CrCl_3+I_2+KCl+H_2O$ 为例，说明离子-电子法配平氧化还原反应方程式的具体步骤。

1. 根据实验事实写出相应的离子反应方程式。

$$Cr_2O_7^{2-}(aq)+I^-(aq)+H^+(aq) \longrightarrow Cr^{3+}(aq)+I_2(s)+H_2O(l)$$

2. 根据氧化还原电对，将离子方程式拆分成氧化反应与还原反应。

氧化反应：$I^-(aq) \longrightarrow I_2(s)$

还原反应：$Cr_2O_7^{2-}(aq)+H^+(aq) \longrightarrow Cr^{3+}(aq)+H_2O(l)$

3. 根据物料平衡配平两个半反应式两边各原子的数目，然后根据电荷平衡配平两个半反应式两边的电荷总量。

氧化反应：$2I^-(aq)-2e^-=\!=\!=I_2(s)$ ①

还原反应： $Cr_2O_7^{2-}(aq)+14H^+(aq)+6e^- = 2Cr^{3+}(aq)+7H_2O(l)$ ②

4. 找出两个半反应得失电子数的最小公倍数，将两个半反应分别乘以相应系数，使其得、失电子数相等，然后将两半反应相加，合并成配平的氧化还原反应离子方程式。

①×3 $6I^-(aq)-6e^- = 3I_2(s)$

+ ②×1 $Cr_2O_7^{2-}(aq)+14H^+(aq)+6e^- = 2Cr^{3+}(aq)+7H_2O(l)$

$$Cr_2O_7^{2-}(aq)+6I^-(aq)+14H^+(aq) = 2Cr^{3+}(aq)+3I_2(s)+7H_2O(l)$$

5. 在配平的离子方程式中添加不参与反应的阳离子和阴离子，写出相应的化学式，就可得到配平的氧化还原反应方程式。

$$K_2Cr_2O_7+6KI+14HCl = 2CrCl_3+3I_2+8KCl+7H_2O$$

二、原电池

（一）原电池的组成

将锌片放入硫酸铜溶液中，锌片逐渐溶解变成 Zn^{2+} 进入溶液中，而 Cu^{2+} 则变成金属 Cu 沉积在锌片上，反应的化学能是以热能的形式释放出来，其离子反应方程式为

$$Zn(s)+Cu^{2+}(aq) = Zn^{2+}(aq)+Cu(s)$$

如采用图 4-1 所示的装置，将 Zn 与 $CuSO_4$ 不直接接触，使氧化反应和还原反应分别在不同烧杯中进行。一只烧杯盛有 $ZnSO_4$ 溶液，在溶液中插入 Zn 片，另一只烧杯盛有 $CuSO_4$ 溶液，在溶液中插入 Cu 片。两个烧杯中的溶液用盐桥（一个充满饱和 KCl 或 KNO_3 溶液的 U 形管，它的作用是通过阳离子和阴离子向两端迁移构成电流通路，维持两边溶液的电中性）连接起来，将两个烧杯中的 Zn 片和 Cu 片通过导线串联一个检流计，连通后检流计的指针发生偏转，证明有电流产生。这种将氧化还原反应的化学能转变为电能的装置称为**原电池（primary cell）**。理论上讲，任何自发进行的氧化还原反应都可设计成原电池。

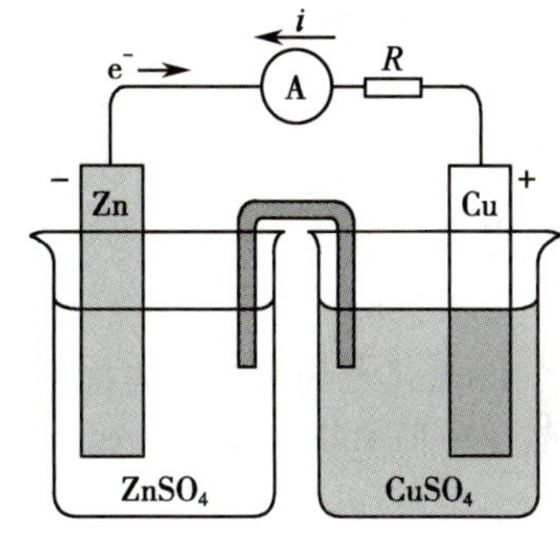

图 4-1 Cu-Zn 原电池示意图

原电池是由两个半电池组成。半电池又称**电极（electrode）**，它是由电极导体和电解质溶液组成。电子由负极流向正极，电流由正极流向负极。在 Cu-Zn 原电池中，Zn 片和 $ZnSO_4$ 溶液构成 Zn 半电池，Cu 片和 $CuSO_4$ 溶液构成 Cu 半电池。从检流计指针的偏转方向，可确定电子从 Zn 电极流向 Cu 电极，电流从 Cu 电极流向 Zn 电极。

（二）原电池反应

分别在两个半电池（电极）中发生的氧化反应或还原反应，称为**半电池反应（half-cell reaction）或电极反应（electrode reaction）**。负极发生氧化反应，正极发生还原反应。由正极反应和负极反应所构成的总反应，称为**电池反应（cell reaction）**。在 Cu-Zn 原电池中，负极和正极发生的半反应分别为

负极 $Zn(s) \longrightarrow Zn^{2+}(aq)+2e^-$ （氧化反应）

正极 $Cu^{2+}(aq)+2e^- \longrightarrow Cu(s)$ （还原反应）

Cu-Zn 原电池的电池反应为

$$Zn(s)+Cu^{2+}(aq) \longrightarrow Zn^{2+}(aq)+Cu(s)$$

（三）原电池的组成式

原电池的组成可以用电池组成式（电池符号）表示。Cu-Zn 原电池组成式为

$(-)Zn(s)\mid Zn^{2+}(c_1)\parallel Cu^{2+}(c_2)\mid Cu(s)(+)$

书写电池组成式(电池符号)的方法如下:

1. 用"｜"竖线表示两相的界面,同一相中不同物质间用","表示,用"‖"表示盐桥。

2. 电极板写在两边,固体物质、气体物质紧靠电极板,溶液紧靠盐桥。

3. 负极写在盐桥左边,正极写在盐桥右边,并用"+"、"-"在括号内标注电极的极性。

4. 纯固体及纯液体要在括号内用 s 及 l 标注,溶液要在括号内标注溶质的浓度,气体物质要在括号内标注分压。如无特殊说明,则表示溶质浓度为 $1mol\cdot L^{-1}$,气体分压为 100kPa。

5. 若电池中没有电极导体,需应用惰性电极导体(如铂电极或石墨电极)作电极板。

(四) 常用电极类型

常用电极(半电池)可分为四种类型。

1. **金属-金属离子电极**　将金属电极板插入含有该金属离子的溶液中,即构成金属-金属离子电极。如 Cu^{2+}/Cu 电极

电极组成式　　$Cu(s)\mid Cu^{2+}(c)$

电极反应　　$Cu^{2+}(aq)+2e^- \longrightarrow Cu(s)$

2. **气体电极**　将气体通入其相应离子溶液中,并用只起导电作用的惰性导体(如金属铂)作电极板,即构成气体电极。如氢气电极

电极组成式　　$Pt(s)\mid H_2(p)\mid H^+(c)$

电极反应　　$2H^+(aq)+2e^- \longrightarrow H_2(g)$

3. **金属-金属难溶盐-阴离子电极**　在金属表面覆盖该金属难溶盐的固体,然后浸入与该难溶盐具有相同阴离子的溶液中,即构成金属-金属难溶盐-阴离子电极。如 Ag-AgCl 电极就是在 Ag 的表面覆盖 AgCl,然后浸入含有 Cl^- 溶液中构成。

电极组成式　　$Ag(s)\mid AgCl(s)\mid Cl^-(c)$

电极反应　　$AgCl(s)+e^- \longrightarrow Ag(s)+Cl^-(aq)$

4. **氧化还原电极**　将惰性导体插入含有同一元素的两种不同氧化值的离子溶液中,即构成氧化还原电极。如将金属 Pt 插入含有 Fe^{3+}、Fe^{2+} 的溶液中,即构成 Fe^{3+}/Fe^{2+} 电极。

电极组成式　　$Pt(s)\mid Fe^{2+}(c_1),Fe^{3+}(c_2)$

电极反应　　$Fe^{3+}(aq)+e^- \longrightarrow Fe^{2+}(aq)$

问题与思考 4-1

将氧化还原反应 $2Ag^+(aq)+H_2(g) = 2Ag(s)+2H^+(aq)$ 设计成原电池,写出该原电池的电极组成式。

第二节　标准电极电势与标准电池电动势

一、电极电势的产生

用导线连接 Cu-Zn 原电池的两个电极后,就有电流通过,说明这两个电极之间存在电势差。那么电极电势是如何产生的?德国化学家 Nernst 提出的双电层理论,解释了金属-金属离子电极的电极电势产生。

构成金属晶体的微粒是金属离子和自由电子。当金属片(M)插入其相应的盐溶液时,金

属离子(M^{n+})由于本身的热运动及受到极性水分子的作用,进入溶液形成水合金属离子,同时把电子留在金属表面,这就是溶解过程;另一方面,溶液中的水合金属离子也会从金属表面得到电子而沉积到金属表面上,这就是沉积过程。当溶解过程与沉积过程的速率相等时,就建立了如下动态平衡

$$M(s) \underset{沉积}{\overset{溶解}{\rightleftharpoons}} M^{n+}(aq) + ne^-$$

若金属溶解的趋势大于金属离子沉积的趋势,则达到平衡时,金属表面带负电荷,金属表面附近的溶液带正电荷,在金属与溶液的界面处会形成如图 4-2A 所示的双电层结构。相反,若金属离子沉积趋势大于金属溶解趋势,则达到平衡时,金属表面带正电荷,金属表面附近的溶液带负电荷,在金属与溶液的界面处形成如图 4-2B所示的双电层结构。

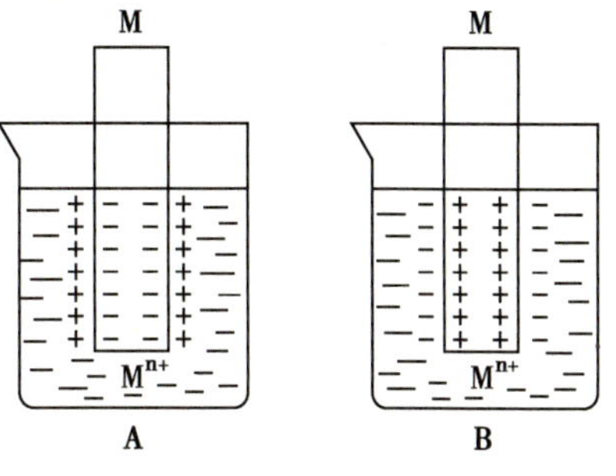

图 4-2　双电层示意图

无论形成哪一种双电层,在金属表面与溶液之间都会形成电势差。这种产生于金属 M 表面与含有该金属离子 M^{n+} 的溶液之间的电势差称为电对 M^{n+}/M 的**电极电势(electrode potential)**,用符号 $\varphi(Ox/Red)$ 或 $\varphi_{Ox/Red}$ 表示,单位为伏特(V)。

金属越活泼,金属溶解的趋势就越大,平衡时金属表面负电荷就越多,该金属电极的电极电势越低;反之,金属越不活泼,金属溶解的趋势就越小,平衡时金属表面负电荷就越少,该金属电极的电极电势越高。

二、标准电极电势及其应用

(一)标准氢电极

电极电势的绝对值无法直接确定。但在实际工作中,可以选定某一特定的电极作参比电极,确定其他任何电极对此参比电极的相对电极电势。IUPAC 规定,以**标准氢电极(standard hydrogen electrode,SHE)**为参比电极。图 4-3 是标准氢电极的示意图。将镀有铂黑的铂片电极插入到 H^+ 浓度为 $1mol \cdot L^{-1}$(严格地说活度为 1)的溶液中,在指定温度下,通入 100kPa 的氢气,使铂电极吸附的氢气达到饱和,并与溶液中 H^+ 建立了如下平衡

$$2H^+(aq) + 2e^- \rightleftharpoons H_2(g)$$

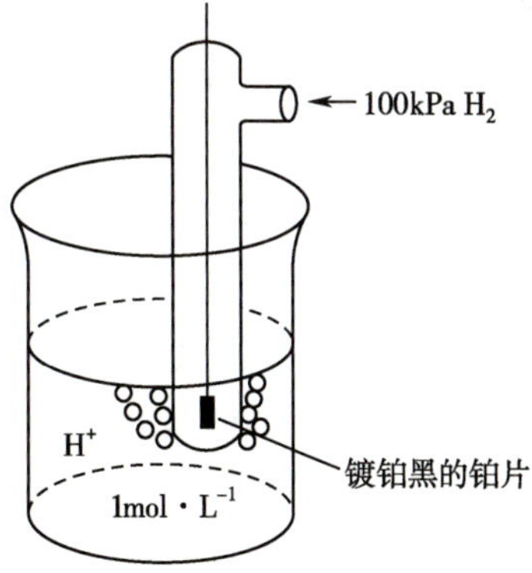

图 4-3　标准氢电极示意图

在标准状态下,即氢气分压为 100kPa、溶液中 H^+ 浓度为 $1mol \cdot L^{-1}$,温度一般为 298.15K 时,氢电极所产生的电势差,称为标准氢电极的电极电势,并规定其数值为零,即 $\varphi^{\ominus}(SHE) = 0.000\,00V$。

(二)标准电极电势

在标准态下,以标准氢电极为参比电极,将其与另外一个待测电极组成原电池。由于 $\varphi^{\ominus}(SHE) = 0.000\,00V$,故测定两个电极的电极电势之差就可获得待测电极的电极电势,即**标准电极电势(standard electrode potential)**,用 $\varphi^{\ominus}(Ox/Red)$ 表示。一个氧化还原电对的标准电极电势数值除了可以通过与标准氢电极组成原电池测定获得以外,还可以通过热力学数据计算或通过实验方法推导获得。

电极电势的大小主要取决于氧化还原电对的本性。不同的氧化还原电对所形成的电极,其标准电极电势数值也不同,将各种氧化还原电对的标准电极电势汇集成表,就构成标准电极

电势表。部分常见氧化还原电对的标准电极电势见表 4-1。

表 4-1 一些常见电对的标准电极电势(298.15K)

电对	电极反应	$\varphi^{\ominus}$/V
Li^+/Li	$Li^+ + e^- \rightleftharpoons Li$	-3.040 1
Na^+/Na	$Na^+ + e^- \rightleftharpoons Na$	-2.71
Zn^{2+}/Zn	$Zn^{2+} + e^- \rightleftharpoons Zn$	-0.761 8
Pb^{2+}/Pb	$Pb^{2+} + e^- \rightleftharpoons Pb$	-0.126 2
H^+/H_2	$2H^+ + 2e^- \rightleftharpoons H_2$	0.000 00
Sn^{4+}/Sn^{2+}	$Sn^{4+} + 2e^- \rightleftharpoons Sn^{2+}$	0.151
Cu^{2+}/Cu	$Cu^{2+} + 2e^- \rightleftharpoons Cu$	0.341 9
I_2/I^-	$I_2 + 2e^- \rightleftharpoons 2I^-$	0.535 5
Fe^{3+}/Fe^{2+}	$Fe^{3+} + e^- \rightleftharpoons Fe^{2+}$	0.771
Ag^+/Ag	$Ag^+ + e^- \rightleftharpoons Ag$	0.799 6
$Br_2(l)/Br$	$Br_2(l) + 2e^- \rightleftharpoons 2Br^-$	1.066
$Cr_2O_7^{2-}/Cr^{3+}$	$Cr_2O_7^{2-} + 14H^+ + 6e^- \rightleftharpoons 2Cr^{3+} + 7H_2O$	1.232
MnO_4^-/Mn^{2+}	$MnO_4^- + 8H^+ + 5e^- \rightleftharpoons Mn^{2+} + 4H_2O$	1.507

应用标准电极电势表时需要注意:

1. 由于标准电极电势是在水溶液中测定的,因此它不适用于非水溶液或高温下的固相反应。

2. 标准电极电势表中,电极反应是以还原反应式表示,即

$$\nu_o Ox + ne^- \longrightarrow \nu_R Red$$

3. 标准电极电势是强度性质,与物质的量无关。如 Cu^{2+}/Cu 电极

$$Cu^{2+}(aq) + 2e^- \longrightarrow Cu(s) \qquad \varphi^{\ominus}(Cu^{2+}/Cu) = 0.341\,9V$$

$$2Cu^{2+}(aq) + 4e^- \longrightarrow 2Cu(s) \qquad \varphi^{\ominus}(Cu^{2+}/Cu) = 0.341\,9V$$

4. 表 4-1 中的标准电极电势是在温度为 298.15K 时获得的。由于在一定温度范围内,温度对电极电势的影响较小,因此其他温度下的标准电极电势可参照表 4-1。

(三)标准电极电势的应用

1. 比较氧化剂、还原剂的强弱 标准电极电势的大小反映了在标准状态下,氧化还原电对得失电子的难易。标准电极电势越大,表明氧化还原电对中氧化型物质越易得到电子,是较强的氧化剂;而与之对应的还原型物质越难失去电子,是较弱的还原剂。反之,标准电极电势越小,表明氧化还原电对中还原型物质越易失去电子,是较强的还原剂;而与之对应的氧化型物质越难得到电子,是较弱的氧化剂。

例 4-2 在 298.15K 下,根据标准状态下的电极电势,选出下列电对中最强的氧化剂和还原剂,并列出电对中氧化型物质的氧化能力和还原型物质的还原能力的强弱顺序。

$$MnO_4^-/Mn^{2+}、Fe^{3+}/Fe^{2+}、I_2/I^-、Zn^{2+}/Zn、Sn^{4+}/Sn^{2+}$$

解 查表 4-1 得:$\varphi^{\ominus}(MnO_4^-/Mn^{2+}) = 1.507V$;$\varphi^{\ominus}(Fe^{3+}/Fe^{2+}) = 0.771V$;$\varphi^{\ominus}(I_2/I^-) = 0.535\,5V$;$\varphi^{\ominus}(Zn^{2+}/Zn) = -0.761\,8V$;$\varphi^{\ominus}(Sn^{4+}/Sn^{2+}) = 0.151V$。

在上述电对中,$\varphi^{\ominus}(MnO_4^-/Mn^{2+})$ 最大,而 $\varphi^{\ominus}(Zn^{2+}/Zn)$ 最小。因此,标准状态下电对

MnO_4^-/Mn^{2+}中的氧化型物质 MnO_4^- 是最强的氧化剂，而电对 Zn^{2+}/Zn 中的还原型物质 Zn 是最强的还原剂。

标准状态下电对中的氧化型物质的氧化能力的顺序为

$$MnO_4^- > Fe^{3+} > I_2 > Sn^{4+} > Zn^{2+}$$

标准状态下电对中的还原型物质的还原能力的顺序为

$$Zn > Sn^{2+} > I^- > Fe^{2+} > Mn^{2+}$$

2. **判断标准状态下氧化还原反应的方向**　标准电极电势的大小反映了标准状态下电对中的氧化型物质的氧化性强弱及还原型物质的还原性强弱，因此可判断标准状态下氧化还原反应进行的方向。在氧化还原反应中，一般有如下自发反应趋势

$$\text{较强氧化剂} + \text{较强还原剂} = \text{较弱还原剂} + \text{较弱氧化剂}$$

例 4-3　已知 $\varphi^{\ominus}(Sn^{2+}/Sn) = -0.137\,5V$，$\varphi^{\ominus}(Pb^{2+}/Pb) = -0.126\,2V$。在 298.15K 时，判断如下氧化还原反应在标准状态下进行的方向。

$$Pb^{2+}(aq) + Sn(s) \rightleftharpoons Pb(s) + Sn^{2+}(aq)$$

解　因为 $\varphi^{\ominus}(Pb^{2+}/Pb) > \varphi^{\ominus}(Sn^{2+}/Sn)$，因此标准状态下电对 Pb^{2+}/Pb 中的 Pb^{2+} 为较强的氧化剂，电对 Sn^{2+}/Sn 中的 Sn 为较强的还原剂。在标准状态下，Pb^{2+} 能自发氧化 Sn，故上述氧化还原反应正向进行。

三、标准电池电动势及其应用

（一）标准电池电动势

原电池之所以能产生电流，是因为在正极和负极之间存在电极电势差。在原电池中，电极电势较大的电极为正极，电极电势较小的电极为负极。在电流强度趋近于零、电极反应极弱，电池中各反应物浓度基本上维持恒定的情况下，正极和负极之间电极电势差值称为原电池的**电动势（electromotive force）**。

$$E = \varphi_+ - \varphi_- \tag{4-2}$$

式（4-2）中，E 为原电池的电动势，φ_+为正极的电极电势，φ_-为负极的电极电势，E 和 φ 的单位均为 V（伏特）。

当原电池中的各有关物质处于标准状态时，式（4-2）可表示为

$$E^{\ominus} = \varphi_+^{\ominus} - \varphi_-^{\ominus} \tag{4-3}$$

式（4-3）中，$E^{\ominus}$为标准电池电动势，$\varphi_+^{\ominus}$为正极的标准电极电势，$\varphi_-^{\ominus}$为负极的标准电极电势。

（二）标准电池电动势的应用

1. **判断标准状态下氧化还原反应的方向**　任何氧化还原反应都可以设计成原电池，进而可求出其原电池的电动势。根据热力学计算可以证明，在标准状态下电池电动势 $E^{\ominus}$与标准状态下氧化还原反应自发进行的方向之间存在如下关系：

$E^{\ominus} > 0$，反应正向自发进行。

$E^{\ominus} < 0$，反应逆向自发进行。

$E^{\ominus} = 0$，反应达到动态平衡。

例 4-4　已知 $\varphi^{\ominus}(Sn^{4+}/Sn^{2+}) = 0.151V$，$\varphi^{\ominus}(Fe^{3+}/Fe^{2+}) = 0.771V$。在 298.15K 时，标准状态下，有如下氧化还原反应

$$2Fe^{3+}(aq) + Sn^{2+}(aq) \rightleftharpoons 2Fe^{2+}(aq) + Sn^{4+}(aq)$$

计算该氧化还原反应所设计的原电池的电动势，并判断该氧化还原反应自发进行的方向。

解　假定此反应正向进行，由于正极发生还原反应，负极发生氧化反应，因此氧化剂电对 Fe^{3+}/Fe^{2+} 为正极，还原剂电对 Sn^{4+}/Sn^{2+} 为负极，则

$$E^{\ominus}=\varphi^{\ominus}(Fe^{3+}/Fe^{2+})-\varphi^{\ominus}(Sn^{4+}/Sn^{2+})=0.771V-0.151V=0.620V$$

$\because E^{\ominus}>0$，$\therefore$ 反应正向自发进行。

2. **计算氧化还原反应的标准平衡常数**　根据热力学推导同样可以证明，氧化还原反应的标准平衡常数 $K^{\ominus}$ 与标准电池电动势 $E^{\ominus}$ 间存在如下关系

$$\lg K^{\ominus}=\frac{nFE^{\ominus}}{2.303RT} \qquad (4\text{-}4)$$

式(4-4)是任意温度下，平衡常数的计算公式。由此可知，氧化还原反应的平衡常数与氧化剂和还原剂的本性有关，而与体系中的物质浓度无关。$\lg K^{\ominus}$ 与 n 成正比，表明 $K^{\ominus}$ 与方程式的书写有关。

当温度为 298.15K 时，代入相关常数计算后，式(4-4)可改写为

$$\lg K^{\ominus}=\frac{nE^{\ominus}}{0.059\ 16} \qquad (4\text{-}5)$$

式(4-4)与式(4-5)中，n 在数值上等于氧化还原反应化学计量方程式中转移的电子数。

例 4-5　已知 $\varphi^{\ominus}(Cu^{2+}/Cu)=0.341\ 9V$，$\varphi^{\ominus}(Zn^{2+}/Zn)=-0.761\ 8V$。在 298.15K 时，标准状态下发生氧化还原反应 $Zn(s)+Cu^{2+}(aq)=\!=\!=Zn^{2+}(aq)+Cu(s)$。计算该氧化还原反应的标准平衡常数 $K^{\ominus}$。

解　将以上氧化还原反应设计为原电池

负极　$Zn(s)\longrightarrow Zn^{2+}(aq)+2e^{-}$　　（氧化反应）

正极　$Cu^{2+}(s)+2e^{-}\longrightarrow Cu(s)$　　（还原反应）

该反应的标准电池电动势为

$$E^{\ominus}=\varphi^{\ominus}(Cu^{2+}/Cu)-\varphi^{\ominus}(Zn^{2+}/Zn)=0.341\ 9V-(-0.761\ 8V)=1.103\ 7V$$

由反应式可知 $n=2$，根据式(4-5)得

$$\lg K^{\ominus}=\frac{nE^{\ominus}}{0.059\ 16}=\frac{2\times1.103\ 7V}{0.059\ 16V}=37.31$$

$$K^{\ominus}=2.0\times10^{37}$$

此反应的标准平衡常数为 2.0×10^{37}，说明反应向右进行得非常完全。

问题与思考 4-2

如何根据标准氢电极电势测定某电极的标准电极电势？

第三节　电极电势与电池电动势

标准电极电势只能在标准状态下应用，实际的氧化还原反应一般都不处于标准状态。若组成电极的物质处于非标准态时，哪些因素会影响电极电势和电池电动势，它们的关系又如何呢？

一、电极电势的 Nernst 方程

对于任意一个电极反应

$$a\text{Ox}+ne^{-}\longrightarrow b\text{Red}$$

Nernst 首次从理论上推导出氧化还原电对的电极电势与电极反应中有关物质性质、浓度、温度等之间的关系，即电极电势的 Nernst 方程

$$\varphi(\mathrm{Ox/Red})=\varphi^{\ominus}(\mathrm{Ox/Red})-\frac{RT}{nF}\ln\frac{c^{b}(\mathrm{Red})}{c^{a}(\mathrm{Ox})} \tag{4-6}$$

式(4-6)中，$\varphi^{\ominus}(\mathrm{Ox/Red})$为标准电极电势，$R$ 为气体常数($8.314\mathrm{J\cdot K^{-1}\cdot mol^{-1}}$)，$T$ 为绝对温度(K)，F 为法拉第常数($96\,485\mathrm{C\cdot mol^{-1}}$)，$n$ 为电极反应中转移电子的数目，$c(\mathrm{Ox})$和 $c(\mathrm{Red})$分别代表电对中氧化型物质及还原型物质的浓度(通常直接代入数值进行计算)，a 和 b 分别代表已配平的电极反应中氧化型和还原型各物质的化学计量系数。当 $T=298.15\mathrm{K}$ 时，代入相关常数，式(4-6)变为

$$\varphi(\mathrm{Ox/Red})=\varphi^{\ominus}(\mathrm{Ox/Red})-\frac{0.059\,16}{n}\lg\frac{c^{b}(\mathrm{Red})}{c^{a}(\mathrm{Ox})} \tag{4-7}$$

从电极电势的 Nernst 方程可以看出，电极电势不仅取决于电极的本性，还取决于反应温度及电极体系中物质的浓度。在温度一定时，同一半反应中的氧化型物质浓度越大，$\varphi(\mathrm{Ox/Red})$越大；反之，还原型物质浓度越大，$\varphi(\mathrm{Ox/Red})$越小。

二、电池电动势的 Nernst 方程

对于任意一个氧化还原反应

$$a\mathrm{Ox_1}+b\mathrm{Red_2}=\!=\!=c\mathrm{Red_1}+d\mathrm{Ox_2}$$

其电池电动势为

$$E=E^{\ominus}-\frac{RT}{nF}\ln\frac{c^{c}(\mathrm{Red_1})c^{d}(\mathrm{Ox_2})}{c^{a}(\mathrm{Ox_1})c^{b}(\mathrm{Red_2})} \tag{4-8}$$

式(4-8)是电池电动势的 Nernst 方程。式中，$E^{\ominus}$为标准电池电动势，n 为氧化还原反应中转移电子的数目，$c(\mathrm{Ox_1})$、$c(\mathrm{Red_2})$、$c(\mathrm{Ox_2})$、$c(\mathrm{Red_1})$分别代表氧化剂浓度、还原剂的浓度、氧化产物浓度及还原产物浓度，a、b、c、d 分别代表已配平的氧化还原反应中氧化剂和还原剂的化学计量系数。当 $T=298.15\mathrm{K}$ 时，代入有关常数，式(4-8)变为

$$E=E^{\ominus}-\frac{0.059\,16}{n}\lg\frac{c^{c}(\mathrm{Red_1})c^{d}(\mathrm{Ox_2})}{c^{a}(\mathrm{Ox_1})c^{b}(\mathrm{Red_2})} \tag{4-9}$$

使用电极电势与电池电动势的 Nernst 方程时，应注意：

1. 纯液体物质、纯固体物质和溶剂的浓度不代入 Nernst 方程。

2. 如反应中有气体参与，则气体的浓度用其分压除以 100kPa 表示。

3. 如果在电池或电极反应中，当溶液中的介质(如 H^{+}或 OH^{-})参与反应时，虽然它们的氧化值没有发生变化，但也维持了反应中物料平衡，故也需将它们的浓度应代入 Nernst 方程的表达式当中。

三、Nernst 方程的应用

Nernst 方程在很多方面都有应用价值。下面通过 Nernst 方程，分别讨论电极反应中各物质的浓度、溶液 pH 及沉淀生成对电极电势的影响。

(一) 电极物质的浓度对电极电势的影响

由电极电势的 Nernst 方程可知，在一定温度下，电对中氧化型物质及还原型物质的浓度变化将引起电极电势的改变。氧化型物质浓度越大或还原型物质浓度越小，$\varphi(\mathrm{Ox/Red})$值越大；反之，氧化型物质浓度越小或还原型物质浓度越大，$\varphi(\mathrm{Ox/Red})$值越小。

例 4-6　已知 $\varphi^{\ominus}(Fe^{3+}/Fe^{2+})=0.771V$，在 298.15K 时，将铂片插入 $FeSO_4$ 与 $Fe_2(SO_4)_3$ 溶液中组成 Fe^{3}/Fe^{2+} 电极，计算下列两种情况下的 $\varphi(Fe^{3}/Fe^{2+})$。

(1) $c(Fe^{3+})=0.10mol\cdot L^{-1}$，$c(Fe^{2+})=1.0mol\cdot L^{-1}$

(2) $c(Fe^{3+})=1.0mol\cdot L^{-1}$，$c(Fe^{2+})=0.10mol\cdot L^{-1}$

解　(1) 电极反应为 $Fe^{3+}(aq)+e^{-}\longrightarrow Fe^{2+}(aq)$

根据式(4-7)有

$$\varphi(Fe^{3+}/Fe^{2+})=\varphi^{\ominus}(Fe^{3+}/Fe^{2+})-0.059\ 16\times\lg\frac{c(Fe^{2+})}{c(Fe^{3+})}$$

$$=0.771V-0.059\ 16V\times\lg\frac{1.0}{0.1}=0.712V$$

计算结果表明，当 Fe^{3+} 的浓度由 $1.0mol\cdot L^{-1}$ 降低到 $0.10mol\cdot L^{-1}$ 时，Fe^{3}/Fe^{2+} 电极的电极电势由 0.771V 减少到 0.712V。

(2) 根据式(4-7)有

$$\varphi(Fe^{3+}/Fe^{2+})=\varphi^{\ominus}(Fe^{3+}/Fe^{2+})-0.059\ 16\times\lg\frac{c(Fe^{2+})}{c(Fe^{3+})}$$

$$=0.771V-0.059\ 16V\times\lg\frac{0.1}{1.0}=0.830V$$

计算结果表明，当 Fe^{2+} 的浓度由 $1.0mol\cdot L^{-1}$ 降低到 $0.10mol\cdot L^{-1}$ 时，Fe^{3}/Fe^{2+} 电极的电极电势由 0.771V 增加到 0.830V。

(二) 溶液的 pH 对电极电势的影响

在一些 H^{+}、OH^{-} 及 H_2O 参与的电极反应中，溶液 pH 的改变将引起电极电势的变化。

例 4-7　在 298.15K 时，电极反应

$$MnO_4^{-}(aq)+8H^{+}(aq)+5e^{-}\longrightarrow Mn^{2+}(aq)+4H_2O(l)\quad \varphi^{\ominus}(MnO_4^{-}/Mn^{2+})=1.507V$$

若 $c(MnO_4^{-})=c(Mn^{2+})=1.0mol\cdot L^{-1}$，溶液 pH=3.00，计算 $\varphi(MnO_4^{-}/Mn^{2+})$。

解　根据式(4-7)有

$$\varphi(MnO_4^{-}/Mn^{2+})=\varphi^{\ominus}(MnO_4^{-}/Mn^{2+})-\frac{0.059\ 16}{5}\times\lg\frac{c(Mn^{2+})}{c(MnO_4^{-})\cdot c^{8}(H^{+})}$$

$$=1.507V-\frac{0.059\ 16V}{5}\times\lg\frac{1.0}{1.0\times(1.0\times10^{-3})^{8}}=1.223V$$

计算结果表明，当 H^{+} 的浓度由 $1.0mol\cdot L^{-1}$ 降低到 $1.0\times10^{-3}mol\cdot L^{-1}$ 时，MnO_4^{-}/Mn^{2+} 电极的电极电势由 1.507V 减少到 1.223V。

(三) 沉淀的生成对电极电势的影响

在氧化还原电对中，氧化型或还原型物质生成沉淀将导致它们的浓度改变，从而引起电极电势的变化。

例 4-8　已知 AgCl 的 $K_{sp}=1.77\times10^{-10}$。在 298.15K 时，电极反应

$$Ag^{+}(aq)+e^{-}\longrightarrow Ag(s)\quad \varphi^{\ominus}(Ag^{+}/Ag)=0.799\ 6V$$

将 NaCl 加入电极溶液中生成白色 AgCl 沉淀，并保持 Cl^{-} 浓度为 $1.00mol\cdot L^{-1}$，计算 $\varphi(Ag^{+}/Ag)$。

解　加入 NaCl 后建立如下平衡

$$Ag^{+}(aq)+Cl^{-}(aq)\rightleftharpoons AgCl(s)$$

则有　$[Ag^{+}]=K_{sp}/[Cl^{-}]=1.77\times10^{-10}mol\cdot L^{-1}$

根据式(4-7)有

$$\varphi(Ag^+/Ag)=\varphi^{\ominus}(Ag^+/Ag)-\frac{0.059\ 16}{1}\times\lg\frac{1}{c(Ag^+)}$$
$$=0.799\ 6V-\frac{0.059\ 16V}{1}\times\lg\frac{1}{1.77\times10^{-10}}=0.223V$$

计算结果表明，由于 AgCl 沉淀的生成，导致 Ag^+ 浓度由 1.00mol · L^{-1} 降低到 1.77×10^{-10}mol · L^{-1}，Ag^+/Ag 电极的电极电势由 0.799 6V 减少到 0.223V。

临床应用拓展阅读

生物电与细胞膜的静息电势

1791 年意大利解剖学家伽伐尼(Galvani)发现，青蛙腿肌肉与不同金属相接触构成环路时会发生收缩的现象。这表明动物机体组织与电之间存在相互作用。事实上，一切生物体在生命活动过程中都存在电现象，即为生物电现象。生物电现象是以细胞为单位，常见的有心电、脑电、肌电等。目前，现代医学普遍采用心电图、脑电图、肌电图，分析人体有关生物电的变化，进而判断各机体组织的生理活动或病理状态。

在正常细胞中，膜内的 K^+ 浓度远大于膜外的 K^+ 浓度，而膜内的 Na^+ 浓度远小于细胞外的 Na^+ 浓度。由于浓度差的存在，K^+ 向膜外扩散，而 Na^+ 向膜内扩散。在细胞安静状态下，细胞膜对 K^+ 通透性大，对 Na^+ 通透性很小，而对阴离子(膜内蛋白质负离子、Cl^-)无通透性。因此，细胞在安静状态下的离子流动主要为高浓度的 K^+ 向膜外扩散，导致细胞膜内正电荷减少而细胞膜外正电荷增加，从而形成膜内为负而膜外为正的电势差。这种电势差的存在将阻止 K^+ 的进一步向膜外扩散，使膜内外形成稳定的电势差，即细胞膜的静息电势。细胞膜的静息电势是生物电产生和变化的基础。细胞膜的静息电势的大小是由最初膜内外 K^+ 浓度的大小决定的。不同的细胞有不同细胞膜的静息电势，如肌细胞约为−90mV，肝细胞约为−40mV。

本章小结

元素氧化值是某元素一个原子的表观荷电数，这种荷电数是假设把每个化学键中的成键电子指定给电负性较大的原子而求得的。元素的氧化值发生变化的化学反应称为氧化还原反应。在氧化还原反应中，氧化剂被还原，还原剂被氧化。任何氧化还原反应都可拆分成两个氧化还原半反应。氧化还原半反应可用通式 $\nu_o Ox+ne^- \rightleftharpoons \nu_R Red$ 表示，Ox/Red 表示氧化还原电对。根据离子-电子法与氧化值法可配平氧化还原反应方程式。

将氧化还原反应的化学能转变为电能的装置称为原电池。原电池由两个半电池(电极)组成，原电池的组成可以用电池组成式表示。在原电池中，负极发生氧化反应，正极发生还原反应，由正极反应和负极反应所构成的总反应，称为电池反应。常用电极类型包括金属-金属离子电极、气体电极、金属-金属难溶盐-阴离子电极、氧化还原电极。

IUPAC 规定标准氢电极的电极电势为零。标准态下某电极的电极电势称为该电极的标准电极电势，用 $\varphi^{\ominus}$(Ox/Red)表示。利用 $\varphi^{\ominus}$(Ox/Red)可比较氧化剂、还原剂的强弱，判断标准状态下氧化还原反应的方向。当原电池中的各有关物质处于标准状态时，原电池的电动势称为标准电池电动势，用 $E^{\ominus}$。利用 $E^{\ominus}$ 可判断标准状态下氧化还原反应的方向，计算氧化还原反应的标准平衡常数。

对于任意一个电极反应 $a\text{Ox}+ne^{-}\longrightarrow b\text{Red}$，其电极电势的 Nernst 方程为

$$\varphi(\text{Ox/Red})=\varphi^{\ominus}(\text{Ox/Red})-\frac{RT}{nF}\ln\frac{c^{b}(\text{Red})}{c^{a}(\text{Ox})}$$

对于任意一个氧化还原反应 $a\text{Ox}_1+b\text{Red}_2=c\text{Red}_1+d\text{Ox}_2$，其电池电动势 Nernst 方程为

$$E=E^{\ominus}-\frac{RT}{nF}\ln\frac{c^{c}(\text{Red}_1)c^{d}(\text{Ox}_2)}{c^{a}(\text{Ox}_1)c^{b}(\text{Red}_2)}$$

利用 Nernst 方程，可判断电极物质的浓度、溶液 pH 及沉淀的生成对电极电势的影响。

习题

1. 指出下列物质中划线元素的氧化值：$K_2\underline{\mathbf{Cr}}_2O_7$、$K_2\underline{\mathbf{Cr}}O_4$、$K_2\underline{\mathbf{O}}$、$K_2\underline{\mathbf{O}}_2$、$\underline{\mathbf{H}}_2$、$\underline{\mathbf{H}}_2O$、$K\underline{\mathbf{H}}$。

2. 利用离子-电子法配平下列各反应方程式。

(1) $MnO_4^-(aq)+H^+(aq)+Cl^-(aq)\longrightarrow Mn^{2+}(aq)+Cl_2(g)+H_2O(l)$

(2) $HNO_3+Cu\longrightarrow Cu(NO_3)_2+NO\uparrow+H_2O$

3. 解释下列各概念：

(1)氧化值　(2)氧化还原反应　(3)氧化反应　(4)还原反应　(5)氧化剂
(6)还原剂　(7)氧化还原电对　(8)氧化型物质　(9)还原型物质　(10)原电池

4. 在 298.15K，标准状态下，根据标准电极电势(酸性介质中)排列下列顺序。

(1)按氧化剂的氧化能力增强排序：$Cr_2O_7^{2-}$、MnO_4^-、I_2、Cu^{2+}、Fe^{3+}

(2)按还原剂的还原能力增强排序：H_2、Zn、Cl^-、Fe^{2+}、Cr^{3+}

5. 在 298.15K，标准状态下，根据标准电极电势判断下列反应进行的方向。

(1) $2Fe^{3+}(aq)+Cu(s)\rightleftharpoons 2Fe^{2+}(aq)+Cu^{2+}(aq)$

(2) $Cr_2O_7^{2-}(aq)+6Cl^-(aq)+14H^+(aq)\rightleftharpoons 2Cr^{3+}(aq)+3Cl_2(g)+7H_2O$

6. 下列氧化还原反应

$$2I^-(aq)+2Fe^{3+}(aq)=I_2(s)+2Fe^{2+}(aq)$$
$$Br_2(l)+2Fe^{2+}(aq)=2Br^-(aq)+2Fe^{3+}(aq)$$

在标准状态下能正向进行，由此判断 I_2/I^-、Br_2/Br^-、Fe^{3+}/Fe^{2+} 三个电对的标准电极电势的相对大小。

7. 在 298.15K，标准状态下，计算依据下列反应所设计的电池电动势 $E^{\ominus}$，并判断反应自发进行的方向。

(1) $2I^-(aq)+2Fe^{3+}(aq)\rightleftharpoons I_2(s)+2Fe^{2+}(aq)$

(2) $2Br^-(aq)+2Fe^{3+}(aq)\rightleftharpoons Br_2(l)+2Fe^{2+}(aq)$

8. 已知氧化还原反应

(1) $Ag^+(aq)+Fe^{2+}(aq)=Ag(s)+Fe^{3+}(aq)$

(2) $6Fe^{2+}(aq)+Cr_2O_7^{2-}(aq)+14H^+(aq)=6Fe^{3+}(aq)+2Cr^{3+}(aq)+7H_2O(l)$

计算 298.15K 时，上述反应的标准平衡常数各为多少？

9. 什么叫氧化还原电对的电极电势？根据 Nernst 方程说明影响氧化还原电对的电极电势的因素有哪些？

10. 在 298.15K 时，根据下列两个原电池的电动势，计算胃液的 pH。

(1) $(-)Pt(s) \mid H_2(p^{\ominus}) \mid H^+$(胃液) $\parallel KCl(0.1mol \cdot L^{-1}) \mid Hg_2Cl_2(s) \mid Hg(l)(+)$ $E_1=0.420V$

(2) $(-)Pt(s) \mid H_2(p^{\ominus}) \mid H^+(c^{\ominus}) \parallel KCl(0.1mol \cdot L^{-1}) \mid Hg_2Cl_2(s) \mid Hg(l)(+)$ $E_2=0.334V$

11. 根据标电极电势的 Nernst 方程，计算下列电极反应在 298.15K 时的电极电势。

(1) $2H^+(0.10mol \cdot L^{-1})+2e^- \longrightarrow H_2(200kPa)$

(2) $Cr_2O_7^{2-}(1.0mol \cdot L^{-1})+14H^+(1.0\times10^{-6}mol \cdot L^{-1})+6e^- \longrightarrow 2Cr^{3+}(1.0mol \cdot L^{-1})+7H_2O$

(3) $Fe^{3+}(1.0mol \cdot L^{-1})+e^- \longrightarrow Fe^{2+}(0.10mol \cdot L^{-1})$

12. 在 298.15K 时，已知 $c(Ag^+)=0.200mol \cdot L^{-1}$，$c(Zn^{2+})=0.500mol \cdot L^{-1}$。将氧化还原反应 $2Ag^+(aq)+Zn(s) = 2Ag(s)+Zn^{2+}(aq)$ 设计成原电池。①写出该反应所设计的原电池组成式；②根据电池电动势的 Nernst 方程，计算该电池电动势 E。

（夏春辉）

第五章　配位化合物

学习目标

【掌握】配位化合物的组成和命名；配位化合物稳定常数的意义和应用。

【熟悉】配位化合物的定义；配位键的形成条件；配位平衡和酸碱平衡、沉淀溶解平衡、氧化还原平衡三大平衡之间的相互影响。

【了解】螯合物的概念及其特性；生物配合物。

配位化合物，顾名思义就是以配位键相结合（或含有配位键）的化合物，简称**配合物（coordination compound）**，1979年前也称为**络合物（complex）**。

配合物的发现得益于17世纪末颜料工业的发展。第一个被应用的金属配合物——亚铁氰化铁（又称普鲁士蓝）$Fe_4[Fe(CN)_6]_3$，是由德国柏林的一个颜料工人Diesbach于1704年以亚铁氰化钾（即黄血盐）和硝酸铁为原料制得的。随着越来越多的配合物被发现，人们逐渐认识到，自然界存在的无机化合物大多是以配合物的形式存在。现代生物化学和分子生物学的研究发现，生物体中各种类型的分子几乎都含有以配合物形态存在的金属元素。例如，植物进行光合作用所必需的叶绿素a和叶绿素b都是镁离子的大环配合物；植物固氮酶是铁、钼的蛋白质配合物；人和动物血液中运载氧气的血红素，是一种含亚铁离子的配合物；维生素B_{12}是含钴离子的配合物。临床上常用二巯丙醇、柠檬酸钠等与重金属离子（如铅、镉、汞等）形成稳定、可溶性的配合物排出体外，达到重金属解毒的效果。如今人们已经用金属配合物治疗癌症，如具有抗癌活性的顺铂。

因此，配合物在生命科学领域具有重要作用。生命科学中的生物无机化学及分子生物学研究就涉及具有生物活性的配合物，配合物也是把无机离子和有机物甚至生物大分子连接在一起的桥梁。配位化学是一门独立的化学学科，属于无机化学的分支，但其内容上已经打破了无机化学、有机化学、物理化学和生物化学的界限，进而成为各分支化学的交叉点。目前配位化学已经发展成为内容丰富、成果丰硕的一门分支学科。学习有关配合物的基本知识，对医学院的学生来说是十分必要的。

第一节　配位化合物的基本概念

一、配位化合物及其组成

（一）配位化合物的定义

硫酸铜溶液中加入过量氨水，可以看到浅蓝色沉淀消失，生成可溶性的配合物。其反应式

如下

$$CuSO_4+4NH_3 \rightleftharpoons [Cu(NH_3)_4]^{2+}+SO_4^{2-}$$

向上述溶液中再滴入少量碱液，不能生成蓝色沉淀，说明生成的复杂离子在水中难解离。

NaCN、KCN 有剧毒，但是 $K_4[Fe(CN)_6]$ 和 $K_3[Fe(CN)_6]$ 虽然也含有氰根，却几乎无毒，这是因为亚铁离子或铁离子与氰根离子结合成牢固的复杂离子 $[Fe(CN)_6]^{4-}$、$[Fe(CN)_6]^{3-}$，使游离的 CN^- 浓度降至极低，远远低于其最小的致毒剂量。

在上述三种化合物中，除简单的 SO_4^{2-}、K^+ 外，方括号内都有一个由配位键结合起来的相对稳定的复杂结构单元，叫作配位单元，又称**内层（inner sphere）**。配位单元可以是阳离子，如 $[Cu(NH_3)_4]^{2+}$；也可以是阴离子，如 $[Fe(CN)_6]^{3-}$。这些带电荷的配位单元统称**配离子（coordination ion）**。它们与电荷相反的离子即**外层（outer sphere）**组成配合物，又叫**配盐（coordination salt）**。其内层和外层之间以离子键结合，性质与无机盐相似，在水溶液中是完全解离的。有些配位单元是中性分子，没有外层，如 $[Ni(CO)_4]$，这种配合物又叫作配位分子。

由简单阳离子或原子（统称中心原子）和一定数目的中性分子或阴离子（统称配体）通过配位键结合，并按一定组成和空间构型所形成的不易解离的复杂离子（或分子）称为配离子（或配位分子），含有配离子的化合物和配位分子统称为配合物。

明矾 $[KAl(SO_4)_2 \cdot 12H_2O]$ 也是由金属阳离子和阴离子组成，其溶于水会完全解离成简单的 K^+、Al^{3+}、SO_4^{2-} 离子，其性质无异于 K_2SO_4 和 $Al_2(SO_4)_3$ 的混合水溶液。我们称这种化合物为**复盐（double salts）**。它和配合物的区别在于复盐在水溶液中全部解离成简单离子，而配合物在水溶液中解离出复杂的配离子。此外，复盐和配合物并没有绝对的界限，在它们之间存在大量中间状态的复杂化合物。

问题与思考 5-1

配合物与复盐有什么不同？举例说明。

（二）配合物的组成

大多数配合物在组成上分为内层和外层两部分。内层为配合物的特征部分，常把内层写于方括号内，内层包括中心离子（或原子）和一定数目的配体。方括号以外部分构成配合物的外层，它通过一定数目带相反电荷的离子与整个内层相结合，使配合物呈电中性。现以 $[Cu(NH_3)_4]SO_4$ 为例，表示配合物的组成关系。

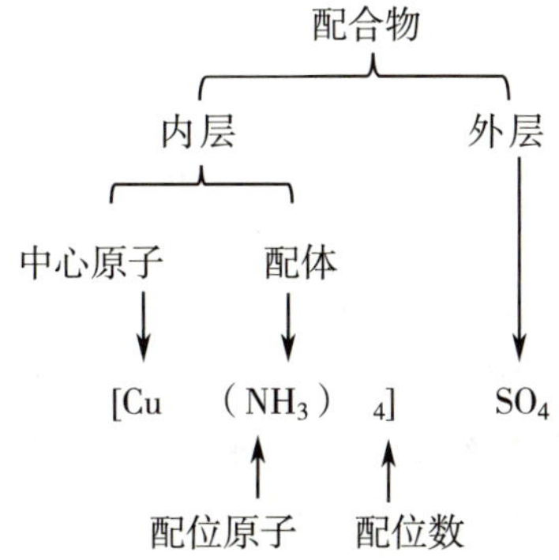

1. **中心原子与配体**　处于配位单元中心的离子或原子叫**中心原子（central atom）**，如 $[Cu(NH_3)_4]^{2+}$ 中的 Cu^{2+}。中心原子一般是过渡金属元素（d 区或 ds 区）的原子或离子，它们都具有空轨道，是电子对受体。p 区非金属元素的某些高氧化值离子或原子也可做中心原子，如

$[SiF_6]^{2-}$中的Si(Ⅳ),$[BF_4]^-$中的B(Ⅲ)等。

配体(ligand)是配位单元中与中心原子相配位的离子或分子,它们的特点是含有孤对电子。配体中直接以配位键与中心原子结合的原子叫**配位原子(ligating atom)**,也叫键合原子,如$[Cu(NH_3)_4]^{2+}$中的N原子。常见的配位原子有N、C、O、S、F、Cl、Br、I等。含有配体的物质叫作配位剂,如$NH_3·H_2O$、NaF和KCN等。只含一个配位原子的配体叫作**单齿配体(monodentate ligand)**。如H_2O、Cl^-等。含两个及两个以上配位原子的配体称为双齿配体或**多齿配体(polydentate ligand)**。例如,乙二胺(:NH_2-CH_2-CH_2-H_2N:,ethylenediamie,简写为en)为双齿配体,次氨基三乙酸(ammonia triacetic acid,简写为ATA)为四齿配体,乙二胺四乙酸(ethylenediamine tetraacetic acid,简写为EDTA,其酸根可用符号Y^{4-}表示,结构式见图5-1)为六齿配体。有少数配体中虽然含有两个配位原子,但由于两个配位原子离得太近,只能有一个原子参与配位,这类配体称为**两可配体(ambident ligand)**。例如,SCN^-离子是以S为配位原子,称硫氰根,而NCS^-是以N为配位原子,称异硫氰根;又如,硝基NO_2^-是以N为配位原子,而亚硝酸根ONO^-则是以O为配位原子。

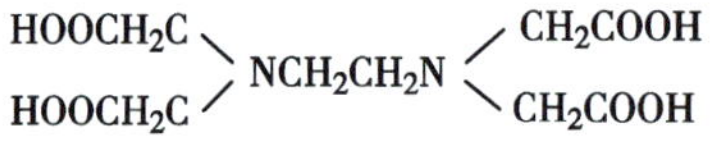

$$\begin{matrix} HOOCH_2C \\ HOOCH_2C \end{matrix} \rangle NCH_2CH_2N \langle \begin{matrix} CH_2COOH \\ CH_2COOH \end{matrix}$$

图5-1 乙二胺四乙酸(EDTA)的分子结构式

2. **配位数** 配位单元中,直接与中心原子相配合的配位原子总数叫作该中心原子的**配位数(coordination number)**。对于单齿配体形成的配合物来说,中心原子的配位数等于配体的数目。若配体是含有n个配位原子的多齿配体,则中心原子配位数是配体数的n倍。

常见离子的配位数有2、4、6,其中以4、6居多。表5-1列出了一些中心原子常见的配位数。

表5-1 常见中心原子的配位数

配位数	中心原子
2	Ag^+、Cu^+、Au^+
4	Cu^{2+}、Zn^{2+}、Fe^{3+}、Fe^{2+}、Hg^{2+}、Co^{2+}、Pt^{2+}
6	Cr^{3+}、Fe^{2+}、Fe^{3+}、Co^{2+}、Co^{3+}、Pt^{4+}

影响配位数的因素很多,主要是中心原子和配体的性质(电荷、体积等)。一般来说,中心原子的电荷越多,吸引配体的能力越强,配位数就越大。例如,Pt^{4+}能形成$[PtCl_6]^{2-}$,而Pt^{2+}只能形成$[PtCl_4]^{2-}$;同样Co^{3+}能形成$[Co(CN)_6]^{3-}$,而Co^{2+}在一般情况下只能形成$[Co(CN)_5]^{3-}$。配体的电荷越多,中心原子对配体的吸引力就越强,但配体之间的斥力却大大增强,致使配位数减少。例如,$[Zn(NH_3)_6]^{2+}$和$[Zn(CN)_4]^{2-}$中Zn^{2+}的配位数分别是6和4。

中心原子的半径越大,其周围可容纳的配体越多,配位数也越大。例如,Al^{3+}(51pm)半径大于B^{3+}(23pm),它们的含氟配合物分别是$[AlF_6]^{3-}$和$[BF_4]^-$。对于同一中心原子而言,配体半径较大,在中心原子周围容纳不下过多的配体,配位数反而减少。例如,F^-和Cl^-半径分别为133pm和181pm,它们与Al^{3+}所形成的配合物分别是$[AlF_6]^{3-}$和$[AlCl_4]^-$。

3. **配离子的电荷数** 配离子的电荷数为中心原子的电荷数和配体电荷数的代数和。例如,配离子$[HgI_4]^{2-}$的电荷数为$1×(+2)+4×(-1)=-2$;若配体是中性分子,则配离子的电荷数就等于中心原子的电荷数，如$[Cu(NH_3)_4]^{2+}$的电荷数为+2。由于配合物为电中性的，因此可以利用配合物外界离子的电荷数来确定配离子的电荷数。例如，$K_3[Fe(CN)_6]$中配离子的电荷数为-3。

二、配位化合物的命名

配合物的组成比较复杂，化学式的书写和命名只有遵守统一的规则才不至于造成混乱，因此有必要对配合物进行系统命名。

1. 命名配离子时，配体数用中文数词表示，然后是配体的名称，并后缀以“合”字，接着是中心原子名称，最后用带括号的罗马数字表示中心原子的氧化值，即

配体数⟶配体名称⟶“合”⟶中心原子名称⟶(氧化值)

如　$[HgI_4]^{2-}$　　四碘合汞(Ⅱ)离子

$[Cu(NH_3)_4]^{2+}$　　四氨合铜(Ⅱ)离子

2. 当配离子含两种或两种以上的配体时，不同配体名称之间可用圆点“·”分开。不同配体列出的顺序按如下规定来确定。

(1)配体中既有无机配体又有有机配体，一般将无机配体列在前，有机配体列在后。例如

$[SbCl_5(C_6H_5)]^-$　　五氯·一苯基合锑(Ⅴ)离子

(2)在同类无机配体或有机配体中，先列出阴离子的名称，后列出中性分子的名称。例如

$[CoCl_2(NH_3)_4]^+$　　二氯·四氨合钴(Ⅲ)离子

(3)同类配体(同为阴离子或中性分子)的名称按配位原子元素符号英文字母顺序排列。例如

$[Co(NH_3)_5H_2O]^{3+}$　　五氨·一水合钴(Ⅲ)离子

(4)同类配体若配位原子相同，配体中所含的原子数目不同时，则将含较少原子数的配体排在前面，含较多原子数的配体排在后面。例如

$[Pt(NH_3)(NO_2)(NH_2OH)(Py)]^-$　　硝基·氨·羟胺·吡啶合铂(Ⅱ)离子

(5)若配位原子相同，配体中所含的原子数目也相同时，则按结构式中与配位原子相连的原子的元素符号的英文字母顺序排列。例如

$[Co(NH_2)(NO_2)(NH_3)_4]^+$　　氨基·硝基·四氨合钴(Ⅲ)离子

3. 带倍数词头的较复杂配体，要用括号括起来。有的无机含氧酸阴离子也要用括号，以避免混淆。例如

$[Ag(S_2O_3)_2]^{3-}$　　二(硫代硫酸根)合银(Ⅰ)离子

$[Fe(en)_3]^{3+}$　　三(乙二胺)合铁(Ⅲ)离子

配位分子的命名与配离子相同，只是后面去掉“离子”二字。例如

$[Pt(NH_3)_2Cl_2]$　　二氯·二氨合铂(Ⅱ)

配合物的命名与一般无机化合物的命名原则相似，阴离子在前，阳离子在后。若配合物的外界是简单阴离子，则称“某化某”；若外界阴离子是含氧酸根，则称“某酸某”；若外界为氢离子，则称“某酸”。例如

$[Co(NH_3)_6]Cl_2$　　二氯化六氨合钴(Ⅱ)

$[Cu(NH_3)_4]SO_4$　　硫酸四氨合铜(Ⅱ)

$H_2[SiF_6]$　　六氟合硅(Ⅳ)酸

下列配合物有时也用简名或习惯名称。

$K_2[PtCl_6]$　　氯铂酸钾

$K_3[Fe(CN)_6]$　　铁氰化钾或赤血盐

$K_4[Fe(CN)_6]$　　亚铁氰化钾或黄血盐

$K_2[HgI_4]$　　碘化汞钾

$[Ag(NH_3)_2]^+$　　银氨配离子

第二节　配位平衡

一、配位平衡常数

1. **配合物的不稳定常数**　以配合物$[Cu(NH_3)_4]SO_4$为例,其解离分下列两种情况

强电解质的完全解离方式　$[Cu(NH_3)_4]SO_4 \longrightarrow [Cu(NH_3)_4]^{2+}+SO_4^{2-}$　　(5-1)

弱电解质的部分解离方式　$[Cu(NH_3)_4]^{2+} \underset{配位}{\overset{解离}{\rightleftharpoons}} Cu^{2+}+4NH_3$　　(5-2)

式(5-2)解离反应(配位反应的逆反应)是可逆的,在一定条件下达到$v_{解离}=v_{配位}$的平衡状态,称为配位平衡。它有固定的标准平衡常数,即

$$K_{is}=\frac{[Cu^{2+}][NH_3]^4}{[Cu(NH_3)_4]^{2+}}$$

K_{is}称为配合物的**不稳定常数(instability constant)**或解离常数,也可用$K_{不稳}$表示。对于配体个数相同的配离子,K_{is}愈大表示解离反应进行程度愈大,配离子愈不稳定。

2. **配合物的稳定常数**　配离子的生成反应如

$$Cu^{2+}+4NH_3 \rightleftharpoons [Cu(NH_3)_4]^{2+}$$

其平衡常数表达式为　$K_s=\dfrac{[Cu(NH_3)_4]^{2+}}{[Cu^{2+}][NH_3]^4}$

K_s称为配合物的**稳定常数(stability constant)**或生成常数,也可用$K_稳$表示。对于配体个数相同的配离子,K_s愈大表示配位反应进行程度愈大,配离子愈稳定。

显然,K_s和K_{is}是表达配合物稳定性的两种方式,两者互为倒数,即$K_s=1/K_{is}$。

在利用稳定常数比较配合物的稳定性时,对于同一类型的配合物,K_s越大,配合物越稳定。例如,298.15K时,$[Ag(CN)_2]^-$和$[Ag(NH_3)_2]^+$的K_s分别为1.3×10^{21}和1.1×10^7,所以$[Ag(CN)_2]^-$比$[Ag(NH_3)_2]^+$更稳定。对不同类型的配合物,则不能简单地由K_s的大小来比较它们的稳定性,应通过计算来比较(参照例5-1)。

通常配合物的稳定常数都比较大,为了便于书写,常用它的对数值$\lg K_s$来表示,一些常见配离子的K_s和$\lg K_s$值见表5-2。

表5-2　常见配离子的$\lg K_s$值

配离子	K_s	$\lg K_s$	配离子	K_s	$\lg K_s$
$[Ag(NH_3)_2]^+$	1.1×10^7	7.05	$[Ag(CN)_2]^-$	1.3×10^{21}	21.1
$[Fe(CN)_6]^{4-}$	1.0×10^{35}	35.0	$[Fe(CN)_6]^{3-}$	1.0×10^{42}	42.0
$[Zn(NH_3)_4]^{2+}$	2.9×10^9	9.46	$[Zn(CN)_4]^{2-}$	5.0×10^{16}	16.7
$[Cu(NH_3)_4]^{2+}$	2.1×10^{13}	13.32	$[Co(NH_3)_6]^{3+}$	2.0×10^{35}	35.30

实际上,配离子的生成或解离都是分步进行的,如$[Cu(NH_3)_4]^{2+}$的生成反应涉及以下四个平衡反应:

$Cu^{2+}+NH_3 \rightleftharpoons [Cu(NH_3)]^{2+}$　　①$K_{s1}=1.41\times10^4$

$[Cu(NH_3)]^{2+}+NH_3 \rightleftharpoons [Cu(NH_3)_2]^{2+}$　　②$K_{s2}=3.17\times10^3$

$[Cu(NH_3)_2]^{2+}+NH_3 \rightleftharpoons [Cu(NH_3)_3]^{2+}$　　③$K_{s3}=7.76\times10^2$

$[Cu(NH_3)_3]^{2+}+NH_3 \rightleftharpoons [Cu(NH_3)_4]^{2+}$　　④$K_{s4}=1.39\times10^2$

由平衡反应式①+②+③+④可得

$$Cu^{2+}+4NH_3 \rightleftharpoons [Cu(NH_3)_4]^{2+}$$

$$K_s=K_{s1}\times K_{s2}\times K_{s3}\times K_{s4}=4.82\times10^{12}$$

这里，K_{s1}、K_{s2}、K_{s3}、K_{s4}称为**逐级稳定常数（stepwise stability constant）**。其中反应①最易进行；反应②中的 NH_3受到已配位的第一个 NH_3分子的斥力和空间位阻，反应较难进行；反应③、④更难。这可从 $K_{s1}>K_{s2}>K_{s3}>K_{s4}$看出，$K_{sn}$逐级减小，尤其是带电荷的配体。对于 n 步配位平衡，其分步解离常数的乘积称为**累积稳定常数（cumulative stability constant）**，记作 β_n。显然，$\beta_1=K_{s1}$，$\beta_2=K_{s1}K_{s2}$，$\beta_3=K_{s1}K_{s2}K_{s3}$，$\beta_n=K_{s1}K_{s2}K_{s3}\cdots K_{sn}=K_s$。附录三的附表 3-4 列出了一些常见金属配合物的累积稳定常数。

配离子的逐级稳定常数相差不大，因此计算时必须考虑各级配离子的存在。但在实际工作中，生成配合物时，体系内常加入过量的配体（配位剂），配位平衡向着生成配合物的方向移动，配离子主要以最高配位数形式存在，其他低配位数的离子可以忽略不计。所以在有关计算中，除特殊情况外，一般用总的稳定常数 K_s即最后一级累积稳定常数 β_n进行计算。

例 5-1　分别求浓度为 0.010mol·L^{-1}的$[FeY]^-$和$[Fe(CN)_6]^{3-}$两种溶液各自达平衡时，溶液中 Fe^{3+}的浓度（已知 $K_s\{[FeY]^-\}=1.7\times10^{24}$，$K_s\{[Fe(CN)_6]^{3-}\}=1.0\times10^{42}$）。

解　设$[FeY]^-$和$[Fe(CN)_6]^{3-}$两种溶液中 Fe^{3+}的平衡浓度分别为 $x$mol·L^{-1}、$y$mol·L^{-1}。

$$Fe^{3+}+Y^{4-} \rightleftharpoons [FeY]^-$$

$$x\qquad x\qquad 0.010-x$$

$$K_s\{[FeY]^-\}=\frac{0.010-x}{x^2}=1.7\times10^{24}\qquad x=7.7\times10^{-14}\text{mol}\cdot\text{L}^{-1}$$

$$Fe^{3+}+6CN^- \rightleftharpoons [Fe(CN)_6]^{3-}$$

$$y\qquad 6y\qquad 0.010-y$$

$$K_s\{[Fe(CN)_6]^{3-}\}=\frac{0.010-y}{y(6y)^6}=1.0\times10^{42}\qquad y=1.1\times10^{-7}\text{mol}\cdot\text{L}^{-1}$$

由此可见，虽然$[FeY]^-$的稳定常数小于$[Fe(CN)_6]^{3-}$，但反应达平衡时，$[FeY]^-$所解离出来的 Fe^{3+}浓度远远小于$[Fe(CN)_6]^{3-}$解离出的 Fe^{3+}浓度，因而$[FeY]^-$比$[Fe(CN)_6]^{3-}$要稳定。

例 5-2　室温下，将 0.010mol 的 $AgNO_3$固体溶解于 1.0L 浓度为 0.030mol·L^{-1}的氨水中（设体积不变）。求生成$[Ag(NH_3)_2]^+$后，溶液中 Ag^+和 NH_3的浓度（已知 $K_s\{[Ag(NH_3)_2]^+\}=1.1\times10^7$）。

解　由于 K_s值较大，且 NH_3过量较多，可先认为 Ag^+与过量 NH_3完全生成$[Ag(NH_3)_2]^+$，$[Ag(NH_3)_2]^+$浓度为 0.010mol·L^{-1}，剩余的 NH_3为 0.030mol·L^{-1}－2×0.010mol·L^{-1}＝0.010mol·L^{-1}。然后再考虑$[Ag(NH_3)_2]^+$的解离，设达平衡时$[Ag^+]=y$mol·L^{-1}，解离的 $c\{[Ag(NH_3)_2]^+\}=x$mol·L^{-1}，解离的 $c(NH_3)=z$mol·L^{-1}，则

$$Ag^++2NH_3^+ \rightleftharpoons [Ag(NH_3)_2]^+$$

平衡浓度 $c_{平衡}$/mol·L^{-1}　　y　0.010+z　0.010－x

因$[Ag(NH_3)_2]^+$是分步解离的，故 $x\neq y$，$z\neq 2y$。既然$[Ag(NH_3)_2]^+$很稳定，解离很少，故可近似处理

$$0.010-x\approx0.010,\qquad 0.010+z\approx0.010$$

则

$$K_s=\frac{[Ag(NH_3)_2]^+}{[Ag^+][NH_3]^2}$$

即

$$\frac{0.010}{y(0.010)^2}=1.1\times10^7$$

解上式得

$$y=9.1\times10^{-6}mol\cdot L^{-1}$$

即

$$[Ag^+]=9.1\times10^{-6}mol\cdot L^{-1}$$
$$[NH_3]=0.010mol\cdot L^{-1}$$

二、配位平衡的移动

配位平衡与其他化学平衡一样，也是一种有条件的动态平衡。若改变了平衡体系的条件，平衡就会移动，在新的条件下达到新的平衡。下面分别讨论溶液 pH、沉淀的生成和溶解、氧化还原反应以及其他配体对配位平衡移动或配合物转化的影响。

若以 M^{m+} 表示金属离子，L 表示配体，$[ML_n]^{m+}$ 表示配离子，则配位平衡反应式简写为 $M^{m+}+nL \rightleftharpoons [ML_n]^{m+}$。

若向上述溶液中加入酸、碱、沉淀剂、氧化剂、还原剂或其他配体试剂，由于这些试剂与 M^{m+} 或 L 可能发生各种反应，导致配位平衡的移动。这涉及溶液中的配位平衡和其他化学平衡共存的多重平衡问题，下面结合实例分别讨论。

（一）配位平衡与酸碱平衡

根据酸碱质子理论，配离子中的许多配体都是质子碱（如 F^-、CO_3^{2-}、CN^-、Y^{4-} 等），可以接受质子。若溶液酸度提高，它们将与 H^+ 结合为弱酸。另有一些配体本身是弱碱（如 NH_3、en 等），它们也能与溶液中 H^+ 发生中和反应。因此，溶液酸度提高，配位平衡向配离子解离的方向移动，导致配合物被破坏。我们把溶液 pH 减小时，配体与 H^+ 结合生成弱酸，使配离子稳定性降低的现象称为配体的**酸效应（acid effect）**。

另外，配离子的中心原子大多数为过渡金属离子，它们在水溶液中有明显水解作用，从而降低了金属离子的浓度，使配位反应向解离的方向移动。溶液的碱性越强，越有利于中心原子水解反应的进行。这种因溶液酸度减小导致金属离子水解，而使配离子稳定性降低的现象称为金属离子的**水解效应（hydrolysis effect）**。因此溶液酸度降低，也会促使配离子解离。

上述两种作用可表示如下：

$$[ML_n]^{m+} \rightleftharpoons M^{m+}+nL$$
$$L+H^+ \rightleftharpoons [HL]^+$$
$$M^{m+}+OH^- \rightleftharpoons M(OH)_m$$

在水溶液中，酸效应和水解效应同时存在，究竟以哪种效应为主，将取决于溶液的 pH、配合物的稳定常数、配体的碱性强弱以及中心原子的氢氧化物溶解性等因素。一般采取在不生成氢氧化物沉淀的前提下提高溶液 pH，以保证配合物的稳定性。

（二）配位平衡与沉淀溶解平衡

沉淀的生成能使配位平衡发生移动，配合物生成也能使沉淀溶解平衡发生移动。例如，在 $AgNO_3$ 溶液中滴加 NaCl 溶液，生成白色 AgCl 沉淀；再加入适量氨水，沉淀溶解，得到无色$[Ag(NH_3)_2]^+$溶液；若往其中加入 KBr 溶液，可观察到淡黄色 AgBr 沉淀；再加入适量$Na_2S_2O_3$溶液，沉淀又溶解，生成无色的$[Ag(S_2O_3)_2]^{3-}$溶液。这一系列变化可用以下的平衡移动来表示：

$$AgCl(s)+2NH_3 \rightleftharpoons [Ag(NH_3)_2]^+ + Cl^-$$

$$K = K_s\{[Ag(NH_3)_2]^+\} \times K_{sp}(AgCl) = 1.9\times10^{-3}$$

$$[Ag(NH_3)_2]^+ + Br^- \rightleftharpoons AgBr\downarrow + 2NH_3$$

$$K = 1/(K_s\{[Ag(NH_3)_2]^+\} \times K_{sp}(AgBr) = 1.7\times10^{5}$$

$$AgBr(s)+2S_2O_3^{2-} \rightleftharpoons [Ag(S_2O_3)_2]^{3-} + Br^-$$

$$K = K_s\{[Ag(S_2O_3)_2]^{3-}\} \times K_{sp}(AgBr) = 15.4$$

由上述各反应的平衡常数可知，难溶盐的 K_{sp} 和配合物的 K_s 越大，难溶盐越易溶解，沉淀溶解平衡越容易转化为配位平衡；反之，K_{sp} 和 K_s 越小，配离子越易被破坏，配位平衡越容易转化为沉淀溶解平衡。控制不同条件，反应可以沿不同方向转化。

问题与思考 5-2

试解释下列实验现象：

(1) 为什么 AgI 不溶于过量的氨水中，而能溶于 KCN 溶液中？

(2) 为什么 CdS 能溶于 KI 溶液中？

(三) 配位平衡与氧化还原平衡

配位平衡与氧化还原平衡可以相互影响。配合物的生成可以使溶液中金属离子的浓度有所下降，从而改变了金属离子的氧化能力，甚至使氧化还原反应的方向发生改变。形成的配合物愈稳定，溶液中的金属离子的浓度就愈低，相应的电极电势也愈小；反之，在含有配离子的溶液中加入能与中心原子或配体发生氧化还原反应的物质，金属离子或配体的浓度降低，可导致配位平衡向解离方向移动。

一些不活泼金属如 Au，其对应的氧化还原电对的电极电势很高，难溶于硝酸，但可溶于王水($HNO_3 \cdot 3HCl$)，这是因为 Au^{3+} 能与王水中的 Cl^- 结合生成$[AuCl_4]^-$配离子，大大降低了 Au^{3+}/Au 的电极电势。

(四) 配合物之间的转化

若一种金属离子 M^{m+} 能与溶液中两种配体试剂 L 和 L′发生配位反应，则溶液中存在如下平衡

$$[ML_n]^{m+} \rightleftharpoons M^{m+} + nL$$

$$M^{m+} + aL' \rightleftharpoons [ML'_a]^{m+}$$

两式相加得

$$[ML_n]^{m+} + aL' \rightleftharpoons [ML'_a]^{m+} + nL$$

例如，向 $FeCl_3$ 溶液中加入 NH_4SCN 溶液，会生成血红色的 $Fe(NCS)_3$ 配合物；若再加入 NH_4F 试剂，可观察到血红色褪去，生成无色的 FeF_3 溶液。

$$Fe(NCS)_3 + 3F^- \rightleftharpoons FeF_3 + 3SCN^-$$

该转化反应的平衡常数为

$$K = K_s\{FeF_3\}/K_s\{Fe(NCS)_3\} = (1.1\times10^{12})/(1.0\times10^{5}) = 1.1\times10^{7}$$

可见，以上反应的平衡常数很大，说明正向进行趋势大，这是由不够稳定的配合物向稳定配合物的转化。若转化平衡常数很小($<10^{-8}$)，说明正向反应不能发生，而逆向反应自发发生。若

平衡常数介于 $10^8 \sim 10^{-8}$之间，则转化的方向由反应的浓度大小而定。

问题与思考 5-3

EDTA 的钙盐是人体铅中毒的高效解毒剂。对于铅中毒的人，可注射溶于 0.9% 氯化钠注射液或生理葡萄糖注射液的 $Na_2[Ca(EDTA)]$，请写出它的解毒化学反应原理，判断其反应进行的程度。已知 $\lg K_s\{[CaY]^{2-}\}=10.69$，$\lg K_s\{[PbY]^{2-}\}=18.04$。

第三节 螯合物和生物配合物

一、螯合物

（一）螯合物和螯合效应

多齿配体通过两个或两个以上配位原子与一个中心原子形成的环状配合物称为**螯合物**(**chelate**)，也称内配合物。多齿配体称为**螯合剂**(**chelating agent**)，它与中心原子的键合称为螯合。例如，乙二胺 $H_2N\text{-}CH_2\text{-}CH_2\text{-}NH_2$可与中心原子形成含有两个配位键的五元环，形状如蟹的螯钳夹着中心原子(图 5-2)。

螯合剂通常具备下列两个条件：①每个配位体必须具有 2 个或 2 个以上的配位原子，常见的是 N 和 O，其次是 S，还有 P、As 等；②2 个配位原子之间必须相隔 2 个或 3 个其他原子，这样才能形成稳定的五元环或六元环状结构。如联氨 $H_2N\text{-}NH_2$，虽然有两个配原子 N，但中间没有间隔其他原子，不能形成稳定的螯合物。

在中心原子、配位原子相同的情况下，配位数相等的多齿配体形成的螯合物要比单齿配体形成的简单配合物稳定的多。例如，$[Cu(en)_2]^{2+}$($K_s=10^{20.0}$)配离子就比相应的$[Cu(NH_3)_4]^{2+}$($K_s=10^{13.32}$)配离子稳定的多。这种由于生成螯合物而使配合物的稳定性大大增强的作用叫作**螯合效应**(**chelating effect**)。

（二）影响螯合物稳定性的因素

螯合物特殊的稳定性来自成环作用，螯合剂与中心原子结合的概率比单齿配体大。影响螯合物稳定性的因素很多，主要表现在多齿配体与中心原子形成的环状结构的性质。

1. **螯合环的大小** 绝大多数的螯合物中以五元环和六元环最为稳定，因为这两种环的张力小，结构更稳定。而三元环和四元环的夹角太小，张力太大，结构不稳定。

2. **螯合环的数目** 螯合物的环愈多，结构就愈稳定。这是因为螯合环越多，形成的配位键越多，螯合物越难解离，稳定性越好。如 EDTA 的酸根离子(Y^{4-})含有 6 个配位原子，可与绝大多数金属形成含 5 个五元螯合环的螯合物(图 5-3)。

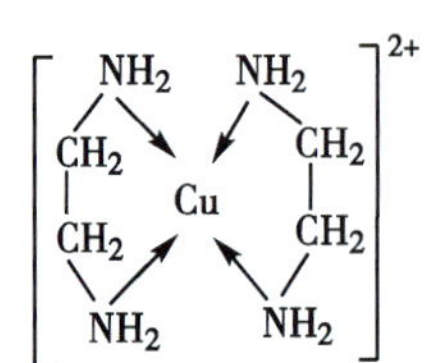

图 5-2 $[Cu(en)_2]^{2+}$结构示意图

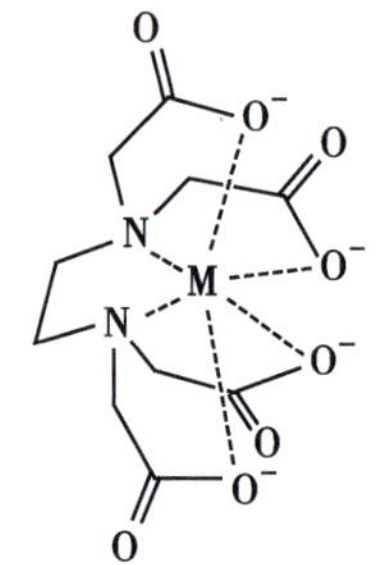

图 5-3 MY^{2-}结构示意图

另外,除螯合环大小和螯合环数目影响螯合物的稳定性外,完全闭合环形螯合剂比具有相同配原子、相同齿数的开链螯合剂形成的螯合物更稳定。这种由完全闭合环形螯合剂引起螯合物稳定性增强的现象叫作大环效应,它是一种特殊的螯合效应。如生物体内血红素中的原卟啉大环与 Fe^{2+} 的结合就是一个典型例子。

二、生物配合物

在大多数情况下,生物体内的金属元素不是以自由离子形式存在,而是以金属配合物的形式存在,并发挥着各自的作用。在生物体内与金属离子配位并具有生物功能的分子或离子称为生物配体。重要的生物配体是卟啉类化合物、蛋白质、肽、核苷酸等。下面以生物配体在生物体内所形成的具有重要生物功能的金属配合物为例说明一些生物配体的作用。

(一) 血红素

血红素是含铁卟啉类配合物的总称。卟啉化合物与铁离子形成的配合物称为铁卟啉。根据卟啉取代基的不同,天然血红素存在多种形式,其中比较重要的有血红素 a(Heme a)、血红素 b(Heme b)等(图 5-4)。

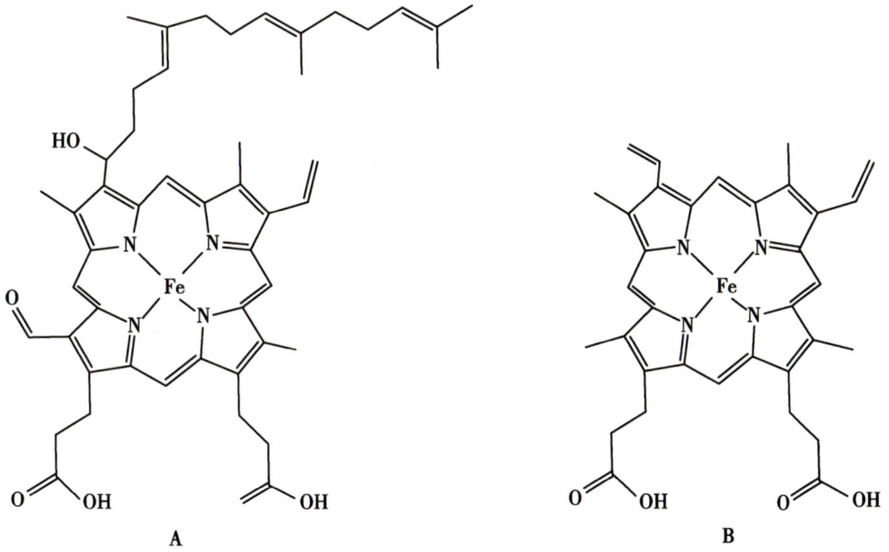

图 5-4　血红素 a 和血红素 b 的结构

注:A. 血红素 a;B. 血红素 b

血红素 a 是细胞色素氧化酶的辅基。细胞色素氧化酶是需氧生物呼吸链的最后一环,它在亚铁细胞色素 c 和氧分子之间传递电子,把氧分子还原为水。血红素 b 即原卟啉Ⅸ的铁配合物,它是血红蛋白、肌红蛋白、细胞色素 b、细胞色素 P_{450}、过氧化氢酶和过氧化物酶的辅基。这些物质分别具有运输氧、贮存氧、传递电子等功能。

(二) 维生素 B_{12}

维生素 B_{12} 为所有高等动物所必需的,存在于肝脏中。维生素 B_{12} 结晶为深红色,有抗磁性。它是一种 Co(Ⅲ)的配合物,元素分析确认其组成为 $C_{63}H_{90}O_{14}N_{14}PCo$,X 射线分析确定了其结构(图 5-5)。

维生素 B_{12} 分子由咕啉环和二甲苯并咪唑核苷酸组成。中心原子 Co^{3+} 在咕啉环平面上与 4 个吡咯氮原子配位,平面下方轴向与核苷酸的二甲苯并咪唑氮原子配位,平面上方轴向与氰

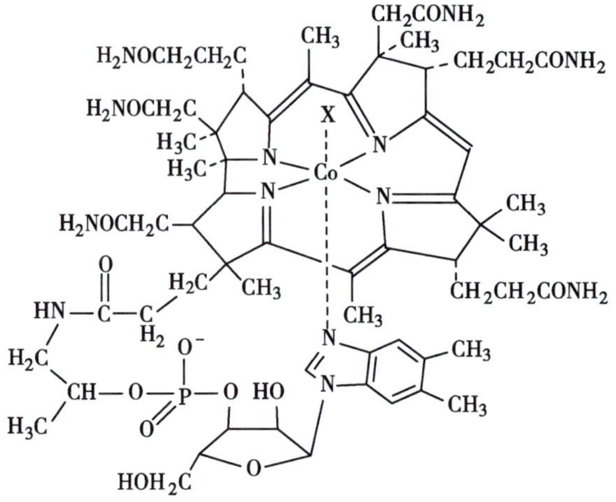

图 5-5 维生素 B_{12} 的结构

基碳原子配位。维生素 B_{12} 的俗名为氰钴胺素。分子中的氰基可被取代，生成其他衍生物，如 CN^- 被 OH^-、H_2O 或 NO 等取代后，分别生成羟钴胺素（$VB_{12}a$）、水化钴胺素（$VB_{12}b$）或硝基钴胺素（$VB_{12}c$）等。当 CN^- 被 5'-脱氧腺苷或甲基取代时，生成 5'-脱氧腺苷钴胺素和甲基钴胺素，它们是生物体中维生素 B_{12} 的两种重要衍生物。前者又称为 B_{12} 辅酶，参与多种重要的代谢反应，后者能够转移甲基，参与许多化合物的甲基化作用。

（三）碳酸酐酶

在所有锌酶中最重要的是碳酸酐酶。它广泛存在于绝大多数生物体内。碳酸酐酶是红细胞的主要蛋白质组分，它在红细胞中的重要地位仅次于血红蛋白。哺乳动物的碳酸酐酶由单一的多肽链组成，相对分子质量约为 30kDa。1972 年 Lindskog S 等以 X 射线测定了人碳酸酐酶三维晶体的结构。酶分子近似呈椭球形，Zn^{2+} 位于接近分子中心的锥形空腔底部，它在变形四面体构型中与组氨酸-94、组氨酸-96 和组氨酸-119 的咪唑氮原子配位，第四个配位点对周围介质开放，通常被水分子或含羧基的离子所占据（图 5-6）。碳酸酐酶的生物学功能是催化二氧化碳的可逆水合作用。此外，它还催化多种醛的水合作用和各种酯类及磺内酯的水解。碳酸酐酶中的锌离子可以被钴、锰、镍、铜、汞、铅、铁、铍、镁和钙离子等取代。例如，用钴取代锌，酶仍可保持高活性；而用镍或锰取代锌，酶的活性消失。

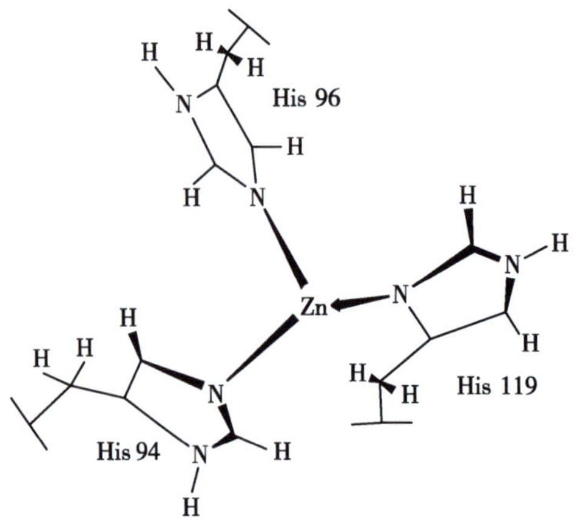

图 5-6 碳酸酐酶活性部位示意图

人体必需的微量元素 Fe、Zn、Cu、Co、Se、Mn、Mo 等都以配合物形式存在于体内，其中过渡

金属离子为中心原子(表 5-3),生物大分子(蛋白质、核酸等)为配体。有些微量元素是酶的关键成分,大约 1/3 的酶是金属酶。例如,亮氨酸酶就是含锰离子的酶,若失去锰离子,该酶就失去活性;清除人体内自由基的超氧化物歧化酶(SOD)是一种含 Zn、Cu 的酶,清除体内 H_2O_2 以及类脂过氧化物的谷胱甘肽过氧化物酶(GSH-Px)是含 Se 的酶。此外,有些微量元素参与激素的作用,有些还会影响核苷酸和核酸的生物功能。

表 5-3 人体中的一些过渡金属微量元素

金属元素	生物分子	生物分子的功能
V	蛋白	脂肪代谢中氧化还原
Cr	葡萄糖含量因子	葡萄糖的利用
Mn	异柠檬酸脱氢酶	细胞呼吸
Fe	血红蛋白	氧气传输
	细胞色素 c	细胞呼吸,ATP 构成
	过氧化氢酶	H_2O_2的分解
Co	维生素 B_{12}	红血细胞的成长
	血浆铜蓝蛋白	血红素的合成
Cu	细胞色素氧化酶	细胞呼吸
Zn	碳酸脱氢酶	CO_2的消除
	羟肽辅酶 A	蛋白质的消化

临床应用拓展阅读

抗癌药物——顺铂

具有抗癌作用的顺式-二氯·二氨合铂(Ⅱ)属于金属配合物。顺铂配合物的抗癌范围广,抗癌能力强,能有效地阻止癌细胞的迁移及癌肿瘤的生长。目前已用于临床的顺式-[$Pt(NH_3)_2Cl_2$],对头颈部癌、某些泌尿生殖系统癌和淋巴瘤等疗效显著。

顺式-[$Pt(NH_3)_2Cl_2$]又称皮朗尼盐。早在 1844 年,Peyrone 就首先制出了它的橙黄色晶体。用草酸钾、二氧化硫、氯化亚铜或其他还原剂与 $K_2[PtCl_6]$、$(NH_4)_2[PtCl_6]$等六氯合铂(Ⅳ)化合物反应,生成 $M_2[PtCl_4]$型化合物。在反应中可用少量铂黑做催化剂。例如

$$K_2[PtCl_6]+K_2C_2O_4 = K_2[PtCl_4]+2KCl+2CO_2\uparrow$$

四氯合铂(Ⅱ)酸钾是玫瑰红色晶体,它的溶液和氨水共同加热即得顺式-[$Pt(NH_3)_2Cl_2$]的橙黄色晶体,其在水中的溶解度很小,25°C 时为 0.252 3g。

$$K_2[PtCl_4]+2NH_3 = [Pt(NH_3)_2Cl_2]+2KCl$$

$[Pt(NH_3)_2Cl_2]$是$[PtA_2X_2]$型配合物的典型例子。其中 A 为保留基团，一般是单齿或双齿的胺类分子，两个 X^- 或一个 $^-X—X^-$ 为离去基团，是具有中等取代活性的单齿或双齿配位的酸根阴离子。当顺式-$[Pt(NH_3)_2Cl_2]$分子中的配体 NH_3 或 Cl^- 被其他配体取代时，便生成它的类似配合物。这些配合物均为顺式、平面正方构型。研究表明，顺铂配合物抑制癌细胞分裂的关键在于它能抑制癌细胞 DNA 的复制。药物分子进入癌细胞后与 DNA 双螺旋结构的一条链上或两条链之间的碱基相互作用，扰乱了 DNA 的正常双螺旋结构。由于癌细胞没有正常细胞那样的修复能力，其 DNA 的复制被阻碍，因而抑制了癌细胞的分裂，迫使癌细胞凋亡。

尽管顺铂是一种十分有效的抗癌药物，临床上也已使用多年。但此药物水溶性小，毒副作用大。近年来，经过英美科学家的研究，已经制出了第二代铂系抗癌药物，毒副作用大大降低。例如，卡铂[二氨-(1,1-环丁二酸)合铂(Ⅱ)]、二羟基二氯(二异丙胺)合铂(Ⅳ)等。1996 年，法国首次获准上市了第三代铂系肿瘤药物奥沙利铂[草酸-(反式-1-1,2-环己烷二胺)合铂]。

本章小结

配位化合物(简称配合物)是由具有空轨道的简单阳离子或原子和一定数目具有孤对电子的阴离子或中性分子通过配位键组成的化合物。配合物多由内层和外层组成，内层是由中心原子与配体以配位键相结合而形成，其余部分称为外层。

配合物的命名遵循一般无机物的命名原则。其中配离子的命名顺序为：配体数→配体名称→“合”→中心原子名称→(氧化值，用罗马数字表示)。若配合物的外界是简单阴离子，则称“某化某”；若外界阴离子是含氧酸根，则称“某酸某”；若外界为氢离子，则称“某酸”。

配离子生成反应的平衡常数称为配合物的稳定常数，以 K_s 表示，其值大小表示了配合物稳定性的强弱。当反应条件改变时，配位平衡会发生移动。溶液的 pH 愈大，愈有利于水解的进行，配合物愈不稳定；配位剂与沉淀剂争夺金属离子的能力大小不同，K_s 和 K_{sp} 愈大，形成配合物的倾向愈大；在含配离子的溶液中加入能与中心原子或配体发生氧化还原反应的物质，金属离子或配体的浓度降低，导致配位平衡向解离方向移动；配合物之间的转化总是向着生成更稳定的配合物的方向进行，转化程度取决于两种配合物的稳定常数。

中心原子与多齿配体形成的环状配合物称为螯合物，其比简单配合物稳定的现象称为螯合效应。生物体内的蛋白质、肽、氨基酸、核酸等生物配体都可以与许多生命需要的金属元素结合形成配合物，在生物体的代谢过程中起十分重要的作用。

习题

1. 命名下列配合物，并指出各配合物的内层、外层、中心原子、配位体和配位原子及配位数。

(1) $[Cr(NH_3)_6]Cl_3$ (2) $[CoCl(NH_3)_5]Cl_2$ (3) $K_2[SiF_6]$

(4) $[Fe(H_2O)_4(OH)(SCN)]NO_3$ (5) $Na_3[Ag(S_2O_3)_2]$ (6) $H[Al(OH)_4]$

2. 写出下列配合物的化学式

(1)三氯·一氨合铂(Ⅱ)酸钾　　(2)二氯化六氨合镍(Ⅱ)

(3)六氟合铝(Ⅲ)酸钾　　(4)五羰基合铁

(5)五氰·一羰基合铁(Ⅱ)酸钠　(6)1,1-环丁二羧酸·二氨合铂(Ⅱ)

3. 什么叫螯合效应?引起螯合效应的原因是什么?影响螯合效应的因素有哪些?

4. 下列哪些分子或离子不能作为螯合剂?

(1)$HOOCCH_2CH_2COOH$;(2)$P_3O_{10}^{5-}$;(3)$P_2O_7^{4-}$;(4)PO_4^{3-};(5)$HS-CH_2-CH-CH_2-OH$

5. 指出下列说法是否正确。

(1)配位平衡是指溶液中配离子解离为中心离子和配体的解离平衡。

(2)配离子在溶液中的行为像弱电解质。

(3)对同一配离子而言 $K_s \cdot K_{is}=1$。

(4)配位平衡是指配合物在溶液中解离为内层和外层的解离平衡。

(5)中性配合物不存在内层。

(6)配合物的内、外层都有可能存在配位键。

(7)配合物中的配位键必定是由金属离子接受电子对形成的。

(8)配位键的强度低于离子键或共价键。

(9)配位体半径愈大,配位数愈大。

(10)由单齿配体形成的配合物,则配体总数就是中心原子的配位数。

6. 有三种铂的配合物,其化学组成如下①$PtCl_4(NH_3)_6$;②$PtCl_4(NH_3)_4$;③$PtCl_4(NH_3)_2$。这三种物质分别有下述实验结果:

(a)的水溶液能导电,每摩尔(a)与 $AgNO_3$溶液反应可得 4mol AgCl 沉淀;

(b)的水溶液能导电,每摩尔(b)与 $AgNO_3$溶液反应可得 2mol AgCl 沉淀;

(c)的水溶液导电性很弱,与 $AgNO_3$溶液反应几乎没有沉淀生成。

试写出(a)、(b)、(c)三种配合物的化学式和名称。

7. 在配合平衡的计算中,什么情况下要用逐级平衡常数进行计算?什么情况下可以直接用累积平衡常数计算?

8. 10ml 0.10mol·L^{-1} $CuSO_4$溶液与 10ml 6.0mol·L^{-1} $NH_3 \cdot H_2O$ 混合并达平衡,计算溶液中 Cu^{2+}、NH_3及$[Cu(NH_3)_4]^{2+}$的浓度各是多少?若向此混合溶液中加入 0.010mol NaOH 固体,问是否有 $Cu(OH)_2$沉淀生成?(已知 $K_s\{[Cu(NH_3)_4]^{2+}\}=2.1\times10^{12}$)

9. 在 50ml 0.10mol·$L^{-1}$$AgNO_3$溶液中加入 10ml 密度为 0.932g·$ml^{-1}$含 $NH_3$18.24%的氨水,稀释到 100ml,①计算该溶液中 Ag^+、$[Ag(NH_3)_2]^+$和 NH_3的平衡浓度;②若再加入 1.0mol·L^{-1} KCl 溶液 10ml,有无 AgCl 沉淀析出?($K_s\{[Ag(NH_3)_2]^+\}=1.1\times10^7$,$K_{sp}(AgCl)=1.77\times10^{-10}$)

10. 根据已知数据判断下列反应能否发生?

$[Pb(CN)_4]^{2-}+2H_2O+2H^+ \rightleftharpoons Pb(OH)_2+4HCN$

$K_s\{[Pb(CN)_4]^{2-}\}=1.0\times10^{11}$,$K_{sp}\{Pb(OH)_2\}=1.43\times10^{-20}$,$K_a(HCN)=6.2\times10^{-10}$

11. 为什么当稀硝酸作用于$[Ag(NH_3)_2]Cl$时会析出沉淀?试说明反应本质。

12. 黄色 CdS 能溶于 3mol·L^{-1}HCl 溶液,但不能明显溶于 3mol·L^{-1}的 $HClO_4$。试说明可能的原因,写出有关反应方程式。

13. AgSCN 在 0.003 0mol·L^{-1}的 NH_3水溶液中溶解度是多少?

(已知 $K_{sp}(AgSCN)=1.0\times10^{-12}$,$K_s\{[Ag(NH_3)_2]^+\}=1.1\times10^7$)

14. 通过计算说明,在 0.20mol·$L^{-1}$$[Ag(CN)_2]^-$的溶液中,加入等体积 0.20mol·$L^{-1}$的 KI 溶液,能否形成 AgI 沉淀?($K_s\{[Ag(CN)_2]^-\}=5.0\times10^{21}$,$K_{sp}(AgI)=8.52\times10^{-17}$)

15. 已知难溶电解质 AgBr 在 1.00mol · L^{-1} $Na_2S_2O_3$ 溶液中的溶解度为 83.5g · L^{-1}。试计算 $[Ag(S_2O_3)_2]^{3-}$ 的 K_s（已知 AgBr 的 $K_{sp}=5.35\times10^{-13}$，AgBr 相对分子质量 188）。

16. 已知下列电对的 $\varphi^{\ominus}$ 值

$Mn^{3+}+e^-=Mn^{2+}$　　　$\varphi^{\ominus}=+1.51V$

$[Mn(CN)_6]^{3-}+e^-=[Mn(CN)_6]^{4-}$　　　$\varphi^{\ominus}=-0.244V$

通过计算说明，锰的上述两种氰合配离子的稳定常数，哪一个较大？

17. 判断下列反应进行的方向，并指出哪个反应正向进行得最完全。

(1) $[Hg(NH_3)_4]^{2+}+Y^{4-} \rightleftharpoons HgY^{2-}+4NH_3$

(2) $[Cu(NH_3)_4]^{2+}+Zn^{2+} \rightleftharpoons [Zn(NH_3)_4]^{2+}+Cu^{2+}$

(3) $[Fe(C_2O_4)_3]^{3-}+6CN^- \rightleftharpoons [Fe(CN)_6]^{3-}+3C_2O_4^{2-}$

（杨莉宁）

第六章　原子结构

学习目标

【掌握】四个量子数的取值规律及物理意义；多电子原子的近似能级顺序及核外电子排布规律。

【熟悉】氢原子结构假设；元素周期表及元素性质的周期性变化规律。

【了解】电子的波粒二象性；不确定关系；波函数及原子轨道图形。

自然界的物质种类繁多，性质各异。不同物质在性质上的差异是由于物质内部结构不同引起的。无论是肉眼能够观察到的化学反应，如铁的生锈、节日焰火、酸碱中和等，还是肉眼观察不到的化学反应，如生物体内每时每刻都在进行的各种生化反应（糖酵解、核苷酸代谢、脂类代谢等），其宏观现象都是有新物质生成，微观实质则是原子的数目和种类没有变化，原子核没变，发生变化的只是核外电子。要了解物质的性质及其变化规律就必须先了解原子结构，特别是核外电子的运动状态。

当今，生命科学的研究已深入到分子、原子甚至电子水平，对原子结构、电子运动规律的认识有助于解释药物作用机制以及体内生物分子的结构和生物学效应。

第一节　核外电子运动状态及氢原子结构

一、原子结构理论的发展

原子结构理论历经两千多年才形成了比较完备的体系。在原子结构理论形成过程中，先后出现了古希腊原子论、道尔顿（Dalton J）原子模型、汤姆逊（Thompson JJ）原子模型、卢瑟福（Rutherford E）原子模型、玻尔（Bohr N）原子模型及电子云模型等原子结构理论。其中卢瑟福于 1911 年提出的原子有核模型理论，是人类认识原子结构的重要里程碑。

自原子有核模型理论建立以后，人们就提出一个非常重要的问题，即原子为什么能稳定存在？卢瑟福的假定是电子绕核高速运动，所产生的离心力足以抗衡原子核对电子的引力。但根据经典电磁理论，高速运行的核外电子会连续发射电磁波，其结果会导致电子绕核运动半径连续变小，最后会被吸进核里，造成“原子塌陷”。另一方面，由于不断绕核运动的电子辐射能量是连续的，因而发射电磁波的频率也应当是连续的，以致原子发射的光谱也应该是连续的，但实际上原子光谱是不连续的线性光谱。

卢瑟福原子有核模型理论和经典物理学理论都无法解释原子稳定存在及线性光谱产生的原因，促使人们进一步推动了原子结构理论的发展。1913 年，玻尔把普朗克（Plank M）的量子

论、爱因斯坦(Einstein A)的光量子论和原子有核模型结合起来,第一次提出了原子结构的量子理论,即原子内部电子运动状态具有不连续的量子化特性,并成功地提出定态以及“定而不死”的概念,进而把氢原子光谱和“原子不塌陷”之谜初步揭开,为运用光谱现象研究原子内部结构提供了理论基础与成功经验。

二、玻尔假设与氢原子结构

玻尔提出的氢原子结构假设包含以下几个方面。

1. **行星模型**　玻尔假定氢原子的核外电子是处在一定的线性轨道上绕核运行的,正如太阳系的行星绕太阳运行一样。电子离核的距离越远,能量就越高。

2. **定态假设**　当电子在这些可能的轨道上运动时,原子不发射也不吸收能量,故原子在轨道上处于一种“稳定能量”状态,简称为**定态**(**stationary state**)。此时,原子不会“塌陷”。每个定态都对应一个**能级**(**energy level**)。能量最低的定态称为**基态**(**ground state**),能量高于基态的定态称为**激发态**(**excited state**)。

3. **量子化条件**　玻尔假定氢原子核外电子的轨道不是连续的,而是分立的,在轨道上运行的电子具有一定的角动量 L,按下式取值

$$L=n(h/2\pi),n=1,2,3,4,5,6,\cdots \tag{6-1}$$

即定态时,电子轨道的角动量必须是 $h/2\pi$ 的整数倍。n 为**量子数**(**quantum number**)。h 为普朗克常数,其值为 $6.626\times10^{-34}\text{J}\cdot\text{s}$。

4. **跃迁规则**　只有当电子从一个轨道跃迁到另一个轨道时,原子才发射或吸收单频的能量,辐射的频率和能量之间关系为 $|E_{n2}-E_{n1}|=h\upsilon$,当 $E_{n2}>E_{n1}$ 时,产生吸收光谱;$E_{n2}<E_{n1}$ 时,产生发射光谱。

玻尔运用量子化条件和跃迁规则计算了氢原子定态的轨道半径及能量,并圆满地解释氢原子光谱的规律。

氢原子定态的轨道半径为

$$r=52.9n^2(\text{pm})\qquad n=1,2,3,\cdots \tag{6-2}$$

氢原子各定态的能量公式为

$$E=-R_{\text{H}}\cdot\frac{1}{n^2},n=1,2,3,4,\cdots \tag{6-3}$$

其中 R_{H} 为常量,值为 13.6eV(或 2.18×10^{-18}J)。当 $n=1$ 时,$E=-R_{\text{H}}=-13.6\text{eV}$,即为氢原子基态能量。当量子数 $n=2,3,\cdots$ 各定态的能量分别为 $-\frac{R_{\text{H}}}{4}$、$-\frac{R_{\text{H}}}{9}$、…,均为各激发态的能量,构成了由低到高的各能级。图 6-1 给出了氢原子的部分能级。

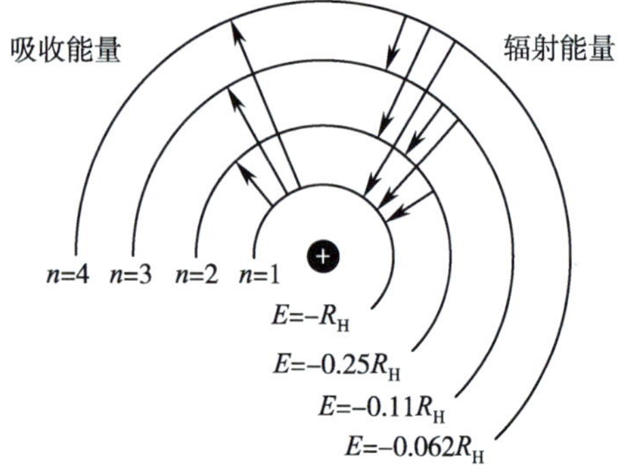

图 6-1　氢原子能级图

当电子在定态 n_1 和定态 n_2 间跃迁时,放出或吸收的辐射频率应满足

$$h\upsilon=|E_{n2}-E_{n1}|=R_{\text{H}}\left(\frac{1}{n_1^2}-\frac{1}{n_2^2}\right) \tag{6-4}$$

或

$$\frac{1}{\lambda}=\frac{\upsilon}{c}=\frac{R_{\text{H}}}{hc}\left(\frac{1}{n_1^2}-\frac{1}{n_2^2}\right) \tag{6-5}$$

式中 $\frac{R_{\text{H}}}{hc}=1.097\,37\times10^7\text{m}^{-1}$。

玻尔运用量子化的观点，圆满地解释了氢原子光谱，开辟了用光谱数据研究各原子电子能级的道路。但是在进一步研究氢光谱的精细结构和多电子原子的光谱现象时，玻尔理论就遇到了无法克服的矛盾。实际上“轨道”仍然是宏观世界的概念，它本质上仍然属于经典力学范畴（称为旧量子论）。因此，必须进一步从电子的本性及运动规律入手，去探求量子化条件的内部原因，建立新的原子结构理论。

三、电子的波粒二象性

1924年法国物理学家德布罗意（de Broglie L）在光的波粒二象性启发下，运用类比方法提出，被看成物质粒子的电子也具有波动性，即电子等实物微粒具有波粒二象性。

对于一个质量为 m，运动速度为 v，波长为 λ 的实物粒子，p 为粒子的动量，有如下关系

$$\lambda=\frac{h}{p}=\frac{h}{mv} \tag{6-6}$$

这个公式叫作**德布罗意关系（de Broglie relation）**。它表示物质波的波长可以通过实物微粒的质量及其运动速度求得，微观粒子的波动性和粒子性可通过普朗克常数 h 联系起来。对于宏观物体，由于物质波的波长很短，通常不显示其波动性。对于微观粒子，虽然 λ 的大小和微粒本身的大小可以比拟，但其数量级仍很小。例如，原子内运动的电子速率一般约为 10^6 m · s^{-1}，电子质量约为 10^{-30} kg，故其 λ 只有 7×10^{-10} m 左右。因此，这种物质波开始时很难被人们所察觉。

1927年，德布罗意的假设分别被戴维逊（Davisson C）、革末（Germer L H）做的镍单晶电子束反射实验及汤姆逊（Thomson G P）做的电子衍射实验所证实。图6-2为电子衍射实验示意图。

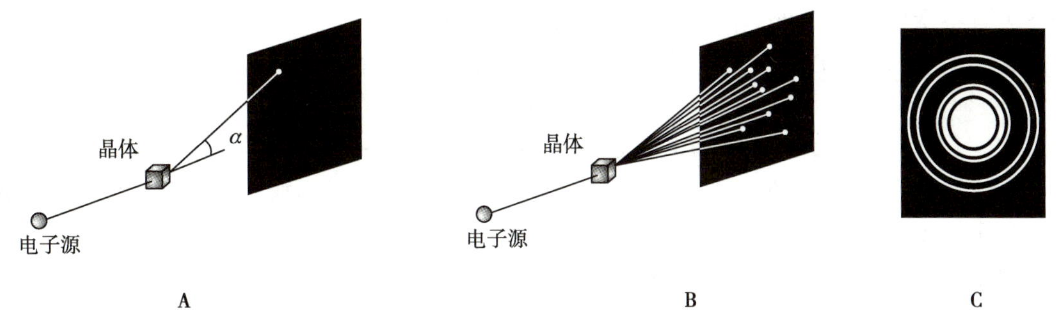

图6-2　汤姆逊电子衍射实验示意图

1928年后，实验进一步证明，分子、原子、质子、中子、α 粒子等一切微观质点都具有波动性，并且都符合德布罗意关系，最终确定了物质波的假设适用于一切物质微粒。

电子确实具有波动性。现在的问题是：究竟怎样把以连续分布为特征的波动性和以分立分布为特征的粒子性统一起来呢？玻恩（Born M）提出了较为合理的“统计解释”。

电子衍射实验中，当电子流强度较大时，可以在较短时间内就得到一个完整衍射环图形。但是，当电子流强度很小，小到电子一个一个地穿过晶体达到底片或屏幕上（见图6-2A、图6-2B），这时底片上就会出现一个个衍射斑点，一开始这些斑点的位置似乎毫无规则地散布于屏上，可是只要时间足够长，这些逐渐增多的斑点所形成的衍射图和强度大时电子束所形成的图样是完全相同的（见图6-2C）。这就有力地说明了电子衍射是大量彼此独立而又在完全相同条件下的电子运动或是一个电子在多次相同实验中运动的统计结果。就大量粒子行为而言，衍射强度大的地方，表明出现的粒子数多，小的地方，出现的粒子数少；就一个粒子的行为

来说，衍射强度大的地方，表明粒子出现的概率大，小的地方，粒子出现的概率就小。统计解释认为，空间任一点波的强度与粒子出现的概率成正比。

四、波粒二象性的必然结果——不确定关系

经典力学认为宏观物体的运动总有一个确定的轨道，也就是说，在任一瞬间，宏观物体运动同时有确定的坐标、速度或动量。而实物微粒的运动具有波动性，这种波动性又具有统计性质，所以它不会同时具有确定的位置和确定的动量。

1927 年海森堡（Heisenberg W）提出，具有波动性的粒子，不能同时有精确的坐标和动量。当它的某个坐标被确定得越精确，其相应的动量就越不确定，反之亦然。两个量不确定的程度的乘积约为普朗克常数 h 的数量级，这就是著名的"不确定关系"，又称为**"不确定原理"（uncertainty principle）**。

$$\Delta x \cdot \Delta p_x \geqslant h/4\pi \tag{6-7}$$

其中 Δx、Δp_x 分别表示粒子在 x 方向的位置偏差及动量偏差。

例 6-1　质量为 0.06kg 的子弹，运动速度为 $300\text{m}\cdot\text{s}^{-1}$，如果速度的不确定程度为原来运动速度的 0.01%，则其位置的不确定程度为多少？

解　$$\Delta x \approx \frac{h}{4\pi\Delta p_x} = \frac{h}{4\pi m\cdot\Delta v} = \frac{6.626\times10^{-34}\text{kg}\cdot\text{m}^2\cdot\text{s}^{-1}}{4\pi\times0.06\text{kg}\times300\text{m}\cdot\text{s}^{-1}\times0.01\%} = 2.93\times10^{-32}\text{m}$$

Δx 值很小，可以忽略不计。因此，可认为宏观物体的运动同时具有确定的位置和动量，波动性不明显，服从经典力学的规律。

例 6-2　定态中原子内的电子绕原子核运动的速度约为 $6\times10^6\text{m}\cdot\text{s}^{-1}$，原子的半径为 $1\times10^{-10}\text{m}$数量级，电子质量为 $9.1\times10^{-31}\text{kg}$。若速度的不确定程度为 1%，则其位置误差 Δx 有多大？这个结果和原子半径相比，可说明什么？

解　由 $\Delta v = 6\times10^6\text{m}\cdot\text{s}^{-1}\times0.01 = 6\times10^4\text{m}\cdot\text{s}^{-1}$，根据不确定原理，有

$$\Delta x \approx \frac{h}{4\pi\cdot\Delta p} = \frac{h}{4\pi m\cdot\Delta v} = \frac{6.626\times10^{-34}\text{kg}\cdot\text{m}^2\cdot\text{s}^{-1}}{4\pi\times9.1\times10^{-31}\text{kg}\times6\times10^4\text{m}\cdot\text{s}^{-1}} = 9.66\times10^{-10}\text{m}$$

计算结果表明，电子的位置误差是原子半径数量级的近 10 倍，这是不容忽略的。所以，电子在原子中无精确的位置。

对于定态原子内的电子，其位置的不确定程度为 10^{-10}m 左右，故

$$\Delta p = \frac{h}{4\pi\Delta x} = 5.3\times10^{-25}\text{kg}\cdot\text{m}\cdot\text{s}^{-1}$$

其速度的不确定性为

$$\Delta v = \frac{\Delta p}{m} = \frac{5.3\times10^{-25}\text{kg}\cdot\text{m}\cdot\text{s}^{-1}}{9.1\times10^{-31}\text{kg}} = 5.8\times10^5\text{m}\cdot\text{s}^{-1}$$

以上不确定关系告诉我们，在原子或分子中，若运动的电子是被局限在尺度为 10^{-10}m 的空间，其速度方面的不确定性高达 $5.8\times10^5\text{m}\cdot\text{s}^{-1}$。如果它被限制的空间范围越小，其速度方面的不确定量将会越大。因此，它的运动已不可能再用"轨道"的概念来描述了，那么怎样来描述电子的运动呢？

第二节　波函数与原子轨道图形

在原子或分子中，运动的电子不能同时具有确定的位置和速度。因此，当电子处于某一状

态时，它在力学方面的物理量可能有许多数值，并以各自的概率出现。为此，可从概率的角度描述其运动状态。

一、波函数与量子数

经典物理学中，通常用一个函数来描述波的运动状态。实物微粒的波虽然和经典的波有所不同，但同样可以产生衍射现象，类似地可用“波函数”来表示微粒的运动状态。原子中电子运动的定态可看成因束缚而产生的某种驻波性质的反映。然而，在微观体系中，这种束缚因素和受束缚状态之间究竟存在什么规律？这种规律应该用怎样一种运动方式来表达？

1926 年，奥地利物理学家薛定谔（Schrödinger E）运用偏微分方程，建立了描述微观粒子运动的波动方程，即**薛定谔方程（Schrödinger equation）**。求解薛定谔方程可得到合理的解，就为**波函数ψ（wave function）**。波函数可以描述微观粒子的运动状态，具有统计学意义，即在某一时刻，粒子在空间某点出现的概率密度与该时刻、该点的波函数绝对值的平方$|\psi|^2$成正比。

下面以氢原子和类氢离子为例，说明如何运用波函数来表达原子中电子的运动状态。氢原子和类氢离子（如 He^+、Li^{2+}、Be^{3+}）的核电荷数不一样，但都是只有一个核外电子的最简单体系。

氢原子及类氢原子的薛定谔方程可以精确求解。为方便求解，需将直角坐标转化为球极坐标。球极坐标与直角坐标之间的关系如图 6-3 所示。

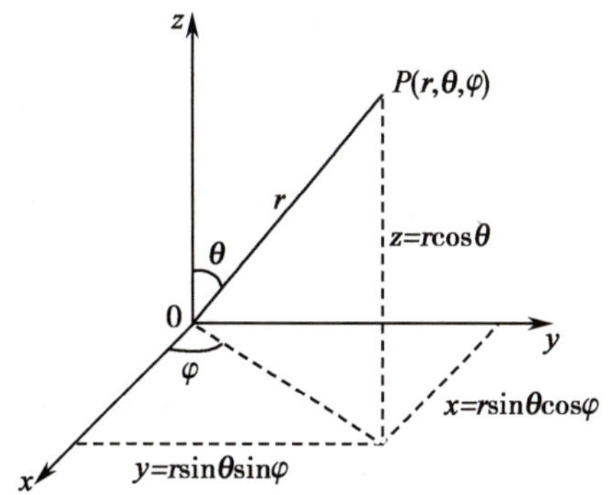

图 6-3 直角坐标转换为球极坐标

对于球极坐标中的氢原子或类氢离子，其定态薛定谔方程中的波函数为 $\psi(r,\theta,\varphi)$。可采用变量分离的方法将 $\psi(r,\theta,\varphi)$ 看作是由三个变量分别形成的函数 $R(r)$、$\Theta(\theta)$、$\Phi(\varphi)$ 组成，然后分别解这三个变量的方程，再把它们相乘，就得到原波函数$\psi(r,\theta,\varphi)$。

$$\psi(r,\theta,\varphi)=R(r)\cdot\Theta(\theta)\cdot\Phi(\varphi) \quad (6\text{-}8)$$

分别将 $R(r)$、$\Theta(\theta)$、$\Phi(\varphi)$ 代入薛定谔方程，即可求得波函数。为保证薛定谔方程解的合理性，必须引入一些参数 n、l、m，这些参数称为**量子数（quantum number）**，它们是在薛定谔方程求解过程中引入的，完全不同于 Bohr 理论中人为规定的量子数 n[参见式(6-1)]。当 n、l、m 三个量子数的取值一定时，波函数 $\psi_{n,l,m}(r,\theta,\varphi)$ 才代表一种确定的运动状态。

量子数的取值限制和物理意义如下：

1. **主量子数（principal quantum number）** 用符号 n 表示。可以取任意正整数，即 1，2，3，4，…。光谱学上分别对应于 K，L，M，N，…。

主量子数 n 表示电子离核的平均距离，也称为**电子层（electron shell）**。主量子数相同的轨道属于同一电子层。$n=1$，离核最近，n 越大，电子离核的平均距离越远。

主量子数是决定轨道能量的主要因素。对于核外只有一个电子的氢原子或类氢离子，其能量由主量子数决定，即

$$E=-13.6\times\frac{Z^2}{n^2}\text{eV}=-2.18\times10^{-18}\times\frac{Z^2}{n^2}\text{J} \quad (6\text{-}9)$$

式(6-9)中，E 为电子能量，eV 是能量单位，$1\text{eV}=-1.602\times10^{-19}\text{J}$，$Z$ 为核电荷数。

对于氢原子，$Z=1$，当 $n=1$ 时，$E=-13.6\text{eV}$

当 $n=2$ 时，$E=-3.4\text{eV}$

…

由此可知，n 越大，能量越大。当 $n\to\infty$ 时，$E=0$ 能量最大，表示电子脱离核的束缚，形成自由电子。主量子数只能取 1，2，3，4，…等整数值，得到的 E 值也是不连续的值，即能量是量子化的。

2. **轨道角量子数（orbital angular quantum number）** 用符号 l 表示。l 取值受限于主量子数 n，可取 0，1，2，3，…，$(n-1)$，共 n 个值，按光谱学习惯，表示为 s，p，d，f，g，…。l 又称为**电子亚层（electron subshell 或 electron sublevel）**，它决定原子轨道的形状。

氢原子或类氢离子中，l 与原子轨道的能量无关。但多电子体系中，由于电子间存在相互静电排斥，原子轨道的能量由 n、l 共同决定。当 n 确定后，即在同一电子层中，l 越大，轨道能量越高。例如，$n=2$，l 取值为 0、1，当 $l=0$ 时，是指 2s 电子亚层或能级，当 $l=1$ 时，是指 2p 电子亚层或能级，$E_{2p}>E_{2s}$。

3. **磁量子数（magnetic quantum number）** 用 m 表示。m 取值受限于 l，可以取 0，±1，±2，…，±l，共 $2l+1$ 个值。

m 决定了轨道角动量在外磁场方向（z 方向）分量的大小，也就决定了原子轨道的空间取向。即 l 电子亚层共有 $2l+1$ 个不同空间伸展方向的原子轨道。例如，$l=1$ 时，m 可取 0、±1，表示 p 轨道有三种空间取向（图 6-4）。磁量子数与轨道的能量无关，故这 3 个 p 轨道的能量相等，处在同一能级，称为**简并轨道或等价轨道（equivalent orbital）**。

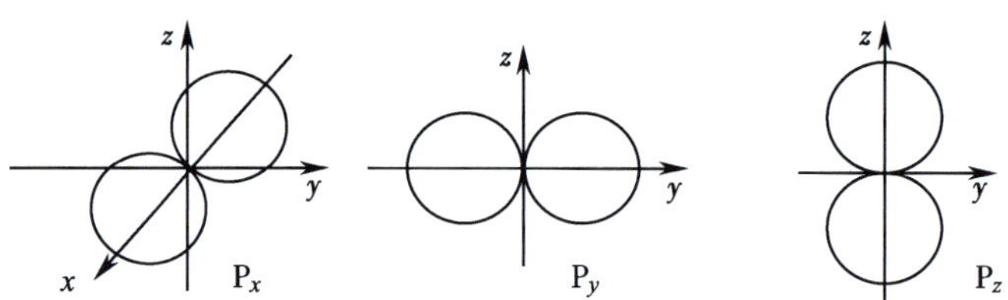

图 6-4 p 轨道的三个简并轨道

三个量子数组合规律见表 6-1。类推可知，每个电子层的轨道总数应为 n^2 个。

表 6-1 量子数组合、对应的波函数及同一电子层的轨道数

主量子数 n	角量子数 l	磁量子数 m	波函数 ψ	同一电子层的轨道数（n^2）
1	0	0	$\psi_{1,0,0}(\psi_{1s})$	1
2	0	0	$\psi_{2,0,0}(\psi_{2s})$	4
	1	0	$\psi_{2,1,0}(\psi_{2p_z})$	
		±1	$\psi_{2,1,1},\psi_{2,1,-1}(\psi_{2p_x},\psi_{2p_y})$	
3	0	0	$\psi_{3,0,0}(\psi_{3s})$	9
	1	0	$\psi_{3,1,0}(\psi_{3p_z})$	
		±1	$\psi_{3,1,1},\psi_{3,1,-1}(\psi_{3p_x},\psi_{3p_y})$	
	2	0	$\psi_{3,2,0}(\psi_{3d_{z^2}})$	
		±1	$\psi_{3,2,1},\psi_{3,2,-1}(\psi_{3d_{xz}},\psi_{3d_{yz}})$	
		±2	$\psi_{3,2,2},\psi_{3,2,-2}(\psi_{3d_{xy}},\psi_{3p_{x^2-y^2}})$	

例 6-3　推算 $n=3$ 时原子轨道的数目，并用 n、l、m 对每个轨道加以描述。

解　$n=3$ 时，l 可取 0，1，2 三种取值。

$l=0$ 时，m 有一种取值：0

$l=1$ 时，m 有三种取值：0，±1

$l=2$ 时，m 有五种取值：0，±1，±2

共有 9 种原子轨道。

分别用 n、l、m 描述见表 6-2。

表 6-2　原子轨道描述（$n=3$）

	1	2	3	4	5	6	7	8	9
n	3	3	3	3	3	3	3	3	3
l	0	1	1	1	2	2	2	2	2
m	0	0	+1	−1	0	+1	−1	+2	−2
	$\psi_{3,0,0}$	$\psi_{3,1,0}$	$\psi_{3,1,1}$	$\psi_{3,1,-1}$	$\psi_{3,2,0}$	$\psi_{3,2,1}$	$\psi_{3,2,-1}$	$\psi_{3,2,2}$	$\psi_{3,2,-2}$

4. **自旋量子数（spin quantum number）**　用 n、l、m 三个量子数能够描述原子轨道的状态。然而，在进一步研究中又发现了一些难以解释的现象。如 1921 年，斯特恩（Stern O）和盖拉赫（Gerlach W）将碱金属原子束经过一个不均匀磁场射到一个屏幕上时，发现射线束分裂为两束并且向不同方向偏转。1925 年荷兰裔美国物理学家乌伦贝克（Uhlenbeck G）和古德斯密特（Goudsmit S）提出电子具有不依赖于轨道运动的固有磁矩。它们形象化地用电子的“自旋”运动来描述。

由上分析，碱金属原子束在磁场中的分裂现象，是由于电子自旋产生的。原子束一分为二，说明自旋磁矩可能只有两个取向（或顺着磁场方向，或逆于磁场方向）。于是，就有了自旋量子数 m_s，也称为自旋磁量子数或自旋角动量量子数，可取 $+\frac{1}{2}$ 和 $-\frac{1}{2}$ 两个值，用符号“↑”和“↓”表示，分别表示电子自旋的两种状态。引入电子的自旋假设后，就可以解释氢原子光谱的精细结构，并将核外电子运动理解为包含电子绕核轨道运动和自旋运动两个部分。因此，电子的运动状态则应由 n、l、m、m_s 四个量子数确定。

例 6-4　试用 n、l、m、m_s 四个量子数描述 $n=4$、$l=3$ 所有电子的运动状态。

解　$n=4$、$l=3$。m 可取 0、±1、±2、±3 共 7 个值。即有 7 个原子轨道。每个轨道中只能容纳 2 个自旋方向相反的电子，自旋量子数 m_s 为 $+\frac{1}{2}$ 和 $-\frac{1}{2}$。因此，共有 $2\times7=14$ 个电子。电子的运动状态描述见表 6-3。

表 6-3　电子运动状态（$n=4$、$l=3$）

	1	2	3	4	5	6	7	8	9	10	11	12	13	14
n	4	4	4	4	4	4	4	4	4	4	4	4	4	4
l	3	3	3	3	3	3	3	3	3	3	3	3	3	3
m	0	0	+1	+1	−1	−1	+2	+2	−2	−2	+3	+3	−3	−3
m_s	$+\frac{1}{2}$	$-\frac{1}{2}$	$+\frac{1}{2}$	$-\frac{1}{2}$	$+\frac{1}{2}$	$-\frac{1}{2}$	$+\frac{1}{2}$	$-\frac{1}{2}$	$+\frac{1}{2}$	$-\frac{1}{2}$	$+\frac{1}{2}$	$-\frac{1}{2}$	$+\frac{1}{2}$	$-\frac{1}{2}$

由此可见，在一个原子中没有运动状态完全相同的两个电子存在。

二、波函数的径向和角度分布图

电子在原子核外各区域中出现的概率是不均匀的，其计算比较复杂。相对而言，通过绘制原子轨道图形来解释电子在原子核外空间的概率密度分布和能量高低更加直观。

$\psi_{n,l,m}(r,\theta,\varphi)$是三维坐标的函数，它的图像一般是一些复杂的空间曲面，要画出ψ与r,θ,φ关系的图像很困难。因此，可以分别从径向和角度两个方面来考察ψ的性质，得到不同的图形。首先对$\psi_{n,l,m}(r,\theta,\varphi)$进行变量分离，可令$Y_{l,m}(\theta,\varphi)=\Theta(\theta)\cdot\Phi(\varphi)$，则式(6-8)可改写为

$$\psi_{n,l,m}(r,\theta,\varphi)=R_{n,l}(r)\cdot Y_{l,m}(\theta,\varphi) \tag{6-10}$$

其中$R_{n,l}(r)$称为波函数的径向部分或**径向波函数(radial wave function)**，它是电子离核距离r的函数，与n、l两个量子数有关。$Y_{l,m}(\theta,\varphi)$称为波函数的角度部分或**角度波函数(angular wave function)**，它是方位角θ和φ的函数，与l、m两个量子数有关，体现了原子轨道在核外空间的形状和取向。讨论原子轨道的分布图就可以从这两个方面进行。

1. 径向分布图 径向分布图可分为两种。一种是径向密度函数分布图$\{R_{n,l}^2(r)\sim r\}$，即径向密度函数$R_{n,l}^2(r)$与电子离核距离r之间的关系图，它表示在距核r范围内电子出现的平均概率密度(对不同方向求平均值)。如图6-5所示，对于s轨道，$r\to0$时，$R_{n,l}^2(r)$值最大，即离核越近电子出现的概率越大。2s比1s轨道多一个极值峰，3s比2s轨道多一个极值峰。对于p轨道，$r\to0$时，$R_{n,l}^2(r)$为0，3p比2p轨道多一个极值峰。对于d轨道，$r\to0$时，$R_{n,l}^2(r)$为0，3d轨道有一个极值峰。由$R_{n,l}^2(r)\sim r$图可知，电子在核外距核r的空间内出现的概率密度是不均匀的。

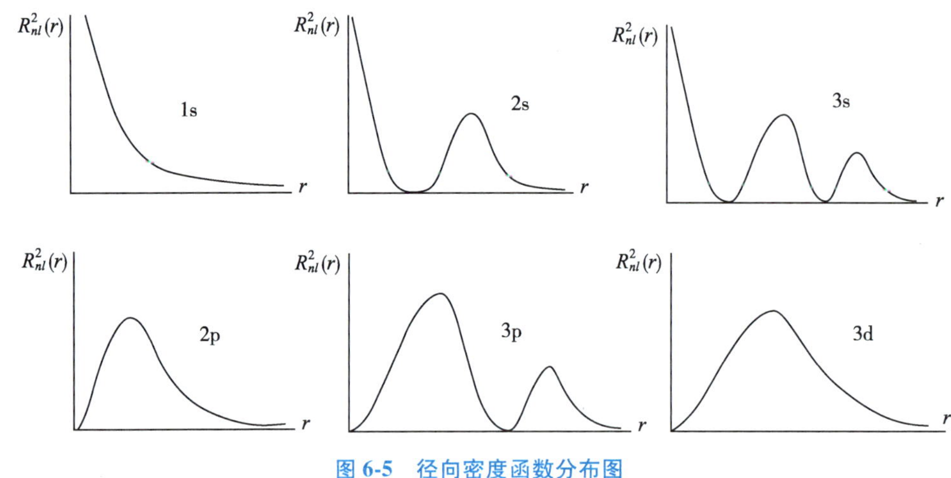

图6-5 径向密度函数分布图

为了便于讨论电子在不同r处的分布状况，又定义了第二种径向函数分布图$\{D(r)\sim r\}$，即径向分布函数$D(r)$与电子离核距离r之间的关系图，它表示在半径r处单位厚度球形壳层内电子出现的概率(图6-6)。如下所示

$$D(r)=r^2\cdot R_{n,l}^2(r)$$

以1s为例，在$r=0$处电子出现的概率密度大，即$R_{n,l}^2(r)$大，但是r小，所以$D(r)$小；在r很大的地方，电子出现的概率密度小，即$R_{n,l}^2(r)$小，所以$D(r)$也很小。因此，只有在其间某个r处，可达到$D(r)$的极大值。

图6-7为部分轨道的$D(r)\sim r$图。从图中可以看到，当n、l确定后，轨道应有$(n-l)$个径向极值(图中极大值)和$(n-l-1)$个径向节面(图中极小值)。如2s轨道，就有$2-0=2$个径向极值，有$2-0-1=1$个径向节面。1s轨道的极值出现在$a_0=53$ppm处，即玻尔半径。当l相同时，

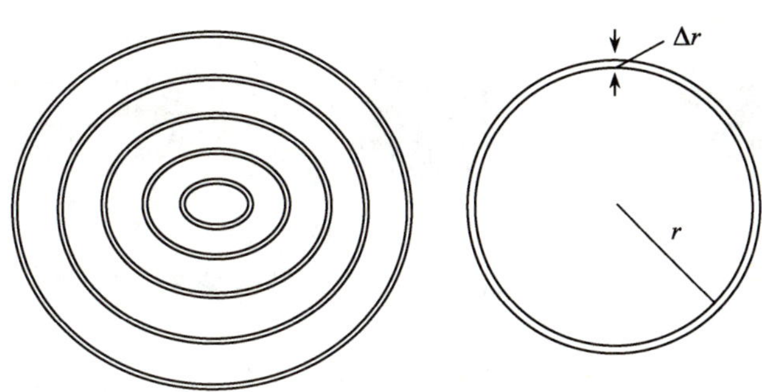

图 6-6　半径 r 处单位厚度球形壳层

n 越大，径向分布曲线的极值峰离核越远，但它的次级峰恰可出现在距核较近的周围空间，导致各轨道之间出现相互渗透的现象，这也反映了实物微粒的波动性。当 n 相同时，l 越小的轨道，它的第一个峰离核的距离越近（如 3s 比 3p 的第一峰离核近，3p 又比 3d 近）。换言之，l 越小的轨道的第一个峰钻得越深，这便是轨道的**钻穿效应（penetration effect）**。在多电子原子中，这种情况更为复杂。例如，4s 的第一个峰甚至钻到比 3d 的主峰离核更近距离之内了。

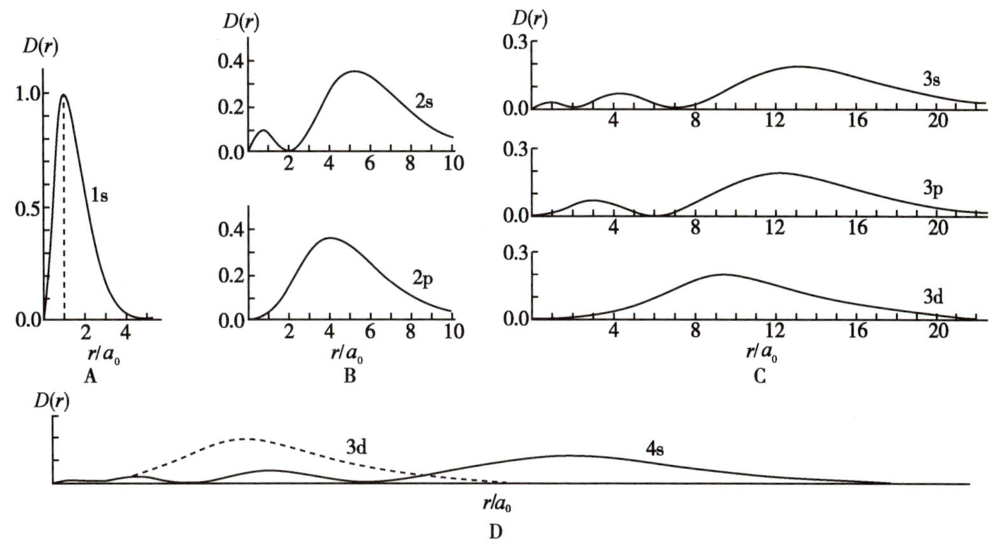

图 6-7　径向函数分布图

2. **角度分布图**　角度分布图也分为两种，一种是轨道角度分布图，一种是电子云角度分布图。

$Y_{l,m}(\theta,\varphi)$ 是波函数 $\psi_{n,l,m}(r,\theta,\varphi)$ 的角度部分，因而可借助于通过原点的一个或几个平面上 Y 函数的球极坐标剖面图来表示角度分布。

在球极坐标内描绘角度分布时，首先画一个三维直角坐标，将原子核放在原点。假设从原点开始，沿着一个给定的方向（θ 或 φ）到曲线上某点的距离与 Y 函数的绝对值成正比。于是，可根据 Y 函数的实函数形式，选定 θ（或 φ）为 0 或 $\pi/4$、$\pi/2$、… 等一些特殊角度作剖面，然后可在这些剖面上作 Y 随 θ（或 φ）变化的图，即**轨道角度分布图（orbital angular distribution diagram）**。图中标有“+”“-”号代表电子波动的位相，而不是电荷符号。

若用小黑点的疏密来表示空间各点概率密度 $|\psi|^2$ 的大小（图 6-8），小黑点密度大的地方就表示电子在那里出现的概率密度大，稀的地方则表示概率密度小，这样小黑点的疏密就形象地描绘了电子在空间的概率密度分布，形象地把这些小黑点称为“电子云”。

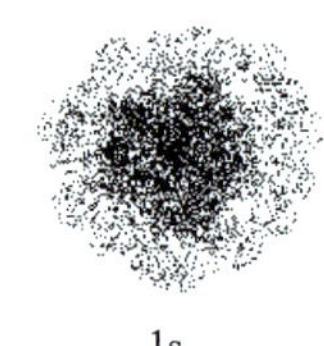

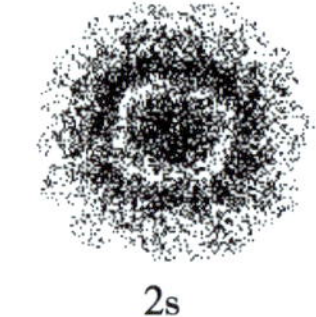

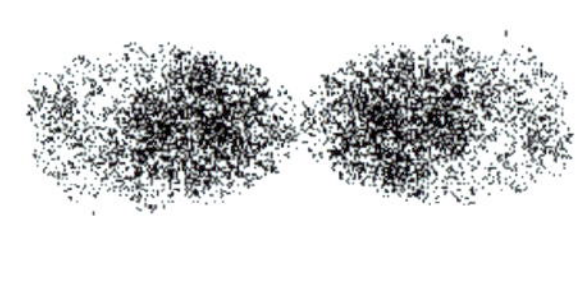

图 6-8　电子云表示的电子空间概率密度分布

电子在空间(r,θ,φ)点周围出现的概率正比于波函数的平方$|\psi_{n,l,m}(r,\theta,\varphi)|^2$，而$|\psi_{n,l,m}(r,\theta,\varphi)|^2=|R_{n,l}(r)\cdot Y_{l,m}(\theta,\varphi)|^2$，因此$|Y_{l,m}(\theta,\varphi)|^2$就是**电子云的角度分布函数(electron-cloud angular distribution function)**。它表示电子在(θ,φ)方向上单位立体角内出现的概率，亦表示在同一球面上(即r相同)各点概率密度的相对大小。$|Y_{l,m}(\theta,\varphi)|^2$随$\theta$(或$\varphi$)变化的图，即为**电子云角度分布图(electron-cloud angular distribution diagram)**。由于是$|Y|^2$，所以原先在轨道角度分布图中"+""-"号，在电子云的图形中就消失了。

下面以氢原子为例，分析其轨道角度分布图和电子云角度分布图，表 6-4 列出了氢原子 K 层和 L 层轨道的径向波函数和角度波函数。

表 6-4　氢原子的一些波函数

轨道	$\Psi_{n,l,m}(r,\theta,\varphi)$	$Y_{l,m}(\theta,\varphi)$
1s	$N_1\cdot e^{-zr/a_0}$	$\sqrt{\frac{1}{4\pi}}$
2s	$N_2\cdot\left(2-\frac{Z}{a_0}r\right)e^{-zr/2a_0}$	$\sqrt{\frac{1}{4\pi}}$
$2p_z$	$N_2\cdot\left(\frac{Z}{a_0}r\right)e^{-zr/2a_0}\cos\theta$	$\sqrt{\frac{3}{4\pi}}\cos\theta$
$2p_x$	$N_2\cdot\left(\frac{Z}{a_0}r\right)e^{-zr/2a_0}\sin\theta\cos\varphi$	$\sqrt{\frac{3}{4\pi}}\sin\theta\cos\varphi$
$2p_y$	$N_2\cdot\left(\frac{Z}{a_0}r\right)e^{-zr/2a_0}\sin\theta\cos\varphi$	$\sqrt{\frac{3}{4\pi}}\sin\theta\sin\varphi$

(1)s 轨道的角度分布图和电子云角度分布图：从表 6-4 可知，对于 s 轨道，它的角度波函数是一个大于 0 的常数，没有角度依赖性。各方向(θ,φ)上离核距离相等的点在空间连成一个球面，球面上各点 Y 值相等。图 6-9A 显示 s 轨道角度分布图的剖面图，图上标有"+"号；图 6-9B 为轨道角度分布的立体图形。如图 6-9C 为电子云角度分布图，可见 $Y^2_{l,m}(\theta,\varphi)$ 的图形也是球形，且图上没有"+""-"号。

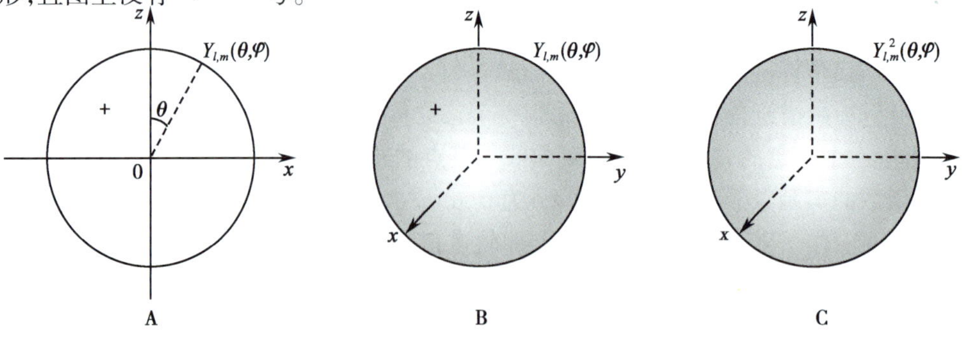

图 6-9　s 轨道和电子云的角度分布图

注：A. s 轨道剖面图；B. s 轨道立体图；C. s 电子云立体图

(2)p 轨道的角度分布图和电子云角度分布图：对于 p 轨道，它的角度波函数与方位角有关。以 p_z轨道为例，$Y_{p_z}=\sqrt{\frac{3}{4\pi}}\cos\theta$，$Y_{p_z}$值随角度变化如表 6-5 所示。

表 6-5 p_z轨道角度波函数与方位角的关系

θ	0°	30°	60°	90°	120°	150°	180°
$\cos\theta$	1	0.866	0.5	0	-0.5	-0.866	-1
Y_{p_z}	0.489	0.423	0.244	0	-0.244	-0.423	-0.489

从表 6-5 可知，在 x-z 坐标系中，从原点分别向不同角度方向引直线，使直线长度等于角度对应的 $|Y_{p_z}|$，如 30°方向对应的直线长度 $|Y_{p_z}|=0.423$，150°方向对应的直线长度 $|Y_{p_z}|=0.423$ 等，连接各直线的端点，得到围绕 z 轴的一个双波瓣形的球体。由图 6-10A 可见，其剖面图为双波瓣图形。两波瓣沿 z 轴方向伸展，相对于 xy 平面反对称，在 xy 平面上方 $Y_{p_z}>0$，标"+"号，下方 $Y_{p_z}<0$，标"-"号。在 xy 平面上 $Y_{p_z}=0$，这个平面称为**节面**(**nodal plane**)。

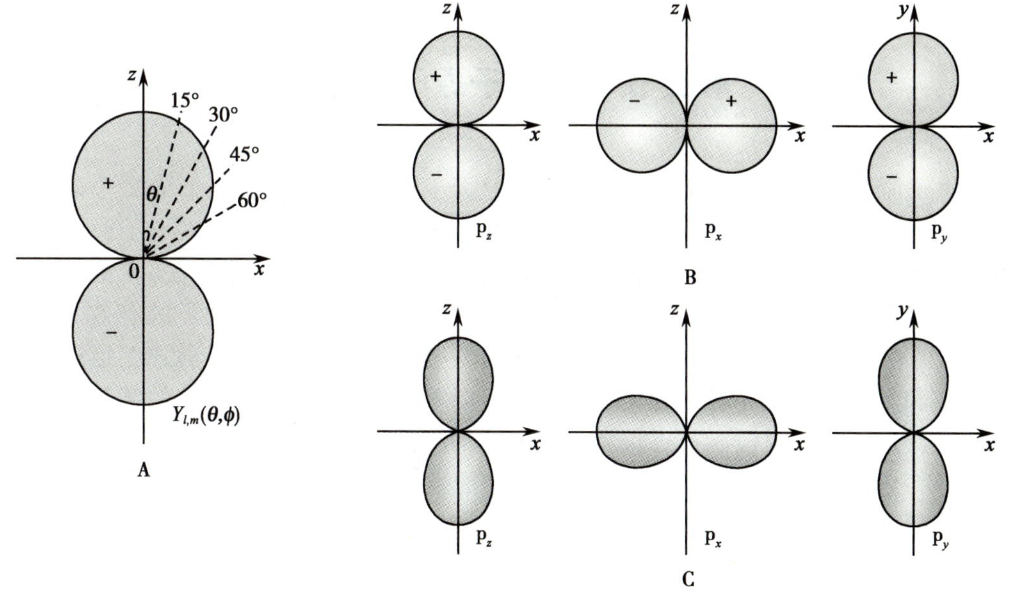

图 6-10 p_z轨道、p 轨道及电子云角度分布图

注：A. p_z轨道角度分布图；B. p 轨道角度分布图；C. p 电子云角度分布图

p 轨道的角量子数 $l=1$，磁量子数 m 可取 0，+1，-1 三个值，表明轨道在空间有三个伸展方向。$m=0$ 的 p_z轨道沿 z 轴方向伸展。$m=\pm1$ 时，可组合得到 p_x和 p_y轨道，其角度分布图形状与 p_z轨道相同，但分别沿 x 轴和 y 轴方向伸展。图 6-10B 是三个 p 轨道的角度分布图，图 6-10C是它们的电子云角度分布图。电子云角度分布图与相应的轨道角度分布图形状相似，但略"瘦"。

(3)d 轨道的角度分布图和电子云角度分布图：同样方法可以得到 d 轨道的角度分布图。d 轨道的角量子数 $l=2$，磁量子数 m 可取 0、+1、-1、+2、-2 五个值，表明轨道在空间有五个伸展方向。图 6-11A 和图 6-11B 分别为 d 轨道角度分布图和电子云角度分布图，这些图片有四个橄榄形波瓣，各有两个节面。d_{z}的图形很特殊，其形状犹如上下两个"气球"嵌在中间的一个

"轮胎"之中。电子轨道角度分布图中有"+""−"号，电子云角度分布图相对较瘦，且没有"+""−"号。

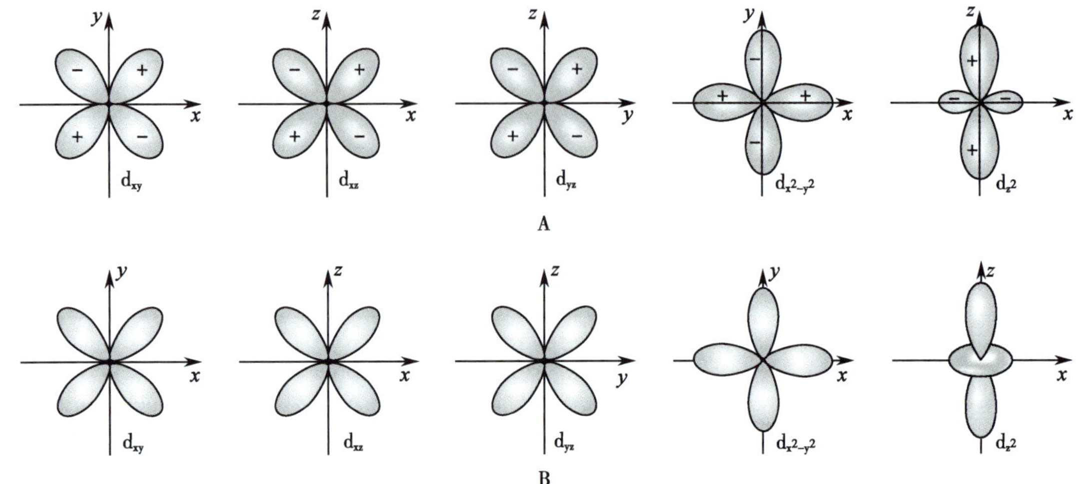

图 6-11　d 轨道及电子云角度分布图

注：A. d 轨道；B. d 电子云

第三节　多电子原子的结构

多电子原子与氢原子或类氢离子之间的主要区别在于它含有 2 个或 2 个以上的电子。由于电子间存在静电作用，且电子的位置瞬息万变，给精确求解多电子原子的波动方程带来困难。为克服这种困难，采用轨道近似方法（也称单电子近似法）来处理多电子体系，即假定多电子原子中每个电子都是在原子核的静电场及其他电子的有效平均负电场中"独立地"运动着。这样，既考虑了电子间的排斥位能，又同时在形式上把这种排斥位能变成和其他电子的相对位置无关。于是，体系中每个电子都在各自的某种等效平均势场中独立运动。轨道波函数也仅和一个电子的空间坐标有关，于是就定义这种单电子波函数 ψ_i 为多电子原子的原子轨道，其对应的能量 E_i 称为轨道能。所以，多电子原子的能级是近似能级。

一、多电子原子的能级

在单电子体系中，原子的能量是由主量子数 n 决定。即 $E=-13.6\times\frac{Z^2}{n^2}eV$，其中 Z 为核电荷数。n 相同的轨道能量相等，如 $E_{4s}=E_{4p}=E_{4d}=E_{4f}$；$n$ 越大能量越高，如 $E_{1s}<E_{2s}<E_{3s}<E_{4s}$。

在多电子体系中，设想原子中其他电子对某电子 i 的排斥作用与这些电子的瞬时位置无关，而是相当于它们屏蔽住原子核，抵消了部分核电荷对电子 i 的吸引力，这种作用称为对电子 i 的**屏蔽作用**（**screening effect**），可用电子的**屏蔽常数**（**screening constant**）σ 表示被抵消的原子核的正电荷。能吸引电子 i 的核电荷是**有效核电荷**（**effective nuclear charge**），用 Z^* 表示，在数值上等于核电荷数 Z 和屏蔽常数 σ 之差

$$Z^*=Z-\sigma \tag{6-11}$$

模拟单电子体系能量公式，将 $Z^*=Z-\sigma$ 代入能量公式，得到多电子体系中电子 i 的近似

能量为

$$E=-13.6\times\frac{Z^{*2}}{n^2}eV=-13.6\times\frac{(Z-\sigma)^2}{n^2}eV \quad (6\text{-}12)$$

可见，多电子体系中电子的能量与 n、Z、σ 有关。在估算 σ 值时，考虑以下因素：

1. 较内层电子，即钻穿较深的电子，对较外层电子的屏蔽常数在 0.85～1 之间。它们的钻穿深度差异愈大，屏蔽常数愈接近 1。

2. 同层电子，其钻穿深度相同，相互间屏蔽常数一般在 0.35 左右。

3. 较外层电子对较内层电子的屏蔽常数（外屏蔽效应）可略不计，$\sigma=0$。

当 l 相同时，n 越大，电子层数越多，外层电子受到的屏蔽作用越强，核对电子吸引越弱，轨道能级越高，如

$$E_{1s}<E_{2s}<E_{3s}<\cdots$$
$$E_{2p}<E_{3p}<E_{4p}<\cdots$$
$$\cdots$$

当 n 相同时，l 越小（如 3s），峰越多，第一个峰离核越近（见图 6-7C），即电子钻穿效应越强，电子出现在核附近的概率越大，受到其他电子的屏蔽作用减弱，受到有效电荷吸引越大，轨道能级越低。因此，能级顺序为 $E_{3s}<E_{3p}<E_{3d}$，类推得 $E_{ns}<E_{np}<E_{nd}<E_{nf}<\cdots$。

当 n、l 都不同时，如 3d 和 4s 轨道，有时 $E_{4s}<E_{3d}$，有时 $E_{3d}<E_{4s}$，其他的 4d 和 5s 轨道等也有类似情况。即在这些地方出现了能级"交错"现象（见图 6-7D），这种交错现象是由于 4s 轨道的三个峰钻穿至离核较近的地方，使得屏蔽效应减弱、电子能量降低所导致的。

美国化学家 Pauling L 根据光谱数据给出近似能级图（图 6-12）。图 6-12 中下方的轨道能量低，上方的能量高。按照箭头方向，由下而上得到轨道的近似能级顺序为

$$E_{1s}<E_{2s}<E_{2p}<E_{3s}<E_{3p}<E_{4s}<E_{3d}<E_{4p}<\cdots$$

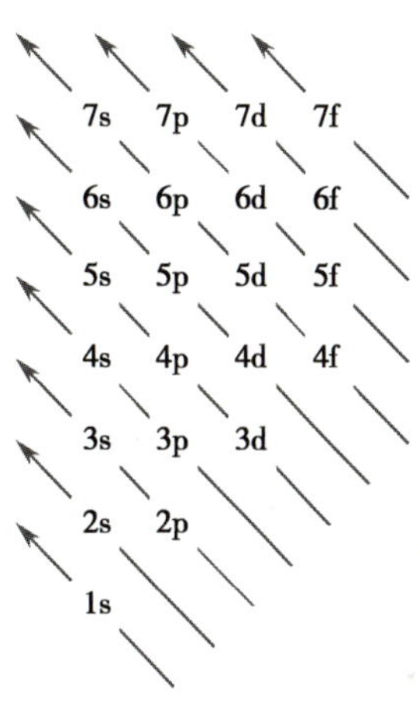

图 6-12　近似能级图

二、原子的核外电子排布

原子核外电子的排布方式，称为原子的**电子组态（electronic configuration）**。可用方框"□"表示一个原子轨道（图 6-13），s 亚层有 1 个轨道，p 亚层有 3 个简并轨道，d 亚层有 5 个简并轨道，f 亚层有 7 个简并轨道。

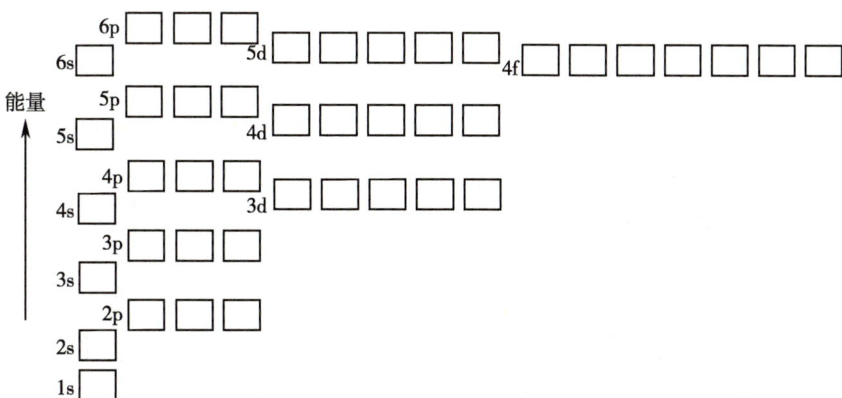

图 6-13　原子的电子组态的轨道方框图

电子在轨道中的排布遵循三条规律。

1. **泡利不相容原理** 在同一原子中,不能有 2 个或 2 个以上的电子具有完全相同的 4 个量子数 n、l、m、m_s,这条规律称为**泡利不相容原理(Pauli exclusion principe)**。也就是说,在每一个原子轨道中,只能容纳 2 个自旋方向相反的电子。这样,每个壳层所能容纳的电子数为 $2n^2$,故 s 亚层,可以充填 2 个电子,p、d、f 亚层,可分别充填 6、10、14 个电子。

2. **能量最低原理** 原子核外电子的排布,在符合泡利不相容原理的前提下,应尽可能使体系的总能量最低,这就是**能量最低原理(lowest energy principle)**,又称**构造原理(building-up principle)**。依据近似能级图(见图 6-12)顺序排布电子时,可得到使整个原子能量最低的电子组态。例如,基态的$_3$Li 原子,2 个电子占满 1s 轨道后,第 3 个电子填充到 2s 轨道,电子组态表示为 $1s^22s^1$;基态的$_{19}$K 原子,在 K、L、M 电子层填充了 18 个电子后,其最后一个电子不是填充到 3d 轨道中,而是填充到 4s 轨道,其电子组态表示为 $1s^2 2s^22p^63s^23p^64s^1$。

3. **洪特规则** 电子在简并轨道上排布时,应尽可能分占磁量子数 m 值不同的轨道,且自旋平行(m_s都取$+\frac{1}{2}$或$-\frac{1}{2}$)。这种排布方式使 2 个电子不必硬挤在同一个轨道上,故可减小电子间的排斥能,使原子的能量最低。例如,基态$_7$N 原子的组态是 $1s^22s^22p^3$,三个 2p 电子的运动状态是

$$2,1,0,+\frac{1}{2};2,1,1,+\frac{1}{2};2,1,-1,+\frac{1}{2}$$

也可以用原子轨道方框图表示为

	1s	2s	2p
$_7$N	↑↓	↑↓	↑ | ↑ | ↑

基态$_6$C 原子的组态是 $1s^22s^22p^2$,用原子轨道方框图表示为

	1s	2s	2p
$_6$C	↑↓	↑↓	↑ | ↑ |

书写电子组态时要按电子层顺序。如基态$_{21}$Sc 原子的电子组态应写成 $1s^22s^22p^63s^23p^63d^1 4s^2$,而不是 $1s^22s^22p^63s^23p^64s^23d^1$。

值得注意的是,在简并轨道上,电子全充满(如 p^6、d^{10}、f^{14})、半充满(如 p^3、d^5、f^7)或全空(如 p^0、d^0、f^0)时,原子的能量最低、最稳定。例如,基态$_{24}$Cr 原子的电子组态是 $1s^22s^22p^63s^23p^6 3d^54s^1$,而不是 $1s^22s^22p^63s^23p^63d^44s^2$;基态$_{29}$Cu 原子的电子组态是 $1s^22s^22p^63s^23p^63d^{10}4s^1$,而不是 $1s^22s^22p^63s^23p^63d^94s^2$。

例 6-5 按电子排布的规律,写出$_{22}$Ti、$_{47}$Ag 的基态原子的电子组态并用原子轨道方框图表示。

解 根据能量最低原理,将$_{22}$Ti 的 22 个电子从能量最低的 1s 轨道排起,每个轨道最多排 2 个电子,填满 3s、3p 轨道后,剩余 4 个电子,其中 2 个电子先填满 4s 轨道,剩下的 2 个电子填入 3d 轨道。$_{22}$Ti 的基态原子的电子排布式为 $1s^22s^22p^63s^23p^63d^24s^2$。用原子轨道方框图表示为

	1s	2s	2p	3s	3p	3d	4s
$_{22}$Ti	↑↓	↑↓	↑↓ | ↑↓ | ↑↓	↑↓	↑↓ | ↑↓ | ↑↓	↑ | ↑ | | |	↑↓

同理,根据能量最低原理,将$_{47}$Ag 的 47 个电子依次填入轨道,当填满 4s、4p 轨道后,剩余 11 个电子,根据半充满和全充满轨道能量最低原则,应先在 4d 轨道填满 10 个电子,在 5s 轨道填 1 个电子。$_{47}$Ag 的基态原子的电子排布式为 $1s^22s^22p^63s^23p^63d^{10}4s^24p^64d^{10}5s^1$。原子轨道方

框图表示为

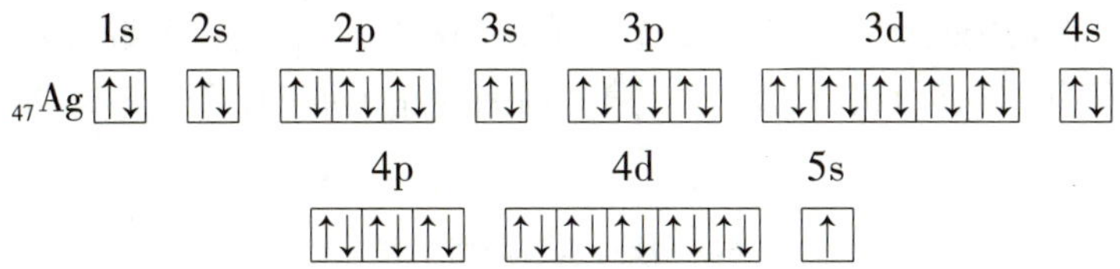

	1s	2s	2p	3s	3p	3d	4s
$_{47}Ag$	↑↓	↑↓	↑↓ ↑↓ ↑↓	↑↓	↑↓ ↑↓ ↑↓	↑↓ ↑↓ ↑↓ ↑↓ ↑↓	↑↓

4p	4d	5s
↑↓ ↑↓ ↑↓	↑↓ ↑↓ ↑↓ ↑↓ ↑↓	↑

例 6-6 按电子排布的规律，写出$_{18}Ar$、$_{36}Kr$、$_{54}Xe$ 的基态原子的电子组态。

解 $_{18}Ar$ 的基态原子的电子排布式为 $1s^2 2s^2 2p^6 3s^2 3p^6$

$_{36}Kr$ 的基态原子的电子排布式为 $1s^2 2s^2 2p^6 3s^2 3p^6 3d^{10} 4s^2 4p^6$

$_{54}Xe$ 的基态原子的电子排布式为 $1s^2 2s^2 2p^6 3s^2 3p^6 3d^{10} 4s^2 4p^6 4d^{10} 5s^2 5p^6$

如例 6-6，原子内层中满足稀有气体电子层结构的部分称为**原子芯(atomic core)**，在化学反应时一般不发生变化，该部分电子组态通常用稀有气体的元素符号加方括号进行简化表示。例如，基态$_{20}Ca$ 原子的电子组态 $1s^2 2s^2 2p^6 3s^2 3p^6 4s^2$，简化为[Ar]$4s^2$；基态$_{26}Fe$ 原子的电子组态是 $1s^2 2s^2 2p^6 3s^2 3p^6 3d^6 4s^2$，简化为[Ar]$3d^6 4s^2$。原子芯以外的电子层结构容易变化，引起元素氧化值的改变。因此，原子芯以外的电子常被称为**价电子(valence electron)**，价电子所处的电子层称为**价电子层或价层(valence scell)**。如基态$_{47}Ag$ 原子，电子组态为[Kr]$4d^{10} 5s^1$，它的价层电子组态为 $4d^{10} 5s^1$。

对于最外层存在 p 电子的原子，即使存在$(n-1)d^{10}$或$(n-2)f^{14}$电子结构，但其相对稳定，不属于价电子，故写价层电子组态时，不包含$(n-1)$d 或$(n-2)$f 电子。例如，基态$_{32}Ge$ 原子电子组态为[Kr]$3d^{10} 4s^2 4p^2$，它的价层电子组态表示为 $4s^2 4p^2$。

问题与思考 6-1

原子核外电子排布的规律是什么？为什么在同一原子中，不能有 2 个或 2 个以上的电子具有相同的 4 个量子数？

第四节 元素周期表与元素性质的周期性

元素的性质及其变化规律与原子的结构有密切关联。随着原子结构理论的形成，元素在元素周期表排列方式以及元素周期性变化规律与原子结构之间的关系也逐步确立。

一、原子的电子组态与元素周期表

元素周期表把一些看似互不相关的元素统一起来，组成了一个完整而有周期性变化规律的体系。根据元素大量光谱数据总结出来的原子电子组态，从微观角度揭示了元素周期性变化规律的本质。

(一) 能级组和元素周期

我国化学家徐光宪建议把$(n+0.7l)$值的整数部分相同的各能级合为一组，称为能级组，按整数值称为某能级组。

每个能级组对应周期表的一个**周期(period)**(表 6-6)。1s 能级为第 1 能级组，对应第 1 个周期。此后，每个能级组均由 s 能级开始，p 能级结束。因每个周期元素原子的外层电子结构均从 s^1开始到 s^2p^6结束，故每个能级组含有的元素数目与其最多容纳的电子数相同。例如，第 4 周期元素，原子外层电子结构从 $4s^1$ 开始到 $4s^2 4p^6$ 结束，其中还有 3d 能级组，最多可容纳 10 个电子。因此，第 4 周期最多可容纳 18 个电子，有 18 个元素。各周期所能容纳最多电子数或元素的数目分别为 2、8、8、18、18、32、32。第 1 周期为超短周期，第 2、3 周期是短周期，其后为长周期。

表 6-6 能级组与周期序列

能级	n+0.7l	能级组	最多能容电子数	对应周期	每个周期含元素数
1s	1.0	1	2	1	2
2s	2.0	2	8	2	8
2p	2.7				
3s	3.0	3	8	3	8
3p	3.7				
4s	4.0	4	18	4	18
3d	4.4				
4p	4.7				
5s	5.0	5	18	5	18
4d	5.4				
5p	5.7				
6s	6.0	6	32	6	32
4f	6.1				
5d	6.4				
6p	6.7				
7s	7.0	7	32	7	32
5f	7.1				
6d	7.4				
7p	7.7				

例 6-7 预测第 6 周期完成时共有多少个元素？最后一个元素原子序数是多少？

解 按电子排布规律，第 6 周期从 6s 能级开始填充，然后依次是 4f、5d、6p 能级。6s、4f、5d、6p 能级分别有 1、7、5、3，共 16 个轨道，最多能填充 32 个电子。因此，第 6 周期完成时共有 32 个元素。最后一个元素的原子充数 $Z=2+8+8+18+18+32=86$。

（二）价层电子组态与族

元素周期表中，总体上将基态原子的价层电子组态相似的元素归为一列，称为**族**(**group**)，共 16 族，其中主族、副族各 8 个。主族和副族元素的性质差异与价层电子组态密切相关。

1. 主族 最后一个电子填充在 s、p 轨道的元素属于主族，包括ⅠA 至ⅧA 族，其中ⅧA 族又称 0 族。主族元素的内层轨道全充满，最外层电子组态从 ns^1、ns^2 至 $ns^2np^{1\sim6}$，最外层为价层，价层电子总数等于族数。H 和 He 比较特殊，只有一个电子层，H 电子组态为 $1s^1$，属于ⅠA 族，而 He 电子组态为 $1s^2$，属于 0 族。

2. **副族**　最后一个电子填充在 d、f 轨道的元素属于副族，包括ⅠB 至ⅧB 族。副族元素一般是次外层 $(n-1)$d 或倒数第三层 $(n-2)$f 轨道上有电子填充，$(n-2)$f、$(n-1)$d 和 ns 电子都是价层电子。第 1、2、3 周期没有副族元素。第 4、5 周期各有 10 个副族元素，第 4 周期 3d 轨道被电子填充，第 5 周期 4d 轨道被电子填充；ⅠA、ⅡA 族之后的ⅢB～ⅦB 族，$(n-1)$d 及 ns 轨道上电子数的总和等于族数；ⅧB 族有三列元素，其 $(n-1)$d 及 ns 轨道上电子数的总和为 8～10。排在 B 族最右侧的ⅠB、ⅡB 族中的元素，次外层 $(n-1)$d 电子轨道上充满了 10 个电子，ns 电子数是 1 和 2，等于族数。第 6、7 周期，ⅢB 族是镧系或锕系元素，它们各有 15 个元素，其电子结构特征是 $(n-2)$f 轨道被填充并最终被填满，$(n-1)$d 轨道上电子数大多为 1 或 0。ⅣB 族到ⅡB 族元素的 $(n-2)$f 轨道全充满，$(n-1)$d 和 ns 轨道的电子结构大体与第 4、5 周期相应的副族元素类似。

（三）价层电子组态与元素分区

根据价层电子组态的特征，元素周期表中的元素可分为 5 个区（图 6-14）。

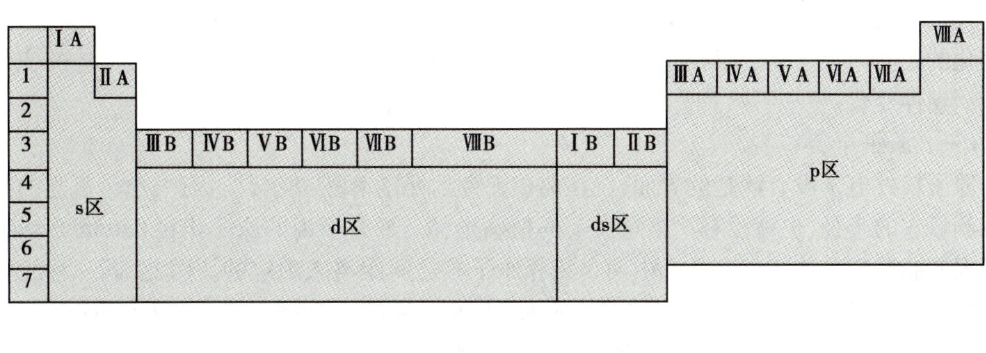

图 6-14　周期表中元素的分区

1. **s 区元素**　价层电子组态是 ns^1、ns^2，包括ⅠA、ⅡA 族。除 H 以外都是金属，在化学反应中容易失去 1 个或 2 个 s 电子变成氧化值为+1 或+2 的离子。在化合物中没有可变化的氧化值。H 在一般化合物中的氧化值为+1，在金属氢化物中为−1。

2. **p 区元素**　价层电子组态是 $ns^2np^{1\sim6}$（除 He 为 $1s^2$），包括ⅢA～ⅧA 族，大部分是非金属元素。ⅧA 族是稀有气体。p 区元素多数具有可变氧化值，化学性质活泼。

3. **d 区元素**　价层电子组态是 $(n-1)d^{1\sim8}ns^2$ 或 $(n-1)d^9ns^1$ 或 $(n-1)d^{10}ns^0$，包括ⅢB～ⅧB 族，都是金属元素。每种元素都有多种氧化值，大多数含有未充满的 d 轨道，易成为配位化合物的中心原子。

4. **ds 区元素**　价层电子组态为 $(n-1)d^{10}ns^{1\sim2}$，包括ⅠB、ⅡB 族。次外层 $(n-1)$d 轨道是全充满的。它们都是金属，有可变氧化值。

5. **f 区元素**　价层电子组态一般为 $(n-2)f^{0\sim14}(n-1)d^{0\sim2}ns^2$，包括镧系和锕系元素。它们最外层、次外层电子数目大都相同，只有 $(n-2)$f 亚层电子数目不同，所以镧系和锕系中各元素化学性质极为相似。它们都是金属，也有可变氧化值，常见氧化值为+3。

过渡元素（transition element）最初指ⅧB 族元素，后来扩大到全部副族元素。其中镧系和锕系元素因有电子填充在内层的 $(n-2)$f 轨道上，故称为**内过渡元素（inner transition element）**。镧系元素以及与之在化学性质上相近的钪（Sc）和钇（Y）共 17 个元素总称为**稀土元**

素（rare earth element）。过渡元素都是金属元素，除46号钯（Pd）外，过渡元素原子的最外层都只有1~2个s电子，它们的$(n-1)$d轨道未充满或充满，$(n-2)$f轨道也未充满，所以常有多种氧化值，性质与主族元素有较大差别。

原子的电子组态与元素在周期表中的位置密切关系。一般可以根据元素的原子序数，写出该原子的电子组态，推断它在周期表中的位置；或根据元素在周期表中的位置，推得它的原子序数，写出它的电子组态，进而预测它的氧化值和性质。

例 6-8　已知某元素的原子序数为29，试写出该元素基态原子的电子组态，并指出该元素所属周期、族和区。

解　该元素原子有29个电子，电子组态为$1s^22s^22p^63s^23p^63d^{10}4s^1$，或写成$[Ar]3d^{10}4s^1$。最外层主量子数$n=4$，3d、4s能级的$n+0.7l$值分别为4.4、4.0，属于第4能级组，所以该元素在第4周期。次外层d电子全充满，最外层s电子数为1，所以它属于ⅠB族、ds区。

二、元素性质的周期性变化

元素性质随原子序数的递增而呈现周期性变化的规律即元素周期律，是原子结构的周期性变化的必然结果。原子半径、元素电离能、电子亲和势和电负性等，都随原子结构的变化而呈现周期性变化。

（一）原子半径

原子核外电子没有清楚的界面，仅在离核无穷远处概率密度为零。因此，单个孤立的原子无法测量它的半径，也就没有严格意义上的精确半径。通常所说的**原子半径（atomic radius）**是根据实验测定晶体或气态分子中两个相邻原子核之间距离来确定的。因此，同一种元素的原子根据存在状态不同可有多种半径。例如，**共价半径（covalent radius）**、**van der Waals半径（van der Waals radius）**、**金属半径（metallic radius）**。表6-7分别列举了Cl原子和Na原子的三种半径。当两个同种原子以共价键结合时，原子核间距离的一半即为该原子的共价半径，因共价键存在共用电子，因此共价半径通常小于van der Waals半径和金属半径。共价键有单键、双键和三键之分，它们的共价半径也不相等。例如，碳原子的共价半径r(单)=77pm，r(双)=67pm，r(三)=60pm。金属半径是指金属单质的晶体中相邻两个原子核间距离的一半。van der Waals半径指分子晶体中靠van der Waals力相互吸引的相邻不同分子中的两个相同原子核间距离的一半。由于分子间存在距离，van der Waals半径通常大于其他半径。图6-15为三种半径模拟示意图。我们讨论的原子半径通常指共价半径。

表 6-7　Cl 原子和 Na 原子的三种半径

原子	共价半径/pm	金属半径/pm	van der Waals 半径/pm
Cl	99	—	198
Na	157	186	231

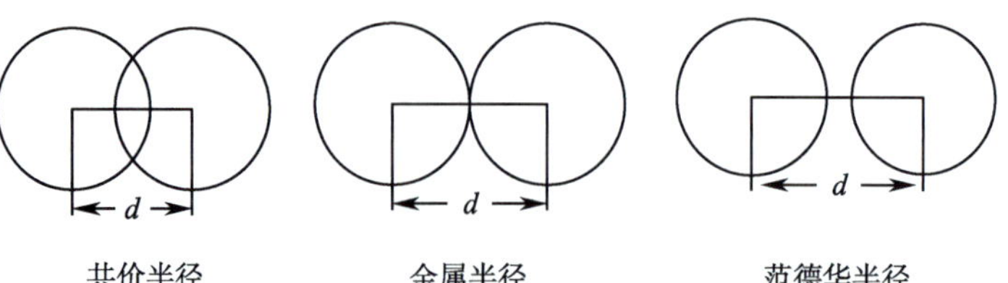

图 6-15　三种原子半径模拟示意图

原子半径的周期性变化规律与原子的有效核电荷和电子层数目密切相关。

同一周期，影响原子半径大小的因素有两个：①核电荷数 Z 增大，对电子吸引力增大，使原子半径 r 有减小的趋势；②核外电子数增加，电子之间排斥力增大，使得原子半径 r 有增大的趋势。

同一周期主族元素，随原子序数增加，原子半径明显逐渐减小。这是因为主族元素随原子序数增加，新增电子填充在最外层的 s 或 p 轨道上，对屏蔽常数的贡献小，有效核电荷数 Z^* 增加较多，核电荷数的增加对电子引力占主导作用。以第 3 周期为例，从原子金属半径比较可见，从 Na 到 S 的 6 个元素，r 减少了 80pm(表 6-8)。

表 6-8 第 3 周期元素原子半径

原子	Na	Mg	Al	Si	P	S	Cl	Ar
r/pm	186	160	143	118	108	106	—	—

同一周期过渡元素，原子半径随原子序数增大，先减小后增加，且减小的幅度小于主族元素。过渡元素新增电子大多数填在价层的(n-1)d 或(n-2)f 轨道上，对外层电子的屏蔽较强，有效核电荷数 Z^* 增加少，原子核对外层电子的吸引力增加少，因此，随原子序数增大原子半径减小的幅度变小。以第 4 周期的第一过渡系列为例，从 Sc 到 Ni 的 8 个元素，原子半径 r 减少了 38pm(表 6-9)。Cu、Zn 元素的原子半径与其前面几种元素的原子半径相比未减反升，这是因为当原子的电子构型为半充满或全充满(即 d^5、d^{10}、f^7、f^{14})时，层中电子的对称性高，对核电荷的屏蔽能力强，有效核电荷数 Z^* 增加更少，电子间的斥力占主导作用，因此原子半径增大。内过渡元素有效电荷变化不大，原子半径几乎不变。以镧系为例，从 La 到 Lu 的 15 个元素，原子半径共减小 9pm，这一现象称为镧系收缩，镧系收缩使 15 个元素半径相近、性质相似、分离困难。

表 6-9 第 4 周期第一过渡系列元素原子半径

原子	Sc	Ti	V	Cr	Mn	Fe	Co	Ni	Cu	Zn
r/pm	162	147	134	128	127	126	125	124	128	134

同一主族元素的原子半径从上到下明显增大。从上到下电子层数增多，由于最外层电子离核越来越远和内层电子的屏蔽效应，有效核电荷数增加缓慢，导致原子半径明显增大。以ⅠA为例，从 Li 到 Cs 原子半径增大幅度较大(表 6-10)。

表 6-10 第一主族元素原子半径

原子	Li	Na	K	Rb	Cs
r/pm	152	186	232	248	265

与主族元素一样，同一副族的元素，从上到下随电子层数的增加原子半径增大。但第 5 与第 6 周期同族过渡元素的原子半径相近，这一现象也是受到镧系收缩的影响，导致这些元素在矿石中共生，难以分离(表 6-11)。

表 6-11　副族元素原子半径

周期	原子	r/pm	原子	r/pm	原子	r/pm	原子	r/pm	原子	r/pm
4	Ti	147	V	134	Cr	128	Mn	126	Fe	128
5	Zr	160	Nb	146	Mo	139	Tc	136	Ru	134
6	Hf	159	Ta	146	W	139	Re	137	Os	135

（二）元素的电离能、电子亲和势和电负性

某元素 1mol 基态气态原子，失去最高能级的 1mol 电子，形成 1mol 气态离子 M^+｛如 $M(g) \longrightarrow M^+(g)+e$｝所吸收的能量，称为这种元素的第一**电离能（ionization energy）**，用 I_1 表示。

1mol 基态气态离子 M^+ 继续失去最高能级的 1mol 电子，形成 1mol 气态二价离子 M^{2+}｛如 $M^+(g) \longrightarrow M^{2+}(g)+e$｝所吸收的能量，称为这种元素的第二电离能，用 I_2 表示。同理，可知 I_3、I_4、…I_n。

元素的电离能用以衡量某元素的原子或离子失去电子的难易程度。各元素原子的 I_1 也呈周期性变化。总体上，同一周期元素从左到右，原子半径减小、有效核电荷数增大，I_1 逐渐增加。短周期主族元素 I_1 从左到右逐渐增加（表 6-12），但也有例外，N 的 I_1 比 O 的高、Be 的 I_1 比 B 高。这是由于 N 最外层 2p 轨道上 3 个电子刚好半充满，状态稳定。Be 的 1s 轨道全充满，也相对于 B 稳定。同一主族元素自上而下 I_1 逐渐减小，这是因为电子层数增加，外层电子离核更远，有效核电荷增加不多，外层电子受核引力减小，最外层电子更容易失去。

表 6-12　主族元素的电离能

原子	Li	Bi	B	C	N	O	F	Ne
$I_1/(kJ \cdot mol^{-1})$	520	900	801	1 086	1 402	1 314	1 681	2 081

气态的基态原子获得一个电子成为负一价气态离子时所放出的能量，称为**电子亲和势（electron affinity）**。它反映元素结合电子的能力，其变化规律总的来说是卤族元素的原子结合电子放出能量较多，易与电子结合；金属元素原子结合电子放出能量较少甚至吸收能量，难与电子结合形成负离子。

元素的电离能和电子亲和势反映了原子失电子或得电子能力，可以在一定程度上判断金属性和非金属性。除了稀有气体以外，一般是电离能越小，金属性越强（只比较金属）。N 的 I_1 虽然大于 O，但是不能因此说明 N 的非金属性比 O 强，所以电离能不用来比较非金属。一般来说亲和能越小，非金属性越强（只比较非金属），但是亲和势越小非金属性不一定最强，Cl 的电子亲和势是所有元素中最小的（比 F 还要小），但是 F 的非金属性明显最强。另外，有的原子既难失去电子又难得到电子，如 C、H 原子。因此，单独用电离能或电子亲和势反映元素的金属、非金属活泼性有一定的局限性。

1932 年，Pauling L 综合考虑电离能和电子亲和势，提出了元素**电负性（electronegativity）**的概念，用符号 χ 表示。用这个相对的数值衡量分子中原子对成键电子吸引能力的相对大小。电负性大者，原子在分子中吸引成键电子的能力强；反之就弱。确定 F 的电负性最大，再依次定出其他元素的电负性值，见表 6-13。

表 6-13　元素的电负性

H 2.18																	He
Li 0.98	Be 1.57											B 2.04	C 2.55	N 3.04	O 3.44	F 3.98	Ne
Na 0.93	Mg 1.31											Al 1.61	Si 1.90	P 2.19	S 2.58	Cl 3.16	Ar
K 0.82	Ca 1.00	Sc 1.36	Ti 1.54	V 1.63	Cr 1.66	Mn 1.55	Fe 1.80	Co 1.88	Ni 1.91	Cu 1.90	Zn 1.65	Ga 1.81	Ge 2.01	As 2.18	Se 2.55	Br 2.96	Kr
Rb 0.82	Sr 0.95	Y 1.22	Zr 1.33	Nb 1.60	Mo 2.16	Tc 1.90	Ru 2.28	Rh 2.20	Pd 2.20	Ag 1.93	Cd 1.69	In 1.73	Sn 1.96	Sb 2.05	Te 2.10	I 2.66	Xe
Cs 0.79	Ba 0.89	La 1.10	Hf 1.30	Ta 1.50	W 2.36	Re 1.90	Os 2.20	Ir 2.20	Pt 2.28	Au 2.54	Hg 2.00	Tl 2.04	Pb 2.33	Bi 2.02	Po 2.00	At 2.20	

随着原子序号的递增,元素的电负性呈现周期性变化。同一周期,从左到右元素电负性递增;同一主族,自上而下元素电负性递减;副族元素的电负性没有明显的变化规律。电负性大的元素集中在元素周期表的右上角,电负性小的元素集中在左下角。

元素的电负性主要有下列几种应用。

(1)判断元素的金属性和非金属性:一般认为,电负性>2.0 的是非金属元素,<2.0 的是金属元素,在 2.0 左右的元素既有金属性又有非金属性。非金属元素的电负性越大,非金属元素越活泼;金属元素的电负性越小,金属元素越活泼。氟的电负性最大,是最活泼的非金属元素;钫的电负性最小(0.7),是最活泼的金属元素。

(2)判断化合物中元素氧化值的正负:电负性小的元素在化合物中吸引电子的能力弱,元素的氧化值为正值;电负性大的元素在化合物中吸引电子的能力强,元素的氧化值为负值。

(3)判断分子的极性和键型:电负性相同的非金属元素化合形成化合物时,形成非极性共价键,其分子都是非极性分子;电负性相差不大的两种元素的原子之间形成极性共价键,为共价化合物;电负性相差很大的两种元素化合时,形成离子键,为离子化合物。

临床应用拓展阅读

元素与人体健康

迄今为止,已经命名的元素有 118 种,其中 81 种元素在生命体内存在,统称为生命元素(biological element)。占人体质量 0.05%以上的元素称为常量元素(macroelement);含量低于 0.05%的称为微量元素或痕量元素(microelement or trace element)。按在人体正常生命活动中的作用,元素还可分为必需元素(essential element)和非必需元素(non-essential element)。必需元素包括 11 种常量元素(钠、钾、钙、镁等 4 种金属以及氧、碳、氢、氮、磷、硫、氯等 7 种非金属)和 18 种微量元素。常量元素集中在周期表中前 20 种元素之内。

多数必需微量元素居于周期表中第 4 周期,其作用涉及生命组成及其活动的各个方面。①人体组织的最主要成分:氢、氧、碳、氮、硫、磷是蛋白质、核酸、糖、脂肪的主要构成元素,是生命活动的基础;钙、磷、镁是骨骼、牙齿的重要成分。②参与组成某些具有特殊功能的物质:例如,碘是甲状腺激素的必需成分,铁是血红蛋白的组分,微量存在的锌、钼、锰、铜可作为酶的活性中心，有的还可作为酶的激活剂或抑制剂。③维持体液的渗透压。④保持机体的酸碱平衡和电解质平衡。⑤维持神经和肌肉的应激性。

元素的生物效应与其在周期表中的位置也有密切关系。总体上，s、p 区元素对生命体的作用，从上到下、从左到右，都是营养作用减弱、毒性增强。

有毒或有害元素中，铅、镉、汞、铊等金属对环境的污染会造成人体健康危害。单质铅及其化合物均有剧毒，它们主要是危害造血系统、神经系统和肾脏，对儿童智力也会产生不可逆的影响。多吃含铁丰富的食物，可增强血液铁和血红素的亲和作用，促进血红素与铅的解离，具有一定排铅效果。汞及其大部分化合物都有毒，有机汞毒性大于无机汞。镉中毒会导致骨痛病，第二次世界大战后，日本发生的“镉米”慢性中毒，就是由于上游锌冶炼厂排出的含镉废水污染稻田所致。铊处于周期表的第 6 周期ⅢA 族，铊及其化合物均有毒，铊中毒的表现是毛发脱落，有效排毒剂是亚铁氰化铁。

本章小结

原子结构是研究物质性质和变化规律的基础。玻尔提出了原子结构的量子理论，为原子结构提供了重要的模型理论。德布罗意提出电子等实物微粒具有波粒二象性，其在空间不能同时具有精确的坐标和动量，即具有“不确定关系”。

用波函数 ψ 可以描述粒子的运动状态，其统计意义是在某一时刻，粒子在空间某点出现的概率密度与该时间、该点波函数绝对值的平方 $|\psi|^2$ 成正比。薛定谔建立了描述微观粒子运动状态的薛定谔方程，该方程的解即为波函数。为了能用薛定谔方程合理的解描述电子运动状态，需要引入三个量子数，即主量子数 n、角量子数 l 和磁量子数 m。对于确定的 n、l、m，就能获得一个确定的原子轨道 $\psi_{n,l,m}(r,\theta,\varphi)$。其中，主量子数决定了轨道的能量，角量子数决定了轨道的形状，在多电子体系也影响了轨道的能量，磁量子数决定了轨道在空间的伸展方向，三者的取值都有特殊的要求。电子的运动存在两种自旋状态，可用自旋量子数 m_s 表示。所以，电子的运动状态需用 n、l、m、m_s 四个量子数来描述。波函数的图形更直观描述了电子在原子核外空间的概率密度分布和能量高低，合理地解释了钻穿效应。

采用了轨道近似法可近似研究多电子原子的核外电子运动状态。在多电子原子体系中，内层或同层电子对外层电子有屏蔽作用，可利用屏蔽常数表示被抵消的原子核的正电荷，得到被吸引电子的有效核电荷。Pauling L 根据光谱数据给出多电子体系能级近似图。原子的核外电子排布遵循泡利不相容原理、能量最低原理和洪特规则。根据电子的排布规律可写出基态原子的电子组态。

原子结构与元素的性质有密切联系，原子的电子组态从微观角度揭示了元素周期表中元素性质周期性变化的本质。

习题

1. 玻尔从氢原子结构研究中得到的假设有哪几个方面？他的定态以及“定而不死”的概念是如何初步揭开氢原子光谱线和“原子不塌陷”之谜的？

2. 戴维逊和革末做的电子束在镍单晶上反射及汤姆逊做的电子衍射实验证实了德布罗

意的什么假设？宏观物质具有波动性吗？

3. 电子的波动性和粒子性在统计意义上有何联系？

4. 微观粒子波粒二象性的必然结果——不确定关系是指什么？宏观的物体是否也具有不确定关系？为什么？

5. 四个量子数分别是什么？它们取值一定时，波函数能代表什么？

6. 写出下列各轨道或能级的名称

(1)$n=2,l=0$　(2)$n=2,l=1$　(3)$n=3,l=2$

(4)$n=5,l=2$　(5)$n=4,l=0$

7. 推算 $n=2$ 时原子轨道的数目，并用 n、l、m 对每个轨道加以描述。

8. 下列各"亚层"哪些可能存在？包含多少简并轨道？

(1)2p　(2)2d　(3)3f　(4)4f　(5)5d

9. 试以 4s 轨道能级有时候比 3d 轨道能级的能量低为例，解释为什么会出现能级交错现象？

10. 下列说法正确的是

(1)单电子体系，n 相同的轨道能量相等，$E_{4s}=E_{4p}=E_{4d}=E_{4f}$。

(2)单电子体系，n 越大能量越低，$E_{1s}>E_{2s}>E_{3s}>E_{4s}$。

(3)多电子体系，当 l 相同时，n 越大，轨道能级越高 $E_{1s}<E_{2s}<E_{3s}$。

(4)多电子体系，当 n 相同时，轨道 l 越小，轨道能级越低，$E_{3s}<E_{3p}<E_{3d}$。

(5)多电子体系，当 n、l 都不同时，如 3d 和 4s 轨道，有时 $E_{4s}<E_{3d}$ 有时 $E_{3d}<E_{4s}$。

11. 写出下列原子或离子的电子排布式及原子芯表示的电子排布式 Ag、Ag^{+}、Zn、Zn^{2+}、Cu、Cu^{+}。

12. 某元素的核外有 24 个电子，它的电子排布式是什么？它在周期表中的哪个周期？哪个族？什么区？

13. 同一周期的主族元素，第一电离能 I_1 总的趋势是随着原子序数增加而增加，但为什么第 2 周期 N 的 I_1 比 O 的高？第 3 周期的 P 的 I_1 也会比 S 的高吗？为什么？

14. 将下列原子的电负性由高到低排序，并解释理由。

P、F、S、Ca、Zn

15. 满足下列各种价层电子排布的基态原子，分别是哪一个元素或属于哪一族？

(1)具有 1 个 p 电子。

(2)$n=4$ 和 $l=0$ 轨道中具有 2 个电子，$n=3$ 和 $l=2$ 轨道中有 6 个电子。

(3)3d 亚层全充满，4s 亚层只有一个电子。

16. 碘是甲状腺素的必需成分，缺碘会导致甲状腺肿和地方性克汀病（呆小病），防治碘缺乏最有效的方法是食用加碘盐。碘的价层电子排布式是什么？其在周期表的哪个周期、族和区？该族非金属元素有哪些？电负性大小顺序是什么？谁的氢化物还原性最强？

17. 三价铬为人体必需微量元素，在生物体内能与较弱的有机配体或无机配体结合而发挥生理作用。但是铬的最高氧化值离子却具有很强的毒性，当它的氧化值在生物体内还原为+3 时，就会抑制谷胱甘肽还原酶活性，使血红蛋白变成高铁血红蛋白而失去携氧能力，机体就会产生各种中毒症状。试根据铬在周期表中位置，推测铬的最高氧化值是多少？

18. 氧合与脱氧血红蛋白含二价铁，才能起到转运氧的作用，若血红蛋白中的二价铁氧化成三价铁，则失去转运氧的作用。误食硝酸盐，会使血液中的 Fe^{2+} 氧化为 Fe^{3+}，试用原子结构的理论解释为什么 Fe^{2+} 易被氧化为 Fe^{3+}？

19. 预测第 7 周期完成时共有多少个元素？最后一个元素原子序数是多少？

20. 下列说法正确的是

(1)一般认为,电负性>2.0 的是金属元素。
(2)非金属元素电负性越大,非金属元素越活泼。
(3)氟的电负性最大,是最活泼的非金属元素。
(4)钫的电负性最小,是最不活泼的金属元素。
(5)电负性大的元素在化合物中氧化值为负值。
(6)电负性差值<1.7 的两种元素的原子之间易形成共价键。

(李 森)

第七章　共价键与分子间力

学习目标

【掌握】现代价键理论；共价键的特征；σ 键和 π 键；杂化轨道理论的基本要点；s-p 型杂化；等性和不等性杂化；分子间力及氢键的类型。

【熟悉】分子间力的特点及产生原因；氢键的形成条件、特征及其对物质物理性质的影响。

【了解】键参数；离域 π 键的产生条件；价层电子对互斥理论的基本内容。

化学键(chemical bond)是存在于分子或晶体中相邻原子或离子之间的强烈相互作用力。根据结合力性质的不同，化学键可分为离子键、共价键(含配位键)和金属键。以共价键相结合的化合物占已知化合物的90%以上。分子和分子之间还存在着一种较弱的相互作用力，使分子聚集成液体或固体，这种分子之间较弱的相互作用力称为**分子间力(intermolecular force)**。范德瓦尔斯力(van der Waals force)和氢键是最常见的两类分子间力，其作用能比化学键小1~2个数量级。物质的性质主要取决于其分子结构及分子间力。

本章重点讨论共价键理论、分子的空间构型和分子间力。

第一节　现代价键理论

1916年，美国化学家路易斯(Lewis G N)提出：相互键合的原子若有未成对的价电子，在一定条件下，可通过电子配对以达到稀有气体的八隅体稳定结构，形成化学键。这就是早期的共价键理论，即八隅律(octet rule)两原子共用一对电子，形成一个共价键，共用两对电子可形成两个共价键。这种靠共用电子对形成的化学键叫**共价键(covalent bond)**，形成的分子称为共价分子。例如，H_2、N_2和 NH_3的电子配对情况可表示为

H∶H　　:N⋮⋮N:　　H∶N̈∶H
　　　　　　　　　　　　H

Lewis 的共价键理论首次指出了原子间共用电子对可以形成共价键，成功解释了相同元素的原子可相互结合形成分子，如 H_2、O_2、N_2等，不同元素的原子也可形成分子，如 H_2S、CO_2等。可是，该理论却无法解释以下几个问题。

1. 为何两个带负电荷的电子不相互排斥，反而能互相配对形成共价键？

2. 在一部分共价分子中，中心原子的最外层电子数并没有达到稀有气体原子的外层8电子组态，为什么也能稳定存在？如 BF_3中的 B，成键后为6电子结构，PCl_5中的 P 为10电子结构。

3. 一对电子配对时可形成一个化学键,其本质原因是什么?

4. 某些分子(如 O_2、NO)或离子含有单电子,但也可以较稳定地存在。

尽管路易斯的共价键理论有许多不尽人意的地方,但电子配对的共价键概念却为现代共价键理论奠定了重要基础,人们将路易斯的共价键概念称为经典共价键理论。

1927 年,德国化学家海特勒(Heitler W)和伦敦(London F)运用量子力学原理处理 H_2分子结构,从理论上初步阐明了共价键的本质。后来鲍林(Pauling L)和斯莱特(Slater J C)把这一成果推广到其他双原子分子中,特别是价层电子对互斥理论和杂化轨道理论的建立,可以预测和解释多原子分子的结构,从而奠定了现代价键理论的基础。现代**价键理论(valence bond theory)**(价键理论和杂化轨道理论)简称 VB 理论,又称电子配对理论。1932 年,美国化学家马利肯(Muliken R S)和德国化学家洪德(Hund F)等人在阐述共价键本质的基础上,把成键分子看成一个整体,提出共价键的分子轨道理论(molecular orbital theory,MO)。这样,就形成了两种共价键理论:现代价键理论和分子轨道理论。这些理论从不同方面反映了共价键的本质。本节介绍现代价键理论。

一、氢分子形成及价键理论要点

(一) 氢分子的形成

海特勒和伦敦运用量子力学原理对氢分子系统的处理结果表明,氢分子的形成是两个氢原子 1s 轨道重叠的结果。只有两个氢原子的单电子自旋方向相反时,两个 1s 轨道才会有效重叠,形成共价键(图 7-1)。

每个氢原子有一个 1s 单电子,如果两个氢原子中的两个单电子自旋方向相反,当两个氢原子互相靠近时,随两个原子核之间距离的缩短,体系的能量逐渐降低,当核间距 r 减小到 74pm 时(理论值 87pm),能量降低到最低值,即 $-436\text{kJ}\cdot\text{mol}^{-1}$。若两个 H 原子进一步靠近,便开始产生强烈的排斥力,能量急剧上升。说明两个 H 原子在核间距 74pm 处形成了稳定的共价键,生成了氢分子。该状态称为 H_2分子的**基态(ground state)**。基态的形成是因为两个 H 原子的 1s 轨道发生了重叠,在两核间出现电子概率密度较大的区域,形成共价键(图 7-2)。该电子云密集区一方面降低了两个原子核间的正电排斥,另一方面又增加了两个原子核对核间电子云较大区域的吸引,这两方面都有利于体系能量的降低,从而形成了稳定的 H_2分子。

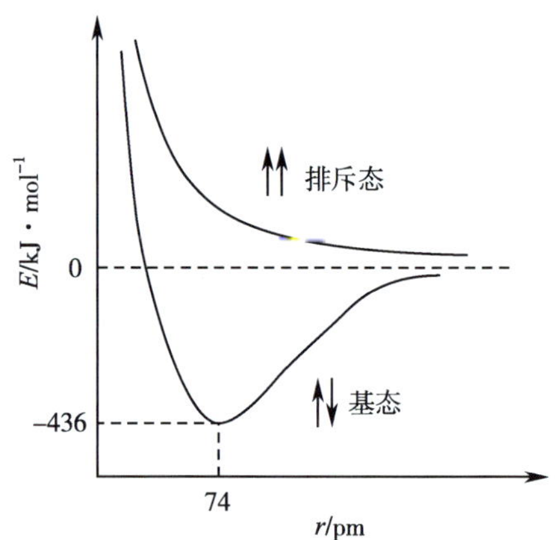

图 7-1 氢分子形成过程中能量 E 随核间距 r 变化示意图

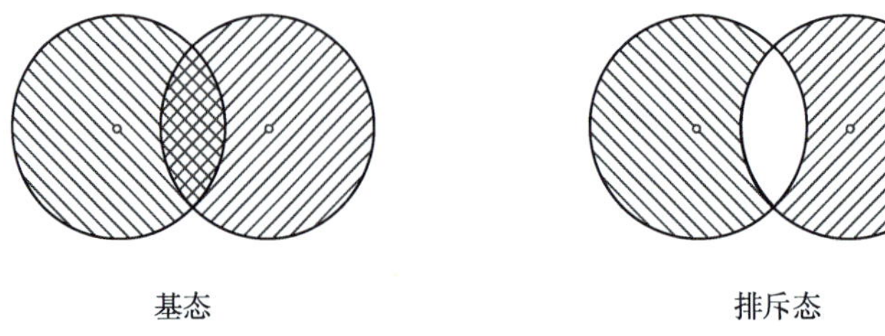

图 7-2 H_2分子的两种状态

如果两个氢原子的电子自旋方向相同,随着两个氢原子核间距的减小,体系的能量越来越高，其能量始终高于两个氢原子单独存在时的能量。这种能量状态表明，当电子自旋方向相同的两个氢原子相互靠近时，它们之间始终存在着一种排斥力，这样不能形成稳定的 H_2 分子，只能以两个游离的 H 原子存在，这种不稳定的状态称为 H_2 分子的**排斥态（repellent state）**。排斥态中两核间电子云密度几乎为零，排斥力起主要作用，使体系能量升高，不能在两个氢原子之间形成共价键，两个氢原子不能成键（见图 7-2）。

综上所述，共价键形成的基本条件是成键两原子需有自旋相反的单电子，成键时单电子所在的原子轨道必须发生最大程度的有效重叠。两原子间可形成共价键的数目取决于成键原子的单电子数。共价键的本质是原子轨道的重叠使体系能量降低而成键，即聚集在两个原子核之间的电子云把两个原子核结合在一起形成共价键。

（二）价键理论的要点

将 H_2 分子形成的研究结果推广到其他双原子分子和多原子分子，就形成了现代价键理论。现代价键理论的要点如下。

1. 两个原子相互接近时，只有自旋方向相反的单电子才可以配对（两原子轨道有效重叠），使核间电子云密度增大，体系能量降低，形成稳定的共价键。

2. 一个原子含有几个未成对电子，就可与几个自旋方向相反的未成对电子配对形成几个共价键。一个原子能提供的未成对电子的数目是确定的，所以原子形成共价键的数目也是确定的，因此共价键具有饱和性。

3. 当两个原子形成共价键时，其原子轨道要尽可能地发生最大程度的重叠，重叠程度越大，两核间电子概率密度越大，形成的共价键越稳定，这就是原子轨道最大重叠原理。据此，共价键形成时，将尽可能沿着原子轨道最大程度重叠的方向进行。在原子轨道中，除 s 轨道呈球形对称外，p、d、f 轨道在空间均有一定的空间取向，s、p、d、f 轨道的相互重叠需要取一定的方向，才能满足最大重叠原理，从而形成稳定的共价键，因此共价键具有方向性。例如，在形成 HCl 分子时，只有当 H 原子的 1s 轨道与 Cl 原子的 $3p_x$ 轨道沿 x 轴方向相互重叠，才能实现最大程度的重叠，形成稳定的共价键（图 7-3A）。其他方向的重叠，因原子轨道没有重叠或很少重叠，故不能成键（图 7-3B、图 7-3C）。

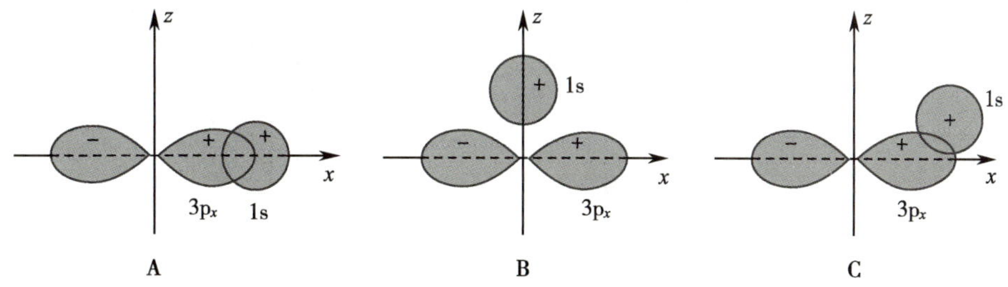

图 7-3　HCl 分子的成键示意图

二、共价键的类型及键参数

根据形成共价键时原子轨道的重叠方式不同，共价键可以分为 σ 键和 π 键。

（一）σ 键和 π 键

当成键的两个原子相互接近时，两个成键原子轨道沿键轴（两原子核间连线）方向以"头碰头"方式进行有效重叠，这样形成的共价键称为 σ 键。σ 键的特点是原子轨道的重叠部分沿键轴呈圆柱形对称，可绕键轴以任意角度旋转，轨道重叠的程度及符号均不改变。如果以 x 轴作为键轴，可形成 σ 键的原子轨道重叠有 s-s、s-p_x、p_x-p_x（图 7-4A）。例如，H_2、HCl、Cl_2 分子的形成。由于形成 σ 键时，成键原子轨道沿键轴方向重叠，重叠程度大，所以 σ 键的键能大、稳定性高。

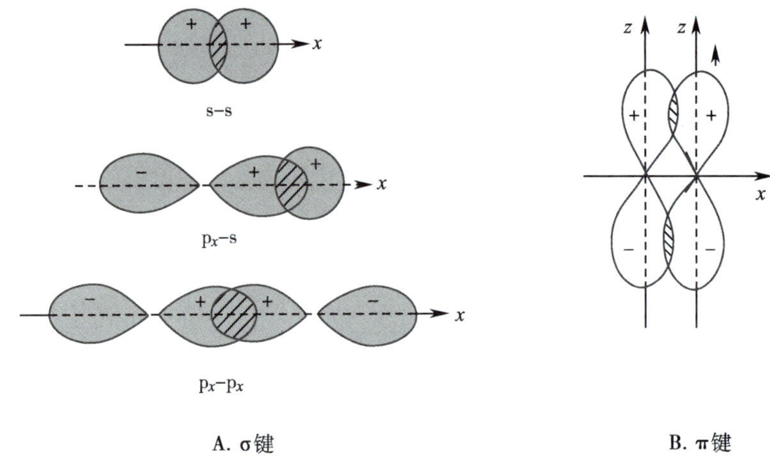

图 7-4　σ 键和 π 键

当成键的两个原子相互接近时，相互平行的成键原子轨道垂直于键轴，以“肩并肩”的方式发生有效重叠，则形成 π 键（见图 7-4B）。π 键以通过键轴的一个平面为对称面，上下两部分形状相同、符号相反，呈镜面反对称。比如 p_y-p_y、p_z-p_z、p-d 等原子轨道的重叠成键（见图 7-4B）。例如，N 原子的电子组态为 $1s^22s^22p_x^12p_y^12p_z^1$，有 3 个未成对的 p 电子，分别占据 3 个互相垂直的 p 轨道。当两个 N 原子结合形成 N_2 分子时，各以一个 p_x 轨道沿键轴方向以“头碰头”的方式重叠形成一个 σ 键，余下的 2 个 $2p_y$ 和 2 个 $2p_z$ 轨道只能分别以“肩并肩”的方式进行 p_y-p_y 和 p_z-p_z 重叠，形成相互垂直的两个 π 键（图 7-5）。所以，N_2 分子中有 1 个 σ 键和 2 个 π 键，其分子结构式可用 N≡N 表示。

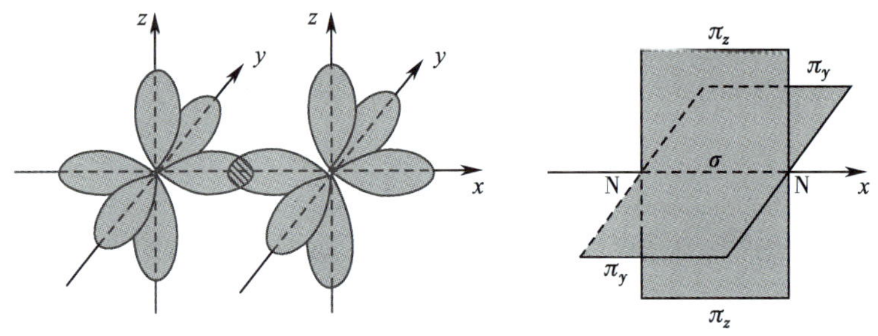

图 7-5　N_2 分子形成示意图

从原子轨道重叠程度来看，π 键的重叠程度要比 σ 键的重叠程度小很多，且 π 键电子云分布在键轴平面两侧，容易受外电场的影响而变形，所以 π 键的键能比 σ 键的键能要小。π 键的特点是稳定性低、较易断裂，且不能单独存在，只能与 σ 键共存于具有双键或三键的分子中。

（二）配位共价键

按共用电子对提供的方式不同，共价键又可分为正常共价键和配位共价键。

前面所讨论的共价键，其共用电子对是由成键原子双方各提供 1 个单电子组成的，称为**正常共价键（normal covalent bond）**。但有一大类化合物，在它们的结构单元中含有另外一类共价键，其共用电子对是由成键原子中的一方单独提供，进入另一个原子的空轨道而成键，这种共价键称为**配位共价键（coordinate covalent bond）**，简称配位键或配键。为区别于正常共价键，配位键用"→"表示，箭头方向由提供电子对的原子指向接受电子对的原子。如 NH_4^+、HBF_4、CO 等结构单元中均含有配位键，表示为

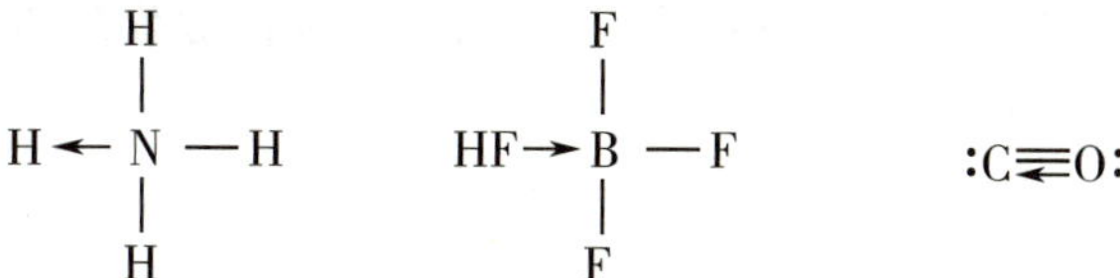

:C≡O:

在 CO 分子中，O 原子的 2 个 2p 电子分别与 C 原子的 2 个 2p 电子形成 1 个 σ 键和 1 个 π 键，此外，O 原子还单独提供 1 对孤对电子进入 C 原子的 1 个 2p 空轨道，为双方所共用，形成 1 个配位键。

因此，形成配位键应满足两个条件：①一个成键原子的价电子层有孤对电子；②另一个成键原子的价电子层有空轨道。

（三）键参数

键参数（bond parameter）是用来表征化学键性质的一些物理量。共价键的键参数主要有键能、键长、键角及键的极性。

1. **键能**　**键能（bond energy）**是从能量角度衡量共价键强弱的物理量。在 100kPa 和 298.15K 下，将 1mol 理想气态共价双原子分子 AB 解离为理想气态的 A、B 原子所需吸收的能量，称为 AB 键的**解离能（dissociation energy）**，用符号 D 表示，单位为 $kJ \cdot mol^{-1}$。对于双原子分子，键能 E 在数值上就等于键的解离能 D。

例如，对于 H_2 分子

$$H_2(g) \longrightarrow 2H(g) \quad E_{H-H} = D_{H-H} = 436.0 kJ \cdot mol^{-1}$$

对于多原子分子，键能和解离能不同，键能等于其解离能的平均值。例如，H_2O 分子中有两个 O—H 键，解离第一个 O—H 键所需的能量 D_{H-OH} 为 $502kJ \cdot mol^{-1}$，而解离第二个 O—H 键所需的能量 D_{O-H} 为 $423.7kJ \cdot mol^{-1}$，因此 O—H 键的平均解离能即 O—H 键的键能

$$E_{O-H} = \frac{D_{H-OH} + D_{O-H}}{2} = 463kJ \cdot mol^{-1}$$

因此，键能的数据是常用的物理和化学参数之一，多由热化学法和光谱法测得。表 7-1 列出了一些双原子分子的键能。

表 7-1　一些双原子分子的键能和键长

共价键	键能 $E/kJ \cdot mol^{-1}$	键长/pm	共价键	键能 $E/kJ \cdot mol^{-1}$	键长/pm
H—H	436	74	C—C	346	154
H—F	565	92	C=C	610	134
H—Cl	431	127	C≡C	835	120
H—Br	366	141	C—H	413	109
H—I	299	161	N—H	391	101
F—F	165	141	O—H	463	96
Cl—Cl	247	199	N—N	159	146
Br—Br	193	228	N=N	418	125
I—I	151	267	N≡N	946	110

问题与思考 7-1

为什么双键的键能不等于单键键能的两倍，而三键的键能既不等于单键键能的3倍，也不是双键键能的1.5倍？

2. **键长**　分子中两成键原子的核间平衡距离称为**键长(bond length)**，用 l 表示，常用单位为pm。在理论上可以用量子力学的方法近似算出键长，实际上，对于较复杂的分子，大多是通过光谱或衍射等实验方法测定的，同一种键在不同分子中的键长几乎相等。表7-1列出了一些常见共价键的键长。

例如，Cl_2分子中两个Cl原子的核间距为199pm，所以Cl—Cl键的键长为199pm。

通常，两个原子之间所形成的键长越短，键越牢固。由表7-1中数据可见，H—F、H—Cl、H—Br、H—I的键能逐渐减小，而键长逐渐增大；单键、双键及三键的键能逐渐增大，键长也会缩短，但并非成倍的关系。例如，C=C键长为134pm；C≡C键长为120pm。

3. **键角**　分子中同一原子形成的两个共价键之间的夹角称为**键角(bond angle)**。键角是反映分子空间构型的重要参数之一。例如，H_2O分子中两个O—H键之间的夹角是104.5°，说明水分子是V形结构；CO_2分子中∠OCO键角为180°，表明该分子为直线形结构。一般而言，根据分子中的键角和键长可基本上确定分子的空间构型。

4. **键的极性**　共价键因形成键的元素种类不同，键的极性也不同。按共用电子对是否发生偏移，可将共价键分成非极性共价键和极性共价键。

同种元素的两原子形成共价键时，由于成键原子的电负性相同，对共用电子对的吸引能力相同，共用电子对不偏向于任何一个原子，键两端电荷的分布是对称的。这种共价键称为**非极性共价键(nonpolar covalent bond)**。如H_2、O_2等同核双原子分子中的共价键都是非极性共价键。

两个不同元素的原子形成共价键时，由于成键原子的电负性不同，对共用电子对的吸引能力不同，共用电子对偏向于电负性较大的原子，使之带部分负电荷，而电负性较小的原子一端则带部分正电荷，键的正电荷重心与负电荷重心不重合，形成的共价键具有极性，这种共价键称为**极性共价键(polar covalent bond)**。如HCl分子中的H—Cl键就是极性共价键，Cl的电负性大于H的电负性，共用电子对偏向Cl原子。

一般情况下，成键原子的电负性差值越大，键的极性就越大。当成键原子电负性差值很大时，可认为成键电子对完全转移到电负性大的原子上，这时原子转变为离子，形成离子键。因此，从键的极性看，可以认为离子键是最强的极性键，极性共价键是由离子键到非极性共价键之间的一种过渡情况，但没有100%的离子键存在(表7-2)。

表7-2　键型与成键原子电负性差值的关系

物质	NaCl	HF	HCl	HBr	HI	Cl_2
电负性差值	2.23	1.80	0.98	0.78	0.48	0
键型	离子键		极性共价键			非极性共价键

第二节　杂化轨道理论

杂化轨道理论(hybrid orbital theory)是1931年由鲍林(Pauling L)和斯莱特(Slater J C)在价键理论的基础上提出的，用于解释多原子分子或多原子离子的空间构型。该理论在成键

能力、分子的空间构型等方面进一步补充和发展了现代价键理论，成为化学键理论的重要组成部分。

一、杂化轨道理论要点

1. 在成键过程中，由于原子间的相互影响，同一原子中能量相近的不同类型的价层原子轨道（即波函数）进行线性组合，重新分配能量和确定空间方向，组成数目相等的新的原子轨道，改变了原有轨道的状态，这种轨道重新组合的过程称为**杂化（hybridation）**，原子轨道杂化后形成的新轨道称为**杂化轨道（hybrid orbit）**。

2. 杂化轨道的成键能力强于未杂化的各类原子轨道。这是因为杂化轨道在空间的伸展方向发生了变化，更有利于满足轨道最大程度重叠原理。

3. 杂化的原子轨道成键时，在空间的取向以轨道间排斥力最小为原则，轨道间尽可能远离，在空间取最大夹角分布，使相互间的排斥能最小，以保持体系能量较低，形成稳定的共价键。

杂化方式不同，夹角不同，决定了共价分子有不同的空间构型。因此，杂化轨道理论可用于解释简单的、多原子分子的空间构型。

需要说明的是，原子轨道的杂化只发生在分子的形成过程中，是原子的价层轨道在原子核及键合原子轨道的共同作用下发生的；在原子间形成共价键的过程中，中心原子被激发产生电子跃迁、杂化及轨道的重叠，均是同时进行的，后续分步描述仅为便于理解。

二、s-p 型杂化

根据参加杂化的原子轨道种类，轨道的杂化有 s-p 型杂化和 spd 型杂化两种主要类型。对于非过渡元素，由于 ns、np 能级比较接近，往往采用 s-p 型杂化；对于过渡元素，(n−1)d、ns、np 能级比较接近，常采用 spd 型杂化。其中 s-p 型杂化根据参加杂化的 s 轨道、p 轨道的数目不同，又可分为 sp、sp^2、sp^3 三种。

（一）sp 杂化

由中心原子价层的 1 个 ns 轨道和 1 个 np 轨道组合为 2 个 sp 杂化轨道的过程称为 sp 杂化，所形成的杂化轨道称为 sp 杂化轨道。每一个 sp 杂化轨道含有 1/2 的 s 轨道成分和 1/2 的 p 轨道成分。为使轨道间的斥力最小，sp 杂化轨道呈直线型分布，2 个 sp 杂化轨道的极大值分布方向相反，轨道对称轴之间的夹角等于 180°。当 2 个 sp 杂化轨道与其他原子轨道重叠成键后就形成直线型的分子。sp 杂化过程及 sp 杂化轨道的形状见图 7-6。

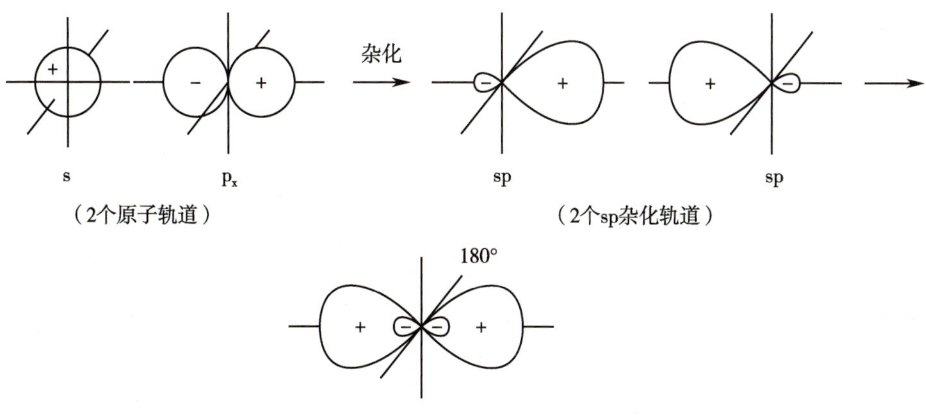

图 7-6　s 和 p 轨道组合成 sp 杂化轨道示意图

例 7-1　用杂化轨道理论解释 $BeCl_2$ 分子含有 2 个完全等同的 Be—Cl σ 键，键角为 180°，空间构型为直线形。

解　$BeCl_2$ 分子的形成，中心原子 Be 采用 sp 杂化。基态 Be 原子的价层电子组态为 $2s^2$，杂化轨道理论认为，当 Be 原子与 Cl 原子形成 $BeCl_2$ 分子时，基态 Be 原子 2s 轨道上的 1 个电子被激发到 2p 空轨道上，价层电子构型变为 $2s^1 2p_x^{\ 1}$，含有单电子的 1 个 2s 轨道和 1 个 $2p_x$ 轨道进行杂化，形成夹角为 180° 的 2 个能量相同的 sp 杂化轨道，每个轨道中有 1 个未成对电子。Be 原子用这 2 个各有 1 个单电子的 sp 杂化轨道，分别与 2 个 Cl 原子中含有未成对电子的 $3p_x$ 轨道进行重叠，形成 2 个完全等同的 Be—Cl σ_{sp-p} 键，所以 $BeCl_2$ 分子的空间构型为直线形（图 7-7）。这样既可以解释 Be 的氧化值等于 2，又表明形成的两个价键必然等同。

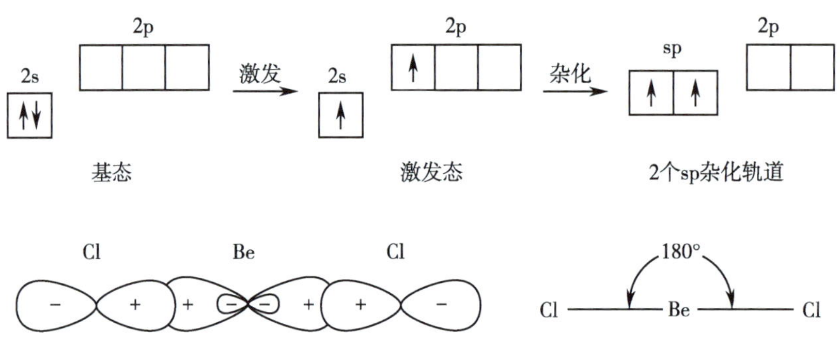

图 7-7　sp 杂化轨道的空间取向和 $BeCl_2$ 分子构型

（二）sp^2 杂化

由中心原子价层的 1 个 ns 轨道和 2 个 np 轨道组合成 3 个 sp^2 杂化轨道，这一过程称为 sp^2 杂化。每个 sp^2 杂化轨道含有 1/3 的 s 轨道成分和 2/3 的 p 轨道成分。为使轨道间的排斥能最小，3 个 sp^2 杂化轨道的对称轴位于同一平面，呈正三角形分布，夹角为 120°。当 3 个 sp^2 杂化轨道分别与其他 3 个相同的原子轨道进行重叠成键后，就形成空间构型为正三角形的分子（图 7-8A）。

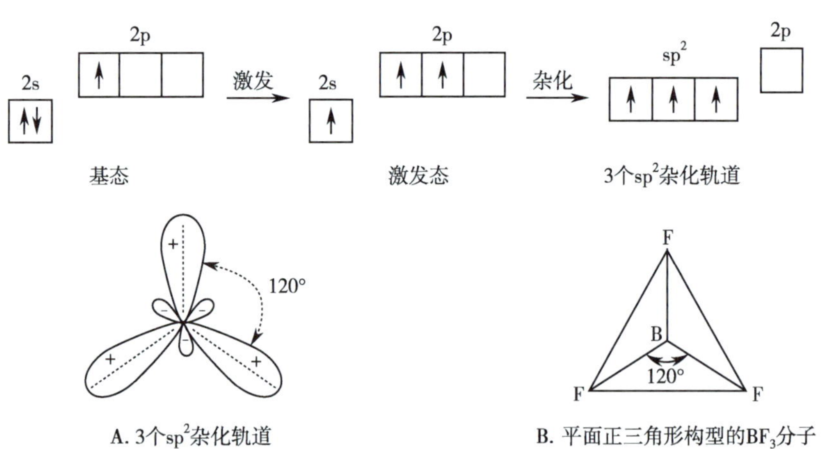

图 7-8　sp^2 杂化轨道的空间取向和 BF_3 分子构型

例 7-2　用杂化轨道理论解释 BF_3 分子含有 3 个完全等同的 B—F σ 键，键角为 120°，空间构型为正三角形。

解　BF_3 分子的中心原子是 B，基态 B 的价层电子组态为 $2s^2 2p_x^{\ 1}$，在形成 BF_3 分子的过程中，B 原子的 1 个电子从 2s 轨道激发到 $2p_y$ 空轨道，其价层电子组态变为 $2s^1 2p_x^{\ 1} 2p_y^{\ 1}$，含有单电子的

1 个 2s 轨道和 2 个 2p 轨道进行杂化，形成夹角均为 120°的 3 个完全等同的 sp^2杂化轨道，B 原子用这 3 个各有 1 个单电子的 sp^2杂化轨道，分别与 3 个 F 原子含有未成对电子的 $2p_x$轨道重叠，就形成了 3 个的 B—F σ_{sp^2-p}键。故 BF_3分子的空间构型是正三角形（见图 7-8B）。

（三）sp^3杂化

由中心原子的 1 个 ns 轨道和 3 个 np 轨道组合成 4 个 sp^3杂化轨道的过程称为 sp^3杂化。每个 sp^3杂化轨道中含有 1/4 的 s 轨道成分和 3/4 的 p 轨道成分。为使轨道间的排斥能最小，4 个 sp^3杂化轨道分别指向四面体的 4 个顶点方向，sp^3杂化轨道间的夹角均为 109°28′。当 4 个 sp^3杂化轨道分别与其他 4 个相同原子的轨道重叠成键后，就形成正四面体构型的分子（图 7-9A）。

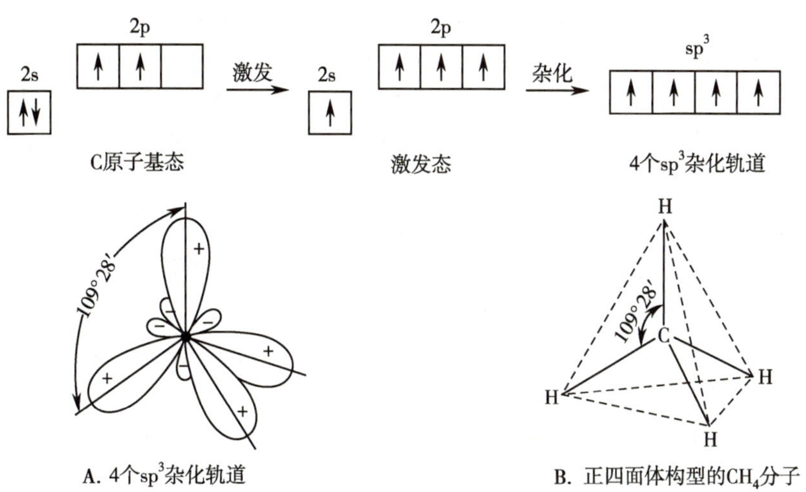

图 7-9　sp^3杂化轨道的空间取向和 CH_4分子构型

例 7-3　用杂化轨道理论解释 CH_4分子含有 4 个完全等同的 C—Hσ 键，空间构型为正四面体。

解　根据杂化轨道理论，在形成 CH_4分子的过程中，中心原子 C 的 2s 轨道上的 1 个电子激发到空的 $2p_z$轨道上，价层电子构型由 $2s^22p^2$变为 $2s^12p_x^{\ 1}2p_y^{\ 1}2p_z^{\ 1}$，只剩 1 个电子的 2s 轨道与 3 个具有 1 个电子的 2p 轨道进行 sp^3杂化，形成夹角为 109°28′的 4 个完全等同 sp^3杂化轨道，C 原子用这 4 个各有 1 个单电子的 sp^3杂化轨道，分别与 4 个氢原子 1s 轨道重叠，形成 4 个 C—H σ_{sp^3-s}键。故 CH_4分子的空间构型为正四面体（见图 7-9B）。

上述 s-p 型的 3 种杂化类型及其分子的空间构型之间的关系可归纳于表 7-3。

表 7-3　s-p 型的 3 种杂化类型和分子的空间构型

杂化类型	sp	sp^2	sp^3
参与杂化的原子轨道	1 个 ns+1 个 np	1 个 ns+2 个 np	1 个 ns+3 个 np
杂化轨道数	2 个 sp	3 个 sp^2	4 个 sp^3
杂化轨道间夹角	180°	120°	109°28′
空间构型	直线	平面正三角形	正四面体
实例	$BeCl_2$，CH≡CH	BF_3，CH_2=CH_2	CH_4，CCl_4

问题与思考 7-2

有机分子的结构和空间构型常用杂化轨道理论予以解释。试判断 C_2H_6、C_2H_4、C_6H_6、C_2H_2 四个分子中 C 的轨道杂化方式及空间构型。

（四）等性杂化与不等性杂化

根据杂化后形成的几个杂化轨道的能量是否相同，可将轨道的杂化分为等性杂化和不等性杂化。

能量相近的原子轨道杂化后，形成的几个杂化轨道所含原来轨道成分的比例相等，能量完全相同，这种杂化称为**等性杂化（equivalent hybridization）**。通常参与杂化的原子轨道均含有单电子或空轨道，其杂化是等性杂化。如上述的 3 种 s-p 型杂化中，$BeCl_2$分子中的中心原子 Be 为 sp 等性杂化；BF_3和 $CH_2=CH_2$ 中的中心原子 B 和 C 为 sp^2等性杂化；CH_4分子中的 C 为 sp^3杂化。

如果杂化后形成的几个杂化轨道所含原来轨道成分的比例不相等，能量不完全相同，则称为**不等性杂化（nonequivalent hybridization）**。通常，若参与杂化的原子轨道，不仅含有未成对电子，同时还含有孤对电子，则杂化后的轨道由于所含电子数不同，被孤对电子占据的杂化轨道与被未成对电子占据的杂化轨道的成分稍有差异，因而导致杂化轨道的能量不完全相同，这样的杂化是不等性的。

NH_3、H_2O、PH_3、H_2S 等分子中含有孤对电子的中心原子 N、O、P、S 在成键时均采用 sp^3不等性杂化。

例 7-4　实验得出 NH_3分子的空间构型为三角锥形，键角为 107°18′，试解释之。

解　中心原子 N 原子的基态价电子组态为 $2s^22p_x^12p_y^12p_z^1$。形成 NH_3分子时，N 原子中具有孤对电子的 2s 轨道与 3 个各含 1 个电子的 2p 轨道进行 sp^3不等性杂化，形成 4 个 sp^3杂化轨道。其中 3 个 sp^3成键杂化轨道的能量相等，含有较多的 2p 轨道成分，且各有 1 个单电子，分别与 3 个 H 原子的 1s 轨道重叠，形成 3 个 N—H σ_{sp^3-s}键。另 1 个 sp^3杂化轨道由 N 原子的孤对电子占据，含较多的 2s 轨道成分，因未参与成键，其电子云密集在 N 原子周围，对相邻的成键电子对的排斥挤压作用较大，压缩 N—H 键之间的夹角，使键角减小至 107°18′，与实验结果相符。故 NH_3分子的空间构型呈三角锥形（图 7-10）。

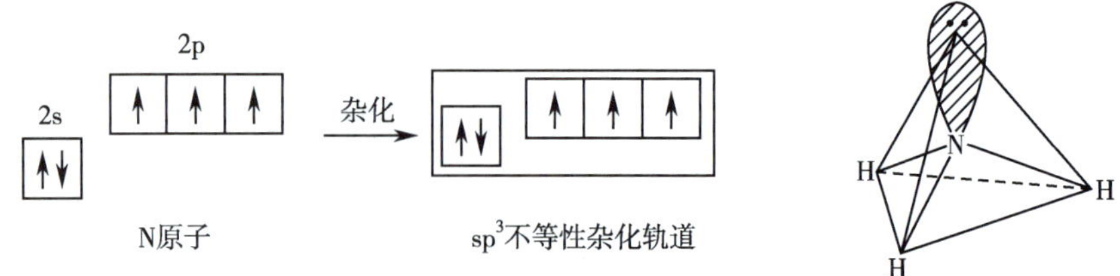

图 7-10　N 原子的 sp^3不等性杂化及 NH_3分子的结构示意图

例 7-5　实验测得 H_2O 分子的空间构型呈 V 形，键角为 104°45′。试解释之。

解　H_2O 分子中基态 O 原子的价层电子组态为 $2s^22p_x^22p_y^12p_z^1$，在形成 H_2O 分子的过程中，O 原子的 1 个 2s 轨道与 3 个 2p 轨道杂化，形成 4 个 sp^3杂化轨道，其中 2 个 sp^3杂化轨道各占有 1 个未成对电子，能量稍高；另外 2 个 sp^3杂化轨道各占有 1 对孤对电子，能量稍低，得到能量不同的两组 sp^3杂化轨道，所以此 sp^3杂化为不等性杂化。O 原子用 2 个各含有 1 个未成对电子的 sp^3杂化轨道各与 1 个 H 原子的 1s 轨道重叠，可形成 2 个的 O—H σ_{sp^3-s}键，而余下的 2

个 sp^3杂化轨道中的 2 对孤对电子，不参与成键，对 2 个 O—H σ 键产生较大的排斥作用，使 H_2O分子中 O—H 键的键角被压缩至 104°45′。因此，H_2O 分子的空间构型呈 V 形（图 7-11）。

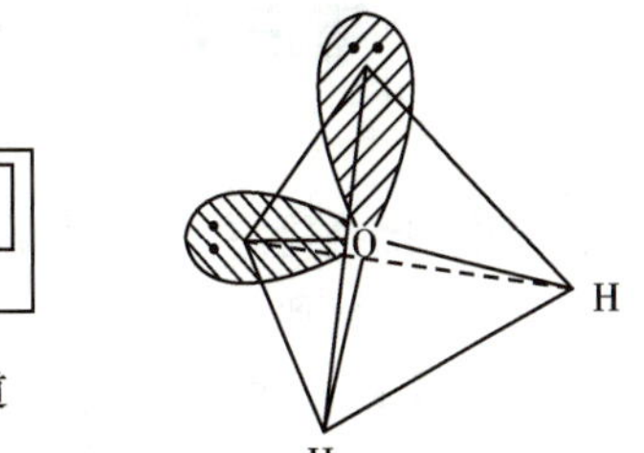

图 7-11 O 原子的 sp^3 不等性杂化及 H_2O 分子的结构示意图

由于 O 原子比 N 原子多一对孤对电子，随着孤对电子数的不同，分子中的键角也会发生变化，孤对电子数越多，则键角变得越小。因此，H_2O 分子中的键角比 NH_3分子的键角小。

（五）离域 π 键

π 键可分为定域 π 键与离域 π 键。**定域键（localized bond）**属双中心键，而**离域键（delocalized bond）**属多中心键，离域 π 键上的电子可游动于 π 键上多个原子之间。离域 π 键也称为大 π 键（Π）。含有 m 个电子和 n 个原子的离域 π 键可用 Π_n^m表示。

形成离域 π 键的原子以杂化轨道形成 σ 键，构成分子的基本骨架，它们都在同一平面上，每个原子可提供一个未参与杂化的、相互平行、且垂直于分子平面的 p 轨道，p 轨道两两互相重叠形成了离域 π 键。

例如，苯分子所有原子位于同一平面内，其中 6 个碳原子组成一个正六边形。每个碳原子以 2 个 sp^2杂化轨道分别与相邻 2 个碳原子的 sp^2杂化轨道重叠构成 C—C σ 键，又以 1 个 sp^2杂化轨道与 H 原子的 1s 轨道重叠，构成 C—H σ 键。6 个碳原子的 $2p_z$轨道都垂直于碳原子所在的平面，且互相平行，使每个 p 轨道同时能跟相邻的 2 个 p 轨道从侧面进行重叠，形成一个环状的大 π 键，它的形状像 2 个六角形救生圈，驾于分子平面上下（图 7-12A）。一般采用图 7-12B表示苯分子的结构。为了反映环形大 π 键的存在，常用六边形中画一圈作为苯分子的结构式（图 7-12C）。

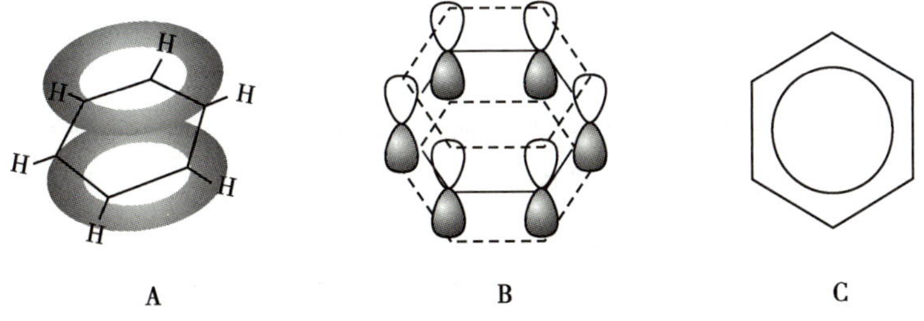

图 7-12 苯分子的结构及其表示法

苯分子的大 π 键是由 6 个电子所组成的、统一的闭合体系，π 电子的活动已不局限在两个碳原子的区域内，而几乎扩展到整个分子的范围。π 电子的完全平均化，使分子体系能量降低。所以苯分子有特殊的稳定性，在化学性质方面，它不易发生加成反应和氧化反应，而以取代反应为主要特征。

问题与思考 7-3

O_3分子中是否有离域 π 键的形成？试分析原因。

第三节　价层电子对互斥理论简介

杂化轨道理论用于解释共价分子的空间结构无疑是成功的，但当中心原子的杂化方式难以确定时，用此理论便受到了限制。为了更方便地预测多原子分子和多原子离子的空间构型，1940 年由美国科学家西奇维克(Sidgwick N V)和鲍威尔(Powell H M)首次提出，后经加拿大科学家吉利斯皮(Gillespie R J)和尼霍姆(Nyholm R S)在 20 世纪 50 年代加以发展的**价层电子对互斥理论(valence shell electron pair repulsion theory，VSEPR)**，可以比较简便而准确地预测许多主族元素间形成的 AB_n 型分子或离子的空间构型。

VSEPR 法认为，当 1 个中心原子 A 和 n 个配位原子 B 相结合形成多原子分子或多原子离子 AB_n 时，共价分子或离子的空间构型主要取决于中心原子的价层电子对数及电子对间的相互排斥作用。这些电子对在中心原子周围尽可能处于相对远的位置上，以使彼此间斥力最小，使体系能量最低。当中心原子价层电子有孤对电子存在时，相对于成键电子云，孤对电子具有更大的电子云波瓣，电子对之间的排斥力较大，影响了分子内成键原子间的键角，因而分子空间构型不同于无孤对电子对的基本构型。

应用价层电子对互斥理论预测多原子分子或多原子离子的空间构型的步骤如下。

1. **确定中心原子的价层电子对数**　中心原子的价层电子对数计算方法为

$$价层电子对数=\frac{中心原子价电子数+配位原子提供的电子数}{2} \tag{7-1}$$

规定：①作为中心原子，卤素原子按提供 7 个电子计算，氧族元素的原子按提供 6 个电子计算，即提供的电子数等于其族数；②作为配原子，卤素原子和 H 原子提供 1 个电子，氧族元素的原子不提供电子；③对于复杂离子，在计算价层电子对数时，还应加上负离子的电荷数或减去正离子的电荷数；④计算电子对数时，若剩余 1 个电子，应当作 1 对电子处理；⑤双键、三键等多重键作为 1 对电子看待。

2. **判断分子的空间构型**　根据中心原子的价层电子对数，从表 7-4 中找出相应的价层电子对构型，再根据价层电子对中的孤电子对的数目，确定分子的空间构型。需要注意的是，中心原子的价层电子对构型是指价层电子对在中心原子周围的空间排布方式，而分子的空间构型是指分子中的配位原子在空间的排布，不包括孤电子对。当孤电子对数为 0 时，二者一致；有孤电子对时，分子的空间构型将发生“畸变”。

表 7-4　理想的中心原子价层电子对构型和分子构型

A 的电子对数	价层电子对构型	分子类型	成键电子对数	孤对电子数	分子构型	实例
2	直线	AB_2	2	0	直线	CO_2、$HgCl_2$
3	平面正	AB_3	3	0	平面正三角形	BF_3、NO_3^-
	三角形	AB_2	2	1	V 形	$PbCl_2$、SO_2
4	正四面体	AB_4	4	0	正四面体	SiF_4、SO_4^{2-}
		AB_3	3	1	三角锥	NH_3、H_3O^+
		AB_2	2	2	V 形	H_2O、H_2S

续表

A的电子对数	价层电子对构型	分子类型	成键电子对数	孤对电子数	分子构型	实例
5	三角双锥	AB_5	5	0	三角双锥	PCl_5、PF_5
		AB_4	4	1	变形四面体	SF_4、$TeCl_4$
		AB_3	3	2	T形	ClF_3
		AB_2	2	3	直线	I_3^-、XeF_2
6	正八面体	AB_6	6	0	正八面体	SF_6、AlF_6^{3-}
		AB_5	5	1	四方锥	BrF_5、SbF_5^{2-}
		AB_4	4	2	平面正方形	ICl_4^-、XeF_4

例 7-6　利用 VSEPR 法预测 H_2S 分子和 SO_4^{2-} 离子的空间构型。

解　(1)在 H_2S 分子中，S 是中心原子，有 6 个价电子，与 S 键合的 2 个 H 原子各提供 1 个电子，因此 S 原子价层电子对数为(6+2)/2=4，其价层电子对构型为正四面体。因配原子数为 2，说明价层电子对中有 2 对孤对电子，所以 H_2S 分子的空间构型为 V 形。

(2) SO_4^{2-} 离子的负电荷数为 2，中心原子 S 有 6 个价电子，O 原子不提供电子，因此 S 原子的价层电子对数为(6+2)/2=4，其价层电子对构型为正四面体。因配原子数也为 4，说明价层电子对中无孤对电子，所以 SO_4^{2-} 离子的空间构型也为正四面体。

问题与思考 7-4

BF_3 和 ClF_3 构成原子均为 1∶3，两者的空间构型是否相同？为什么？

第四节　分子间力和氢键

在一定条件下，由于分子间的距离不同，物质通常以气、液、固三种不同状态存在，分子间的距离大小取决于分子间的相互作用力。分子间力有范德瓦尔斯(van der Waals)力和氢键。它的产生与分子的极性和极化密切相关。

一、分子的极性与极化

(一) 分子的极性

共价键可分为非极性共价键和极性共价键，因此由共价键形成的分子也分为非极性分子和极性分子。在任何分子中都有带正电荷的原子核和带负电荷的电子，由于正、负电荷数量相等，整个分子是电中性的。但在不同分子中，正电荷和负电荷的分布也会有所不同。可以设想分子中的每一种电荷可以集中于某点上，叫作“正电荷重心”和“负电荷重心”。如果分子中正、负电荷重心重合，为**非极性分子(nonpolar molecule)**。若正、负电荷中心不重合，则为**极性分子(polar molecule)**。

对于双原子分子，分子的极性与键的极性一致。即由非极性共价键构成的分子一定是非极性分子，如 H_2、N_2、O_2 等分子；由极性共价键构成的分子一定是极性分子，如 HCl、HF 等分子。

对于多原子分子，以极性键组成的分子却不一定是极性分子，这要取决于分子的空间构型。例如，在 CO_2 分子中，O 的电负性大于 C，共用电子对偏向于 O，因此 C—O 是极性键。但由于 CO_2 分子的空间结构是线型对称的，两个 C—O 键的极性相互抵消，正负电荷重心是重合的，故 CO_2 是非极性分子。同样，CH_4 分子的 C—H 是极性键，但分子的空间构型是对称的正四面体形，4 个 H 原子位于正四面体的 4 个顶角上，整个分子的正、负电荷重心重合，分子没有极性，CH_4 为非极性分子。对于 V 形的 H_2O 分子和三角锥形的 NH_3 分子，其分子的正、负电荷重心不重合，都是极性分子。

分子的极性大小常用分子**电偶极矩（electric dipole moment）**量度，简称偶极矩。偶极矩的概念是美国物理学家 Debye 在 1912 年提出的。其定义为

$$\vec{\mu}=q\cdot d \qquad (7\text{-}2)$$

式(7-2)中 $\vec{\mu}$ 为偶极矩，是一个矢量，既有数量，又有方向。在化学上规定，偶极矩的方向为从正电荷重心指向负电荷重心，q 为正电荷重心或负电荷重心上的电量（C，库仑），d 为偶极长度（即正、负电荷重心间的距离，注意不是键长）。偶极矩 $\vec{\mu}$ 的单位是“德拜”，以 D 表示。$1D=3.334\times10^{-30}C\cdot m$。

分子的偶极矩越大，分子的极性越大；分子的偶极矩越小，分子的极性就越小；分子偶极矩为零的分子，是非极性分子。表 7-5 列出了一些分子的电偶极矩。

表 7-5　一些分子的电偶极矩　（单位：$10^{-30}C\cdot m$）

分子	$\vec{\mu}$	分子	$\vec{\mu}$	分子	$\vec{\mu}$
H_2	0	BF_3	0	CO	0.40
Cl_2	0	SO_2	5.33	HCl	3.43
CO_2	0	H_2O	6.16	HBr	2.63
CH_4	0	HCN	6.99	HI	1.27

（二）分子的极化

无论分子有无极性，在外电场作用下，它们的正、负电荷重心都将发生变化。非极性分子的正、负电荷重心本来是重合的($\vec{\mu}=0$)，但在外电场的作用下，发生相对位移，引起分子变形而产生偶极（图 7-13）；极性分子的正、负电荷重心不重合，始终存在一个正极和一个负极，即**永久偶极（permanent dipole）**。但在外电场的作用下，分子的偶极按电场方向取向，同时使正、负电荷重心的距离增大，分子的极性增强。这种因外电场的作用，使分子变形产生偶极或偶极矩增大的现象称为分子的**极化（polarization）**。由此而产生的偶极称为**诱导偶极（induced dipole）**，其偶极矩称为诱导偶极矩，即图 7-13 中的 $\Delta\vec{\mu}$ 值。

分子的极化不仅在外电场的作用下产生，分子间相互作用时也会发生，这正是分子间存在相作用力的重要原因。

二、van der Waals 力

分子间存在着一种弱作用力，其键能只有化学键的 1/100～1/10，这种作用力最早由荷兰物理学家范德瓦耳斯（van der Waals）提出，故称 van der Waals 力。其对物质的溶解度、熔沸

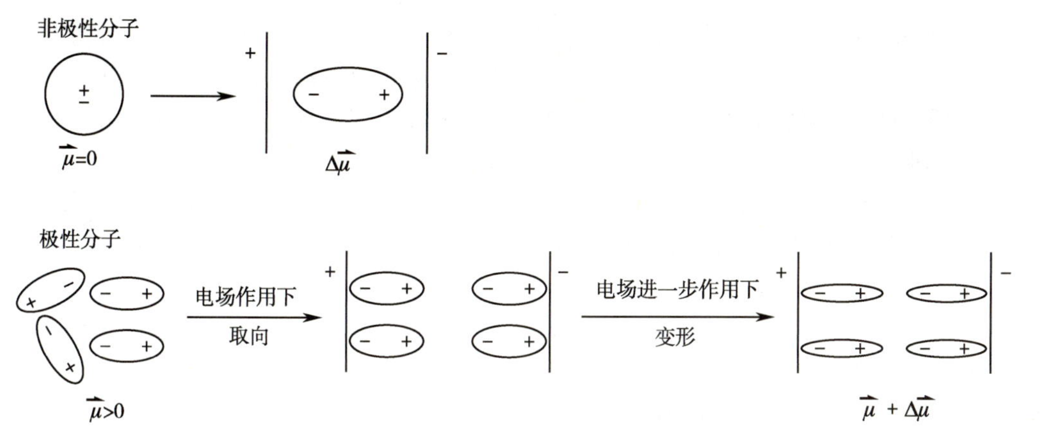

图 7-13　外电场对分子极性影响示意图

点、表面张力等物理性质都有着重要影响。按作用力产生的原因和特性，可将这种力分为取向力、诱导力和色散力三种。

（一）取向力

取向力存在于极性分子之间。极性分子具有永久偶极，当极性分子彼此相互靠近时，永久偶极之间同极相斥、异极相吸，使分子发生相对转动，在空间取向处于异极相邻并产生静电作用（图 7-14）。这种在极性分子的永久偶极之间产生的静电作用力称为**取向力（orientation force）**。取向后的偶极分子有按一定方向排列的趋势。取向力的本质是静电作用，分子的极性越大，取向力越大；温度越高，取向力越小；分子间距离越小，取向力越大。

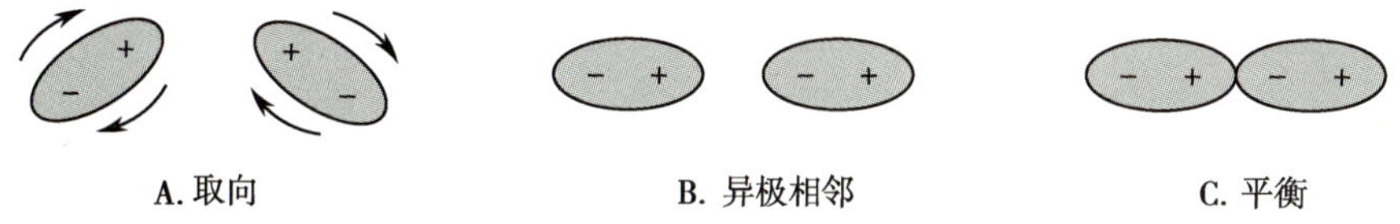

图 7-14　两个极性分子相互作用示意图

（二）诱导力

诱导力存在于极性分子之间、极性分子与非极性分子之间。当极性分子与非极性分子彼此相互接近时，因极性分子的永久偶极相当于一个外电场，可使非极性分子极化而产生诱导偶极（图 7-15）。这时，非极性分子的诱导偶极与极性分子的永久偶极之间产生的静电作用力叫作**诱导力（induction force）**。同样，当两个极性分子互相靠近时，在彼此的永久偶极的影响下，相互极化也可产生诱导偶极，因此对极性分子之间的作用来说，诱导力是一种附加的取向力。诱导力的本质也是静电引力，极性分子的偶极矩越大，诱导力越大；被诱导分子的变形性越大，诱导力越大；分子间距离越大，诱导力越小；与取向力不同，诱导力与温度无关。

图 7-15　极性分子和非极性分子相互作用示意图

（三）色散力

非极性分子间也存在相互作用力。由于分子内部的电子在不断地运动，原子核也在不断地振动，使分子的正、负电荷重心不断发生瞬间相对位移，产生瞬间偶极。这种瞬间偶极也会诱导邻近的分子极化并产生瞬间诱导偶极，于是两个非极性分子之间可以靠瞬间偶极相互吸引，产生分子间力(图 7-16)。由于从量子力学导出这种力的理论计算式与光色散公式相似，因此把这种力称为**色散力(dispersion force)**。虽然瞬间偶极和瞬间诱导偶极存在的时间很短，却能不断地重复发生，又不断地相互诱导和吸引，因此色散力始终存在着。任何分子都存在电子的不断运动和原子核的振动，都会不断产生瞬间偶极，因此色散力存在于各种分子之间，如非极性分子与极性分子之间、极性分子与极性分子之间，并且在 van der Waals 力中占有相当大的比重。量子力学计算表明，色散力与相互作用分子的变形性有关，变形性越大，瞬间偶极越大，色散力越大；色散力也与相互作用分子的分子量有关，分子量越大，分子结构越复杂，分子内的电子总数越多，电子离原子核较远，分子在外电场作用下越易极化变形，色散力越强。

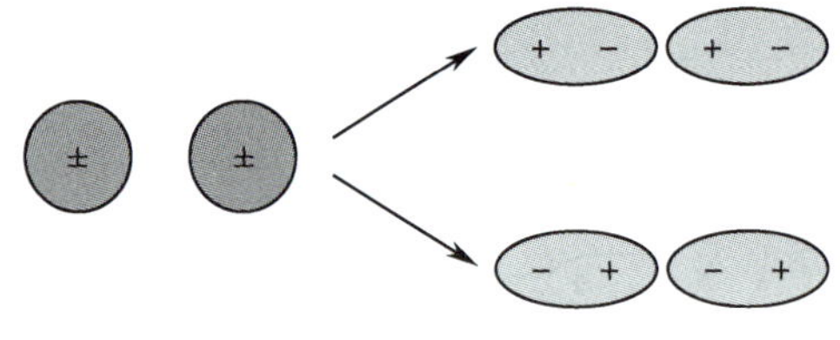

图 7-16 色散力产生示意图

综上所述，在非极性分子之间只存在色散力；在极性分子之间存在色散力、诱导力和取向力；在极性分子与非极性分子之间存在色散力和诱导力。表 7-6 列出了上述 3 种作用力引起的分子间作用能。

表 7-6 各种 van der Waals 力引起的分子间作用能 （单位：$kJ \cdot mol^{-1}$）

分子	取向力	诱导力	色散力	总能量
Ar	0.000	0.000	8.49	8.49
CO	0.003	0.008	8.74	8.75
HI	0.025	0.113	25.86	26.00
HBr	0.686	0.502	21.92	23.11
HCl	3.305	1.004	16.82	21.13
NH_3	13.31	1.548	14.94	29.80
H_2O	36.38	1.929	8.996	47.31

van der Waals 力不是化学键，而是静电引力，其作用能只有几到几十 $kJ \cdot mol^{-1}$，比化学键小 1~2 个数量级；它的作用范围只有几十到几百 pm；它没有方向性和饱和性；对于大多数分子，色散力是主要的，只有极性大的分子，取向力才比较显著，诱导力通常都很小。

分子间力的大小直接影响物质的许多物理性质，如熔点、沸点、溶解度、表面吸附等。分子间的作用力越强，相应物质的熔点、沸点越高。从表 7-6 可知，HCl、HBr、HI 的 van der Waals 力依次增大，故其熔点、沸点依次递增。

三、氢键

同族元素的氢化物，其熔点和沸点一般随着相对分子质量的增大而增高，但 HF 的沸点和熔点却比 HCl 高；H_2O 的沸点比 H_2S 高；NH_3在氮族氢化物中也有类似的反常现象。这说明在

HF、H_2O 和 NH_3 分子之间，除了存在前面讨论过的 van der Waals 力外，还存在一种特殊的作用力，即**氢键（hydrogen bond）**。

当 H 原子与电负性大、半径小的 X 原子（X=F、O、N）结合形成 H—X 共价键时，由于 X 的电负性比 H 的电负性大，吸引成键电子的能力强，因此 H—X 共价键中的共用电子对强烈地偏向于 X 原子一方，而使 H 带正电；同时，H 原子用自己唯一的电子形成共价键后，已无内层电子，几乎成为裸露的质子而具有较大的正电荷场强，因而这个 H 原子还能与另一个电负性大、半径小并在外层含有孤对电子的 Y 原子（Y=F、O、N）产生定向的吸引作用，这种产生在氢原子与电负性较大原子的孤对电子之间的静电吸引力称为氢键。氢键通常用 X—H…Y 表示，X 和 Y 代表 F、O、N 等电负性大、半径小的非金属元素的原子，“…”代表氢键。氢键中 X 和 Y 可以是同种元素的原子，如 O—H…O、F—H…F 等，也可以是不同元素的原子，如 N—H…O。

氢键的强弱与 X、Y 原子的电负性及半径大小有关。X、Y 原子的电负性越大、半径越小，形成的氢键越强。常见氢键的强弱顺序是

$$\text{F—H}\cdots\text{F} > \text{O—H}\cdots\text{O} > \text{O—H}\cdots\text{N} > \text{N—H}\cdots\text{N}$$

氢键的键能一般小于 $42\text{kJ}\cdot\text{mol}^{-1}$，比化学键弱得多，但强于 van der Waals 力，因而对含有氢键的化合物的性质产生一定的影响。

与 van der Waals 力不同，氢键具有饱和性和方向性。饱和性是由于氢原子的体积比 X、Y 原子小得多，当 X—H 中的 H 与 Y 形成 X—H…Y 氢键后，其他电负性大的原子再靠近 H 原子时，将会受到已形成氢键的 Y 原子电子云的强烈排斥。氢键的方向性是指形成氢键 X—H…Y 时，X、H、Y 三个原子尽可能在同一直线上（图 7-17），键角接近 180°，这样既可使 Y 与 H 间的引力较强，又可使 Y 与 X 原子电子云之间的斥力最小，使体系更稳定。

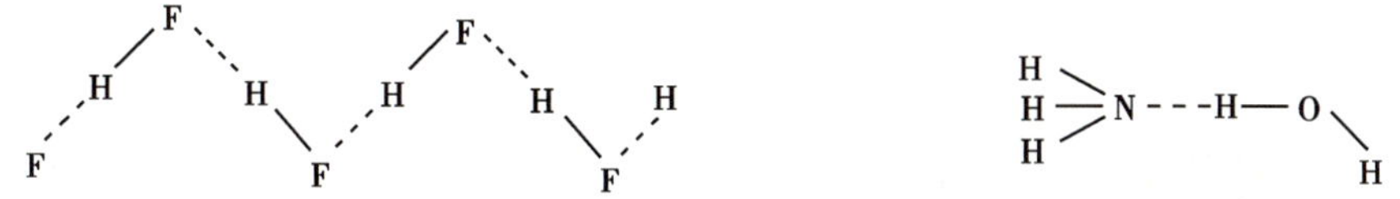

图 7-17　氟化氢、氨水中的分子间氢键

氢键不仅在分子间形成，如氟化氢、氨水，也可以在同一分子内形成，如硝酸、邻硝基苯酚（图 7-18）。形成分子内氢键时，分子结构的限制使得 X、H、Y 三个原子不在同一直线上，形成了较稳定的多原子环状结构，导致化合物的极性下降，熔点、沸点降低。由此可以理解为什么硝酸是低沸点酸（83℃，形成分子内氢键），而硫酸是高沸点酸（338℃，形成分子间氢键）。

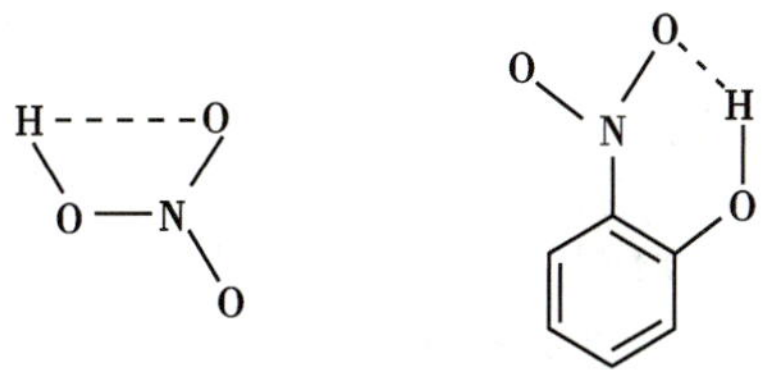

图 7-18　硝酸、邻硝基苯酚的分子内氢键

氢键存在于许多化合物中，它的形成对化合物的性质有一定的影响。分子间氢键的形成，使分子之间产生了较大的吸引力，要使液体气化或使固体熔化，除了需要克服 van der Waals 力外，还需要消耗额外的能量用于破坏分子间的氢键，导致物质的熔点、沸点升高。如 VA～

ⅦA族元素的氢化物中，H_2O、HF、NH_3的沸点比同族其他相对原子质量较大元素的氢化物的沸点高。若化合物形成分子内氢键，会使形成分子间氢键的机会降低，导致沸点、熔点低于同类化合物。例如，邻硝基苯酚的沸点是45℃，而间硝基苯酚和对硝基苯酚分别为98℃和114℃。这是因为间硝基苯酚或对硝基苯酚中存在分子间氢键，加热时需提供更多的能量去破坏分子间氢键，所以沸点较高。而邻硝基苯酚存在分子内氢键，不易再形成分子间氢键，所以沸点较低。

氢键的形成也会影响物质的溶解度，若溶质分子与溶剂分子之间能形成分子间氢键，将使溶质分子与溶剂分子之间的结合力增强，导致溶质的溶解度增大。例如，H_2O_2与H_2O能任意互溶，NH_3易溶于H_2O都是由于形成分子间氢键的结果。若溶质分子形成分子内氢键，则其在极性溶剂中的溶解度降低，而在非极性溶剂中的溶解度增大。如邻硝基苯酚可形成分子内氢键，对硝基苯酚因硝基与羟基相距较远不能形成分子内氢键，但它能与水分子形成分子间氢键，所以邻硝基苯酚在水中的溶解度比对硝基苯酚小。

问题与思考 7-5

HCl、HBr、HI均为强酸，HF是HX中唯一的弱酸，为什么？

氢键在生命过程中起重要作用，脱氧核糖核酸（DNA）、蛋白质、脂肪及糖类等生命基础物质都含有氢键。蛋白质、核酸等生物大分子均存在分子内氢键，使得分子按照特定的方式联系起来，表现出特定的空间构型和生物活性。这些分子中的氢键如果被破坏，分子的空间构型就会发生改变，原有的生物活性就会丧失。如DNA分子中，两条多核苷酸链靠碱基（C=O…H—N和C=N…H—N）之间形成的氢键配对相连，即腺嘌呤（A）与胸腺嘧啶（T）配对形成2个氢键，鸟嘌呤（G）和胞嘧啶（C）配对形成3个氢键，两个主链间以大量的氢键连接形成螺旋状的立体构型（图7-19）。

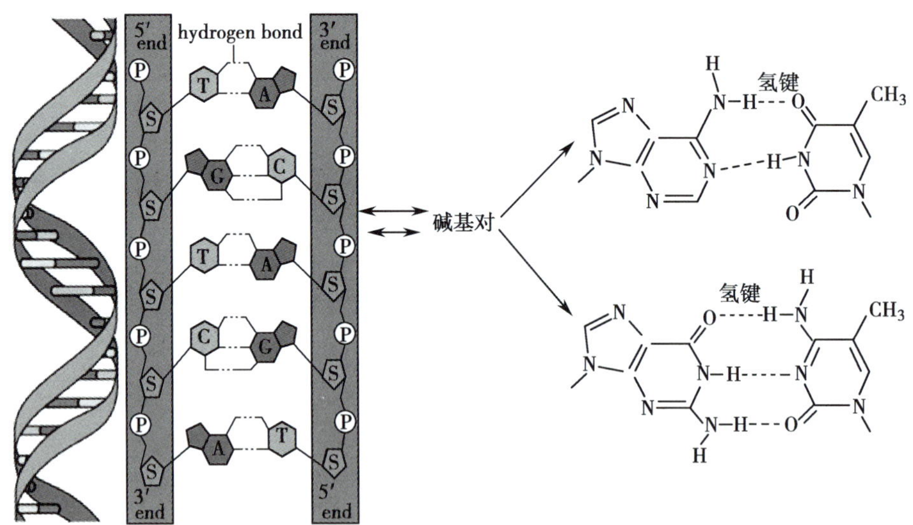

图7-19　DNA双螺旋结构及碱基配对形成氢键示意图

自从氢键的概念提出以来，国内外发展了很多氢键的研究方法，对氢键的特点做了深入探讨，极大地丰富了人们对氢键的认识。例如，由不同氢键缔合方式可形成自组装超分子。超分子体系是研究两个以上的分子通过分子间相互作用力缔合，形成具有特定结构和功能的超分子结构的科学。利用氢键等非共价相互作用，将相对比较简单的分子亚单元组装成具有二维或三维长程有序的超分子聚集体，是设计新颖功能材料的一条新途径，近年来受到广泛关注并成为前沿领域的一个研究热点。分子间氢键等弱相互作用具有动态可逆的特点，对外部环境的刺激具有独特的响应特性。氢键自组装是超分子体系中相对较新颖和引人注目的领域，它在化学和生物体系中都占据非常重要的地位。多数情况下，正是由于多种分子间弱相互作用的协同性、方向性和选择性，决定着分子识别、位点识别和分子间的高层次组装。

生物特异性识别是指生物分子间的选择性相互作用，即主体对客体选择性结合并产生某种特定功能的过程。如DNA的碱基配对、生物素与抗生物素蛋白的特异性相互作用、酶与特定底物的结合、激素与受体之间的作用、抗体与抗原之间特异性结合以及糖与凝集素蛋白质之间的专一性结合等。生物特异性识别是通过两个分子各自的特定结合部位来实现的。要实现分子特异性识别，首先要求两个分子的结合部位是结构互补的，其次要求两个结合部位有相应的基团，相互间能够产生足够大的作用力，这样才能使两个分子结合在一起。在生物学中，常用“锁和钥匙”的关系来比喻这种专一性识别。虽然很多特异性识别的相互作用本质上都是基于氢键的相互作用，但因其独特的选择性和协同性，通常又被单独作为一种特殊的相互作用。

临床应用拓展阅读

自由基与疾病、衰老的关系

自由基（free radical）是指具有未配对电子的原子、分子、原子团或离子。自由基一般很活泼，存在的时间很短，有的自由基存在期为毫秒（如 $\cdot O_2^-$），有的甚至不超过毫秒（如 $CH_3\cdot$）。人体每一瞬间都产生着能量，而负责传递能量的搬运工就是自由基。当这些帮助能量转换的自由基被封闭在细胞里工作时，对生命是无害的。但如果自由基的活动失去控制，超过一定的量，生命的正常秩序就会被破坏，疾病可能就会随之而来。所以说自由基是一把双刃剑，自由基的电子得失对人类可能有益也可能是有害的。

自由基很容易与其他物质发生反应。自由基对人体的损伤主要表现在以下几个方面：①破坏生物膜结构，使不饱和脂肪酸形成过氧化脂质；②干扰氨基酸链的特殊基团和肽键，使蛋白质氧化、水解或形成交联聚合物；③改变脱氧核糖核酸的分子结构，从而阻碍遗传信息的正常传递和蛋白质合成。

自由基中以氧自由基对机体危害最大。氧分子经过4个步骤逐步获得4个电子才能还原成水，在此过程中会出现3个代谢中间体，即超氧阴离子自由基、过氧化氢和羟自由基。此外，氧自由基还包括脂氧自由基（$RO\cdot$）、脂质过氧基（$ROO\cdot$）、脂氢过氧化物（ROOH）等，它们都是直接或间接地由氧转化而成的某些代谢产物及其衍生物。氧气被代谢形成的自由基，通过细胞运输到全身，破坏其他分子结构，导致细胞受损。这样的细胞损坏被认为是人体衰老及各种健康问题的重要原因。其中超氧阴离子自由基和羟自由基是生命中最活跃、危害性最大的两种活性氧。它们是氧分子进行单电子还原的产物，在人体正常生命代谢中普遍存在，其性质不稳定、活性强，对组织细胞有很强的攻击性，能与细胞膜上的不饱和脂肪酸形成脂质过氧化物，使细胞结构和功能受损。一些疾病的发生与加重就是由于自由基的干扰和破坏，如人的衰老、肿瘤的发生、炎症的恶化、放射线损伤、某些心脏疾病、肝病及难治性休克等与自由基都有一定关系。

人生活在有氧环境中，无时不在进行氧化代谢，有氧化代谢就有自由基产生。在正常情况下，自由基会在体内不断产生，也会不断地被清除。机体清除自由基的物质主要是一些酶类、金属硫蛋白、褪黑素、雌二醇等。其中清除自由基的酶主要有超氧化物歧化酶(SOD)、过氧化氢酶(CAT)、谷胱甘肽过氧化物酶(GSH-Px)及谷胱甘肽转硫酶(GST)等。机体的自由基清除系统能够清除过剩的自由基，避免造成机体损伤。但随着人们年龄的增加，抗氧化活性递减，自由基就会增多并逐渐积聚。当人体自由基超过了机体内自由基清除系统的中和解毒能力时，过剩的自由基便可诱发线粒体乃至整个细胞的氧化损伤，导致衰老。为了防御自由基的损害，人们可以通过添加抗氧化剂的方法达到抵抗疾病和延缓衰老的目的。常见的抗氧化剂包括维生素 C、维生素 E、β-胡萝卜素、茶多酚、原花色素聚合物(OPC)以及矿物质中的硒、锌、铜、锰等。

分子识别与临床诊断治疗

分子识别是指主体对客体选择性结合并产生某种特定功能的过程。主体分子通过氢键、van der Waals 力、金属配位、π—π 作用等非共价弱作用力与客体分子相互识别。以分子与位点识别为基础，研究具有特定生物学功能的体系主要有非生物主体分子冠醚、环糊精、杯芳烃等。分子识别是生物体内极其重要的基本过程。在生物体系中存在着大量的分子识别系统，它们都具有较高的选择性。例如，糖和蛋白质的特异性识别作用就主宰着受精、免疫应答、细胞生长等重要生理过程。与生命体内许多其他类型的相互作用一样，糖与蛋白质的特异性识别主要是通过氢键来实现。

抗体是分子识别领域应用最广的一类分子，在临床治疗和诊断方面均发挥了巨大的作用。适配分子因具有高亲和力和高特异性，而成为能够与抗体相媲美的一类分子。特别是随着配体指数增强系统进化技术(SELEX)的发展，可以针对任何靶分子筛选出高特异性、高亲和力结合的适配分子，并在免疫学、分子生物学和临床诊断治疗中得到了广泛的应用。利用适配分子进行诊断能克服抗体许多固有缺陷，而取得令人满意的结果。例如，流式细胞技术能快速分析单个细胞的许多参数。如果在带有染料的小分子抗体或核酸上连接一定的配体，即可在流式细胞仪上进行多参数分析。适配分子容易被修饰，便于固定在传感器膜上，被应用于多种亲和传感器，几乎可以满足任何分子识别的需要，以便应用于那些抗体无法满足要求的领域，并可与抗体联合应用于临床的急诊诊断。

本章小结

共价键形成的基本条件是成键两原子需有自旋相反的单电子，成键时单电子所在的原子轨道必须发生最大程度的有效重叠。共价键的本质是原子轨道的重叠，两个原子核之间的电子云把两个原子核结合在一起形成共价键。共价键具有饱和性和方向性。共价键的类型包括 σ 键和 π 键。σ 键键能大，稳定性高；π 键的重叠程度小，键能小，易断开，不能单独存在，只能与 σ 键共存。配位键是一种特殊的共价键。共价键的键参数主要有键能、键长、键角及键极性。

杂化轨道理论补充和发展了现代价键理论。s-p 型杂化分为 sp、sp^2、sp^3 三种类型。杂化类型决定了轨道的空间构型，sp 杂化的轨道间夹角 180°，为直线型；sp^2 杂化的轨道间夹角 120°，为平面正三角形；sp^3 杂化的轨道间夹角 109°28′，为正四面体。根据轨道能量的差异，轨道杂化还可以分为等性杂化和不等性杂化。

价层电子对互斥理论可以比较简便地预测许多主族元素间形成的 AB_n 型分子或离子的空间构型，其空间构型主要取决于中心原子的价层电子对数。

van der Waals 力可分为取向力、诱导力和色散力。取向力存在于极性分子之间；诱导力存在于极性分子之间、极性分子与非极性分子之间；色散力存在于任何分子之间。氢键是氢原子与电负性大的元素原子的孤对电子之间的静电吸引力，其作用力强于 van der Waals 力。氢键具有饱和性和方向性，包括分子内氢键和分子间氢键，氢键的形成对物质的熔点、沸点、溶解度等具有一定的影响。

习题

1. 举例说明下列概念有何区别。

(1) 共价键和配位键　　(2) 极性键和非极性键

(3) 等性杂化和不等性杂化　　(4) van der Waals 和氢键

(5) 永久偶极和瞬间偶极　　(6) 定域 π 键和离域 π 键

2. 为什么电子自旋方向相反的两个氢原子相互靠近时可形成稳定的氢分子？

3. 如何理解共价键具有方向性和饱和性？

4. 简要说明 σ 键和 π 键的主要特点是什么。

5. 根据价键理论写出下列分子的结构式：

$$Br_2, H_2O, N_2, PCl_3, OF_2$$

6. 什么叫原子轨道的杂化？为什么要杂化？用杂化轨道理论说明 H_2O 分子为什么是极性分子？

7. 用杂化轨道理论说明乙烷 C_2H_6、乙烯 C_2H_4、乙炔 C_2H_2 分子的成键过程和各键的类型。

8. BF_3 的空间构型为正三角形，而 NF_3 却是三角锥形，试用杂化轨道理论予以说明。

9. 已知 NO_2、CO_2 和 SO_2 分子的键角分别为 132°、180° 和 120°，判断它们的中心原子轨道的杂化类型。

10. PCl_3 分子的空间构型是三角锥形，键角 <109°28′；$SiCl_4$ 的空间构型是正四面体，键角为 109°28′。试用杂化轨道理论予以说明。

11. 试用杂化轨道理论说明下列分子或离子的中心原子可能采取的杂化类型以及分子或离子的空间构型。

(1) PH_3　(2) $HgCl_2$　(3) $SnCl_4$　(4) $SeBr_2$　(5) H_3O^+

12. 某化合物有严重的致癌性，其组成为 H 2.1%，N 29.8%，O 68.1%，其摩尔质量约为 $50g \cdot mol^{-1}$。试回答下列问题。

(1) 写出该化合物的化学式。

(2) 如果 H 与 O 键合，画出其结构式。

(3) 指出 N 原子的杂化类型及分子中 σ 键和 π 键的类型。

13. 下列哪些分子的中心原子属 sp^2 杂化？哪些分子的键角最小？哪些分子的键角最大？

(1) NH_3　(2) H_2O　(3) CH_4　(4) BF_3

(5) $CH_3—CH=CH—C≡CH$　(6) C_6H_6　(7) $BeCl_2$　(8) CO_2

14. 什么叫"键能"？已知甲烷气的生成热为 $-74.9kJ \cdot mol^{-1}$，原子氢的生成热为 $218kJ \cdot mol^{-1}$，

碳的升华热为 $718kJ \cdot mol^{-1}$，试求 C—H 键能（提示：CH_4分子中 C—H 的键能为 CH_4分子解离能的 1/4）。

15. NH_3、H_2O 的键角为什么比 CH_4 小？

16. 判断下列叙述正误。

（1）基态原子的未成对电子数就是该原子最多能形成的共价键数。

（2）杂化轨道的成键能力大于参与杂化的各原子轨道的成键能力。

（3）若多原子化合物分子的偶极矩为零，则其空间构型一定是对称的。

（4）由不同元素形成的双原子分子一定是极性分子。

（5）对共价化合物来讲，分子量越大，熔点、沸点越高。

（6）凡是能形成氢键的物质，其熔点、沸点要比同类物质高。

（7）离子型化合物中也存在色散力。

（8）CH_4分子中 C—H 键能完全相同，因此，破坏一条 C—H 键所需能量也相同。

（9）极性分子间力称为取向力。

（10）氢键、共价键和配位键具有方向性和饱和性。

（11）氢键是化学键。

（12）以等性杂化轨道形成的分子，其空间构型不一定对称。

（13）分子间力中最重要的是色散力，任何分子间都存在色散力。

17. 试用价层电子对互斥理论，判断下列分子或离子的空间构型，并说明原因。

$$SO_4^{2-}, NH_4^+, CO_3^{2-}, BCl_3, PCl_5, SF_6, NH_3, XeF_4, NO_2$$

18. 画出下列物质的分子结构图，并指出分子中存在何种类型的化学键？

$$HF, O_2, H_2^+, B_2, CO_2, CO$$

19. 下列分子中，哪些是极性分子？哪些是非极性分子？为什么？

$$CCl_4, CHCl_3, BCl_3, NCl_3, H_2S, CS_2$$

20. 下列分子中，哪些既是非极性分子又含有 π 键？

（1）Cl_2　（2）C_2Cl_4　（3）$CHCl_3$　（4）CH_2Cl_2

（5）$HgCl_2$　（6）H_3P　（7）BF_3　（8）CO_2

21. 比较下列各组物质的分子偶极矩大小：

（1）CO_2和 SO_2　（2）CCl_4和 CH_4　（3）PH_3和 NH_3

（4）BF_3和 NH_3　（5）H_2O 和 H_2S

22. 判断下列各组分子之间存在什么形式的作用力。

（1）苯和 CCl_4　（2）氨和水　（3）CO_2气体

（4）HBr 气体　（5）甲醇和水

23. 将下列两组物质按沸点由低到高的顺序排列，并说明理由。

（1）H_2　CO　Ne　HF　（2）CI_4　CF_4　CBr_4　CCl_4

24. 已知稀有气体的沸点（习题表 7-1），试说明沸点递变的规律和原因。

习题表 7-1　部分稀有气体的沸点

名称	He	Ne	Ar	Kr	Xe
沸点/K	4. 26	27. 26	87. 46	120. 26	166. 06

25. 何谓氢键？氢键对化合物性质有何影响？

26. 乙醇（C_2H_5OH）和二甲醚（CH_3OCH_3）组成相同，但乙醇的沸点比二甲醚的沸点高，试说明原因。

27. 下列化合物中哪些存在氢键？指出它们是分子间氢键还是分子内氢键。

(1) C_6H_6　　(2) NH_3　　(3) C_2H_6　　(4) H_3BO_3

(5) 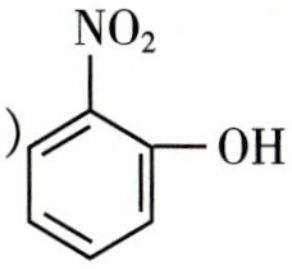 邻硝基苯酚（NO_2、OH 邻位取代的苯环）　　(6) 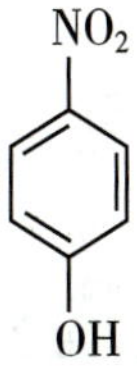 对硝基苯酚（NO_2、OH 对位取代的苯环）　　(7) 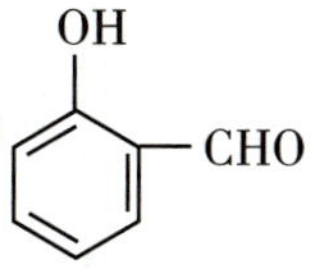 邻羟基苯甲醛（OH、CHO 邻位取代的苯环）

28. 将下列物质按照沸点从高到低的顺序排列。

(1) HF　　(2) HCl　　(3) HBr　　(4) HI

29. 将下列每组分子间存在的氢键按照由强到弱的顺序排列。

(1) HF 与 HF　　(2) H_2O 与 H_2O　　(3) NH_3 与 NH_3

(姚惠琴)

第八章　化学反应速率

学习目标

【掌握】化学反应速率、速率方程、速率常数、元反应、复合反应等概念；有效碰撞；反应级数；简单反应的速率方程；一级反应的特征、速率方程及有关计算。

【熟悉】活化分子及活化能的概念；碰撞理论；过渡状态理论；温度对反应速率的影响；Arrhenius 方程的意义及有关计算。

【了解】二级、零级反应的特征；催化剂对反应速率的影响及酶催化的特征。

化学反应的种类繁多，但涉及的基本问题只有两方面：①反应的可能性问题，即反应在指定的条件下能否发生、反应的方向和限度如何。这已在前面各类反应的化学平衡中讨论过。②反应的速率、反应条件和反应机制问题，它研究反应的现实性问题。化学反应速率及反应机制等问题属于化学动力学范畴，它们在理论和实践上都具有十分重要的意义。例如，生产过程中常希望加快某些反应以利于增产；而对于铁生锈、塑料老化、药物氧化分解、机体衰老等反应，则希望其速率越慢越好；口腔补牙、镶牙材料的固化等又要求速率适中。

本章将重点介绍有关化学反应速率的基本理论及影响化学反应速率的因素。

第一节　化学反应速率及其表示方法

一、化学反应速率

化学反应速率(chemical reaction rate)用于衡量化学反应进程的快慢，通常用单位时间内反应物浓度的减少或生成物浓度的增加来表示，以符号 v 表示。由于反应物或生成物的量随时间变化各不相同，故用不同的物质表示反应速率，其数值可能不同。

对于任一反应物 B，其反应速率 v_B 可表示为

$$v_B = -\frac{dc_B}{dt} \tag{8-1}$$

对于任一生成物 B，其反应速率 v_B 可表示为

$$v_B = \frac{dc_B}{dt} \tag{8-2}$$

式(8-1)和式(8-2)中，c_B 为物质 B 的物质的量浓度，两式有正负号之分，是因为反应速率均为正值，对于反应物而言，其浓度随反应的进行不断降低，dc_B 为负值。

化学反应速率通常用单位时间内化学反应体系中任一参与反应的物质浓度改变量来表示。v 的单位通常为 $mol \cdot L^{-1} \cdot s^{-1}$，时间单位可为秒(s)、分(min)、小时(h)、天(d)和年(a)等。

对于任意一反应

$$aA + bB \longrightarrow dD + eE$$

用不同物质表示此反应的反应速率时，会有以下关系

$$v \xlongequal{def} -\frac{1}{a}\frac{dc_A}{dt} = -\frac{1}{b}\frac{dc_B}{dt} = \frac{1}{d}\frac{dc_D}{dt} = \frac{1}{e}\frac{dc_E}{dt} \tag{8-3}$$

原则上可用化学反应式中任意一种物质来表示反应速率，但通常采用浓度变化易于测定的物质来表示。

对于具体反应

$$N_2(g) + 3H_2(g) \longrightarrow 2NH_3(g)$$

其化学反应速率可表示为

$$v = -\frac{1}{1}\frac{dc(N_2)}{dt} = -\frac{1}{3}\frac{dc(H_2)}{dt} = \frac{1}{2}\frac{dc(NH_3)}{dt}$$

二、化学反应的平均速率和瞬时速率

化学反应的**平均速率(average rate)**表示在一段时间内反应体系中某物质浓度变化的平均值，用 $\bar{v}$ 表示。

$$\bar{v} = -\frac{\Delta c_{反应物}}{\Delta t} \quad 或 \quad \bar{v} = \frac{\Delta c_{生成物}}{\Delta t} \tag{8-4}$$

例 8-1　室温下，过氧化氢(H_2O_2)水溶液在少量 I^- 存在下的分解反应为

$$H_2O_2(aq) \xrightarrow{I^-} H_2O(aq) + \frac{1}{2}O_2(g)$$

不同时间后 H_2O_2 溶液的剩余浓度见表 8-1。

表 8-1　经历不同时间后 H_2O_2 的浓度

t/min	0	20	40	60	80
$c(H_2O_2)/(mol \cdot L^{-1})$	0.80	0.40	0.20	0.10	0.05

试求反应在前 20min、40min 之内以及前 20min 到 40min 之内的平均速率。

解　反应在前 20min 内的平均速率为

$$\bar{v} = -\frac{\Delta c_{H_2O_2}}{\Delta t} = -\frac{(0.40-0.80)\,mol \cdot L^{-1}}{20min} = 0.020mol \cdot L^{-1} \cdot min^{-1}$$

反应在前 40min 内的平均速率为

$$\bar{v} = -\frac{\Delta c_{H_2O_2}}{\Delta t} = -\frac{(0.20-0.80)\,mol \cdot L^{-1}}{40min} = 0.015mol \cdot L^{-1} \cdot min^{-1}$$

反应在前 20min 到 40min 内的平均速率为

$$\bar{v} = -\frac{\Delta c_{H_2O_2}}{\Delta t} = -\frac{(0.20-0.40)\,mol \cdot L^{-1}}{20min} = 0.010mol \cdot L^{-1} \cdot min^{-1}$$

由上述计算结果可以看出，随着反应的进行，反应物的浓度不断减小，反应速率会不断变化，同时反应在不同阶段相同时间间隔内的平均速率也不同。可见由平均速率表示的反应速

率比较粗泛，无法得知化学反应在任意时刻的真实速率。

化学反应的**瞬时速率（instantaneous rate）**能确切地反映出化学反应在每一时刻的速率，它是时间间隔 Δt 趋近于零时平均速率的极限值。即

$$v=-\lim_{\Delta t\to 0}\frac{\Delta c_{反应物}}{\Delta t}=-\frac{dc_{反应物}}{dt} \quad 或 \quad v=\lim_{\Delta t\to 0}\frac{\Delta c_{生成物}}{\Delta t}=\frac{dc_{生成物}}{dt}$$

瞬时速率可通过作图法求得。根据表8-1中数据，以 H_2O_2浓度为纵坐标，时间为横坐标，绘制 c-t 曲线，得图 8-1。瞬时速率就是某时刻在 c-t 曲线上对应点切线的斜率。图中 A、B、C、D 四点分别表示反应在第 20min、40min、60min 和 80min 时 H_2O_2浓度，对四点做切线，可得对应时刻的瞬时速率分别为 0.014mol · L^{-1} · min^{-1}、0.007 5mol · L^{-1} · min^{-1}、0.003 8mol · L^{-1} · min^{-1}、0.001 9mol · L^{-1} · min^{-1}。

比较上述反应中两种形式的速率数据，可发现瞬时速率与平均速率有着显著差别。

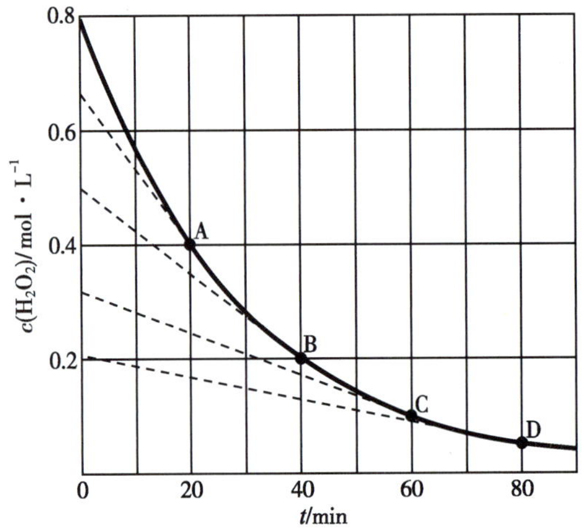

图 8-1　H_2O_2分解的 c-t 曲线

问题与思考 8-1

在反应速率的几种表示方式中，能表达真实情况的是哪一种？

第二节　化学反应速率理论简介

一、化学反应机制

一般通过化学反应式能够获知反应物、最后生成物以及各物质的计量关系，但并不知道反应是如何进行的。**反应机制（reaction mechanism）**在微观上阐明了一个化学反应在实际进行时经历了哪些具体步骤。例如，反应

$$H_2(g)+I_2(g)\longrightarrow 2HI(g)$$

经研究，发现它实际上要经历以下两步反应：

(1) $I_2(g)\longrightarrow 2I(g)$　　（快）

(2) $H_2(g)+2I(g)\longrightarrow 2HI(g)$　　（慢）

凡是反应物分子一步直接转化为生成物分子的反应称为**元反应（elementary reaction）**，

也称为简单反应。上述反应(1)、反应(2)均为元反应。

一定温度下,元反应的反应速率与各反应物浓度幂之积成正比,称之为质量作用定律。化学反应方程式中相应各反应物的计量系数为各浓度的指数幂。例如,当 $T>500K$ 时

$$NO_2(g)+CO(g) \longrightarrow NO(g)+CO_2(g)$$

反应机制研究表明该反应是元反应,其反应速率 $v \propto c(NO_2)c(CO)$。即

$$v=kc(NO_2)c(CO)$$

大多数化学反应都是经历了一系列步骤才完成的,这类反应称为**复合反应(complex reaction)**,也称复杂反应。$H_2(g)$ 与 $I_2(g)$ 生成 HI 的反应就是复合反应。

对已明确反应机制的复杂反应,其速率取决于组成该复杂反应的多个元反应中速率最慢的一步。上述反应(2)是慢反应,限制和决定了整个反应的速率,称为**定速步骤或速率控制步骤(rate-determining step)**。只有进行化学反应机制研究,了解定速步骤的反应速率及其影响因素,才能揭示化学反应速率的实质。

二、碰撞理论与活化能

自然界的化学反应千差万别,有些瞬间完成,如炸药爆炸、酸碱中和等,而有些却很慢,如氢和氧化合成水在常温下几乎觉察不出来。各种化学反应到底是如何发生的呢?对此,1918年,路易斯运用气体分子运动论的成果提出了**有效碰撞理论(effective collision theory)**。

(一)有效碰撞和弹性碰撞

有效碰撞理论认为,反应物分子间的相互碰撞是化学反应进行的先决条件,碰撞频率越高,反应速率越快,但事实上并不是每次碰撞都能发生反应。

例如,实验表明,在20℃及101.3kPa时,1mol的 N_2 和1mol的 O_2 间每秒碰撞次数达 10^{27} 多次,但结果只产生极微量的NO。这意味着反应物分子之间的大部分碰撞并不能导致反应发生,只有很少的碰撞才能发生反应并得到产物。

这种能发生反应的碰撞称为**有效碰撞(effective collision)**,不能发生反应的碰撞则称为**弹性碰撞(elastic collision)**。

要想发生有效碰撞,反应物分子或离子必须具备两个条件:①反应物分子或离子要有足够的动能,这样才能克服外层电子间的斥力而相互碰撞并发生反应。②碰撞时要有合适的方位,或称恰当的取向。即碰撞要恰好发生在能起反应的部位,如果碰撞的部位不合适,即使反应物分子具有足够的能量,也不会发生反应。

例如,反应

$$CO(g)+H_2O(g) \longrightarrow CO_2(g)+H_2(g)$$

只有当足够动能的CO分子中的C原子与 H_2O 分子中的O原子直接碰撞(图8-2A),即O、C、O三原子处于一条直线上,CO与 H_2O 分子间才能发生有效碰撞,发生化学反应并生成 CO_2 和 H_2。其他方位的碰撞,即使分子具有较高的能量也是无效碰撞,即弹性碰撞(图8-2B)。一般而言,分子的结构越复杂,反应中的无效碰撞会越突出,反应也就越慢。

(二)活化分子与活化能

反应物分子中具有较大的动能并能够发生有效碰撞的分子称为**活化分子(activated molecule)**,通常它只是反应物分子总数中的一小部分。

一定温度下的气体,分子间不断相互碰撞,每个分子的能量并不是固定的,但从统计学的观点看,具有一定能量的分子分数却不随时间而改变。假设分子的动能为 E,ΔE 为动能的能量间隔,N 为分子总数,ΔN 为动能在 E 和 $E+\Delta E$ 区间的分子数。以分子的动能作为横坐标,

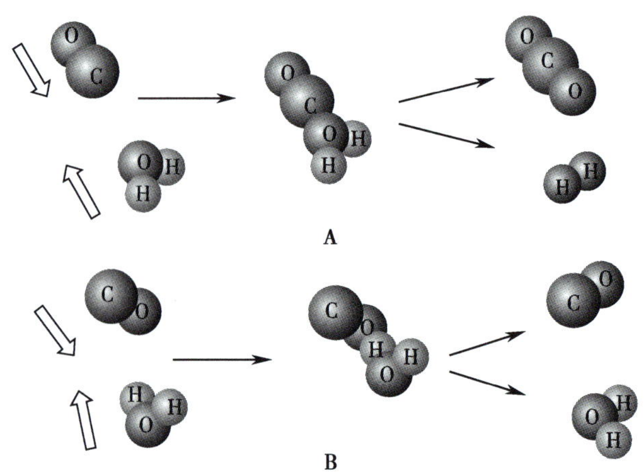

图 8-2　分子碰撞示意图

注：A. 有效碰撞；B. 弹性碰撞

以$\frac{\Delta N}{N\Delta E}$作为纵坐标，可得到一定温度下的气体分子能量分布曲线（图 8-3）。若在横坐标上取一定的能量间隔（ΔE），则$\frac{\Delta N}{N\Delta E}$与 ΔE 之积为$\frac{\Delta N}{N}$，就是动能在 E 和 $E+\Delta E$ 区间的分子数相对于分子总数的比率，因此能量分布曲线下包括的总面积就是分子分数的总和，其值等于 1。假设分子达到有效碰撞的最低能量为 E'，则曲线下阴影部分就表示活化分子数在分子总数中所占的比值，即活化分子分数，用 f 表示。

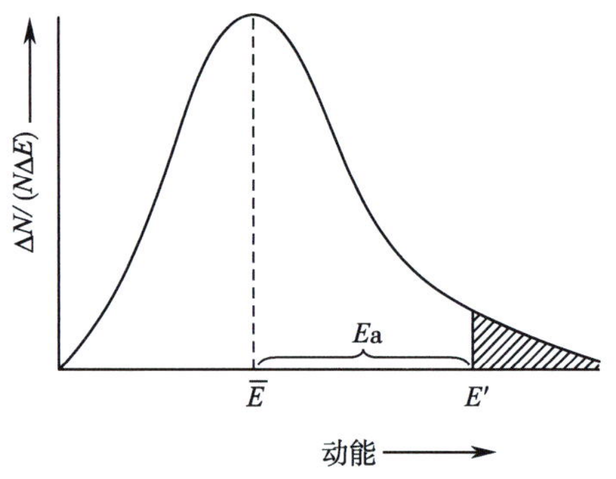

图 8-3　气体分子能量分布曲线

活化能（activation energy）就是把反应物分子转化为活化分子所需的能量。由于反应物分子的能量各不相同，活化分子的能量也彼此不同，只能从统计平均的角度来比较反应物分子和活化分子的能量。因此，活化能可定义为活化分子的最低能量（E'）与反应物分子的平均能量（$\bar{E}$）之差，用符号 E_a 表示。即

$$E_a = E' - \bar{E} \tag{8-5}$$

由图 8-3 可以看出，在一定温度下，反应的活化能（E_a）越大，图中阴影部分面积就越小，即活化分子分数就越小，反应越慢；反之，活化能越小，活化分子分数就越大，反应越快。可见，活化能就是化学反应的阻力，亦称能垒。不同的化学反应具有不同的活化能，因而活化分子分数也不同，这就是化学反应有快有慢的根本原因。

问题与思考 8-2

简述化学反应发生的条件及影响化学反应快慢的根本原因。

三、过渡态理论简介

碰撞理论比较直观，其成功解释了简单化学反应的发生，但对结构较复杂的分子间的反应就难以解释。对此，20 世纪 30 年代，艾林（Eyring）和波兰尼（Polany）等人在量子力学和统计

学的基础上，提出了化学反应速率的**过渡态理论(transition state theory)**。该理论认为，化学反应不是仅在碰撞的一瞬间才发生的，而是在彼此互相靠近时就已经开始。在化学反应过程中，反应物原有的化学键逐渐削弱、直至断裂，产物的新化学键逐渐形成直至稳定，反应过程中产生了一个中间过渡态物质，称为**活化络合物(activated complex)**。活化络合物形成时，反应物分子的动能暂时地转变为活化络合物的势能。活化络合物中的价键处在旧键已被减弱、新键正在形成的不稳定状态。活化络合物一旦形成，既可以进一步转化为生成物，也可能分解为原来的反应物。

例如，CO 和 NO_2的反应，当具有较高能量的 CO 和 NO_2分子互相以适当的取向充分靠近时，原有的 N---O 键部分断裂，而新的 C---O 键部分形成，即形成一种活化络合物。

O–N–O + C—O ⇌ O–N···O···C–O ⟶ N—O + O—C—O

图 8-4 为反应过程中势能变化的示意图。图中 A 点表示反应物 NO_2和 CO 分子处于基态时的平均势能。此时，NO_2和 CO 分子即使互相碰撞，也不会发生反应，只有反应物分子吸收了足够能量，使其势能达到 B 点时，分子间碰撞才能形成活化络合物。C 点是产物 NO 和 CO_2分子的平均势能。可见，活化络合物处于比反应物和生成物分子相对更高的势能(称为“能垒”)状态。只有反应物分子吸收足够能量时，才能越过这个能垒，反应方可进行。通常把由基态反应物分子过渡到活化络合物的过程称为活化过程。其中活化络合物能量比反应物分子的平均能量高出的额外能量称为活化能 E_a。图中 ΔE_{a1}是正反应的活化能，ΔE_{a2}是逆反应的活化能。对于可逆反应，如果正反应的活化能小于逆反应的活化能，即 $\Delta E_{a1}<\Delta E_{a2}$，则正反应为放热反应，逆反应为吸热反应；反之，$\Delta E_{a1}>\Delta E_{a2}$，正反应为吸热反应，逆反应为放热反应。

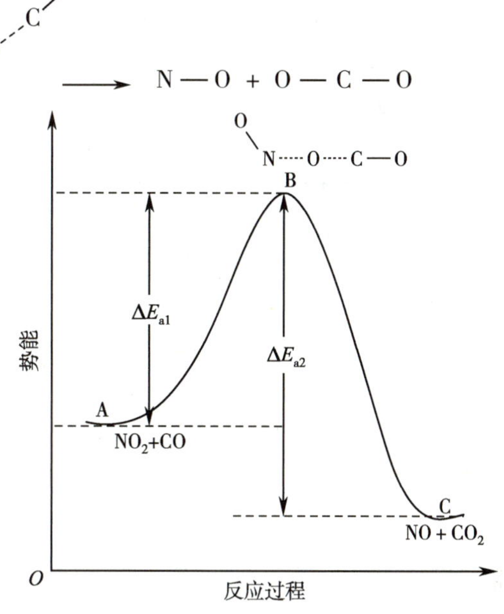

图 8-4　反应过程势能变化示意图

活化能的常用单位是 $kJ \cdot mol^{-1}$，一般化学反应的活化能在 40~400$kJ \cdot mol^{-1}$之间。活化能<40$kJ \cdot mol^{-1}$的化学反应，反应速率极快，用一般方法难以测定；活化能>400$kJ \cdot mol^{-1}$的反应，其反应速率极慢，通常条件下也难以观察。

第三节　化学反应速率的影响因素

活化能是影响化学反应速率的内因，但外界条件对化学反应速率也有强烈影响，这些外界条件主要是浓度、温度和催化剂。

一、浓度对化学反应速率的影响

(一) 化学反应速率方程

影响化学反应速率的因素有很多，反应物浓度是影响反应速率的主要因素之一。并将反应物浓度与反应速率之间定量关系的数学式，称为化学反应**速率方程(rate equation)**。对于任意一个化学反应

$$a\text{ A} + b\text{ B} \longrightarrow d\text{ D} + e\text{ E}$$

其速率方程为

$$v = k \cdot c^{\alpha}(\text{A}) \cdot c^{\beta}(\text{B}) \qquad (8\text{-}6)$$

式(8-6)中各浓度的指数 α、β 由实验确定。系数 k 称为反应**速率常数(rate constant)**，它与反应物本性、反应温度和催化剂等因素有关，而与反应物浓度无关，其值也可以通过实验测定。

由式(8-6)可知，当 $c(\text{A})$ 和 $c(\text{B})$ 均为 $1\text{mol} \cdot \text{L}^{-1}$ 时，有

$$v = k$$

所以，k 在数值上等于各反应物浓度均为 $1\text{mol} \cdot \text{L}^{-1}$ 时的反应速率，故速率常数又称为反应的比速率。k 是表示反应速率快慢的特征常数，在相同反应条件下，k 值愈大，其反应速率愈快。

例 8-2　在 1 073K 时，测定反应 $2NO+2H_2 \longrightarrow N_2+2H_2O$ 的反应速率，实验数据见表 8-2，试根据这些实验数据确定该反应的速率方程。

表 8-2　NO 与 H_2 的反应速率(1 073K)

实验序号	起始浓度/(mol · L^{-1})		生成 N_2(g)的速率/
	c(NO)	c(H_2)	(mol · L^{-1} · s^{-1})
1	6.00×10^{-3}	1.00×10^{-3}	3.19×10^{-3}
2	6.00×10^{-3}	2.00×10^{-3}	6.36×10^{-3}
3	6.00×10^{-3}	3.00×10^{-3}	9.56×10^{-3}
4	1.00×10^{-3}	6.00×10^{-3}	0.48×10^{-3}
5	2.00×10^{-3}	6.00×10^{-3}	1.92×10^{-3}
6	3.00×10^{-3}	6.00×10^{-3}	4.30×10^{-3}

解　设该反应的速率方程为

$$v = k \cdot c^{\alpha}(\text{NO}) \cdot c^{\beta}(\text{H}_2)$$

比较 1~3 号实验数据可知，当 $c(\text{NO})$ 保持不变，$c(\text{H}_2)$ 分别增加到 2 倍和 3 倍时，相应的反应速率也增加到 2 倍和 3 倍，可见反应速率与 $c(\text{H}_2)$ 成正比，即 β=1。

同样比较 4~6 号的实验数据也会发现，当 $c(\text{H}_2)$ 保持不变，只改变 $c(\text{NO})$ 时，反应速率与 $c^2(\text{NO})$ 成正比，即 α=2。因此，该反应的速率方程应为

$$v = k \cdot c^2(\text{NO}) \cdot c(\text{H}_2)$$

在确定反应的速率方程之后，还可进行以下有关计算：

(1)计算反应速率常数 k：将各组浓度数据代入速率方程式，可分别求得 k_i，对 k_i 取平均值则得到反应速率常数 k。

(2)计算反应速率 v：求得 k 后，将某组反应物浓度数据代入速率方程式，即可求得与之对应的反应速率 v。

在确定一个化学反应的速率方程时，应注意几点：

1. 只能根据实验事实确定反应的速率方程，而不能从化学反应方程式直接写出复合反应的速率方程。

2. 当反应物为纯固态、纯液态时，它们的浓度不写入速率方程式中。例如，反应

$$\text{C(s)} + \text{O}_2\text{(g)} \longrightarrow \text{CO}_2\text{(g)}$$

该反应的速率方程为 $v = k \cdot c(\text{O}_2)$。由于 O_2 只在固体 C 的表面进行反应，而反应体系内固体物质的表面积基本是一个常数，反应速率与固体 C 的浓度无关。

3. 若溶剂也参与反应，且反应物为稀溶液时，可近似认为溶剂的浓度是个常数，故溶剂浓度也不写入速率方程式中。例如，稀的蔗糖溶液中

$$C_{12}H_{22}O_{11}(\text{蔗糖})+H_2O \longrightarrow C_6H_{12}O_6(\text{葡萄糖})+C_6H_{12}O_6(\text{果糖})$$

该反应的速率方程为 $v=k \cdot c(C_{12}H_{22}O_{11})$。

（二）反应级数

无论是元反应还是复合反应，其反应速率方程均可用式(8-6)表示，即

$$v=k \cdot c^{\alpha}(A) \cdot c^{\beta}(B)$$

则浓度的指数 α 和 β 分别称为反应对 A 和 B 的级数，即该反应对 A 来说为 α 级，对 B 来说为 β 级。反应速率方程中各浓度的指数之和 α+β 称为该反应的**反应级数(order of reaction)**。例如，α+β=0，称为零级反应；α+β=1，称为一级反应。反应级数可为正整数、零、分数或负数，有的反应速率与反应物浓度之间甚至呈现复杂的函数关系。下面主要介绍三种具有简单级数的反应，即一级反应、二级反应和零级反应。

（三）具有简单级数反应的特征

利用反应经过的时间 t 和参与反应的物质浓度 c 之间的关系，可表示各级反应的特征。这方面的研究在药物代谢、酶催化等方面均有重要意义。

1. 一级反应 **一级反应(first-order reaction)**是指反应速率与反应物浓度的一次方成正比的反应，其速率方程为

$$v=-\frac{dc}{dt}=kc \tag{8-7}$$

反应开始时，$t=0$，反应物的起始浓度以 c_0 表示；当反应进行到 t 时刻时，反应物的浓度以 c 表示。将上式变量分离后再定积分

$$-\int_{c_0}^{c}\frac{dc}{c}=\int_0^t k dt$$

得

$$\ln\frac{c_0}{c}=k \cdot t \tag{8-8}$$

即

$$\ln c=-k \cdot t+\ln c_0 \quad \text{或} \quad \lg c=-\frac{k}{2.303}t+\lg c_0 \tag{8-9}$$

半衰期(half-life period)是指反应物浓度降到初始浓度一半所需要的时间，用 $t_{1/2}$ 表示。反应的半衰期也是衡量反应速率的重要参数，半衰期愈长，反应速率愈慢。

一级反应的半衰期 $t_{1/2}$ 可由式(8-9)得

$$t_{1/2}=\frac{0.693}{k} \tag{8-10}$$

因此，一级反应有如下重要特征：

(1) 由式(8-9)可知，若以 $\ln c$ 对 t 作图为一条直线，从直线的斜率可得该一级反应的速率常数 k。

(2) 一级反应速率常数 k 的单位是[时间]$^{-1}$。

(3) 由式(8-10)可知，对于给定的一级反应，一定温度下，其半衰期是一个常数，与反应物的起始浓度无关。

一级反应的实例很多，如放射性元素的衰变、多数的热分解反应、许多药物的水解反应、酶催化反应及药物在体内的代谢等。上述蔗糖的水解，符合一级反应的特点，此类反应称为**准一级反应(pseudo-first-order reaction)**。

例 8-3　已知某药物分解 30%即为失效。药物溶解后的质量浓度为 $5.0\text{g}\cdot\text{L}^{-1}$，1a 后该药物的质量浓度降为 $4.2\text{g}\cdot\text{L}^{-1}$。计算此药的半衰期和有效期。已知该药物的分解百分数与药物浓度无关。

解　若药物的分解百分数$\frac{c}{c_0}$与浓度无关，可看作一级反应，根据式(8-8) $\ln\frac{c_0}{c}=k\cdot t$，得

$$k=\frac{1}{t}(\ln c_0-\ln c)=\frac{1}{1\text{a}}\ln\frac{5.0\text{g}\cdot\text{L}^{-1}}{4.2\text{g}\cdot\text{L}^{-1}}=0.174\text{a}^{-1}$$

半衰期

$$t_{1/2}=\frac{0.693}{k}=\frac{0.693}{0.174\text{a}^{-1}}=4.00\text{a}$$

有效期

$$t=\frac{1}{k}\ln\frac{c_0}{c}=\frac{1}{0.174\text{a}^{-1}}\ln\frac{1}{0.7}=2.05\text{a}$$

例 8-4　放射性物质的强度以 ci（居里，它表示单位时间内放射性物质的衰变次数，1ci 相当于每秒有 3.7×10^{10} 次衰变。）表示。已知放射性 ^{60}Co 蜕变（一级反应）的半衰期 $t_{1/2}=5.26\text{a}$，医疗上将 ^{60}Co 产生的 γ 射线作为医用直线加速器的放射源应用于治疗癌症。某医院购买一台 20ci 的钴源，试计算使用 10 年后钴源的强度。

解　由一级反应 $t_{1/2}=\frac{0.693}{k}$，得

$$k=\frac{0.693}{t_{1/2}}=\frac{0.693}{5.26\text{a}}=0.132\text{a}^{-1}$$

根据式(8-9) $\ln c=-k\cdot t+\ln c_0$，得

$$\ln c=-0.132\text{a}^{-1}\times10\text{a}+\ln 20\text{ci}$$

$$c=5.37\text{ci}$$

例 8-5　抗生素在人体内的代谢通常为一级反应。给人体注射 500mg 某抗生素后，分别在不同时间测定血液中该药物的浓度，得到如表 8-3 数据。

表 8-3　给药不同时间后抗生素的血药浓度

t/h	1	3	5	7	9	11	13	15
$\rho/(\text{mg}\cdot\text{L}^{-1})$	6.0	5.0	4.2	3.5	2.9	2.5	2.1	1.7
$\ln\rho$	1.79	1.61	1.44	1.25	1.06	0.92	0.74	0.53

试求：(1)该抗生素在体内的半衰期。(2)若此抗生素在血液中的最低有效浓度为 $3.7\text{mg}\cdot\text{L}^{-1}$，多少小时后需要进行第二次注射？

解　(1)此抗生素在人体内的代谢为一级反应，以 $\ln\rho$ 对 t 作图，得图 8-5。
可求得直线斜率为 -0.089，即 $k=0.089\text{h}^{-1}$。

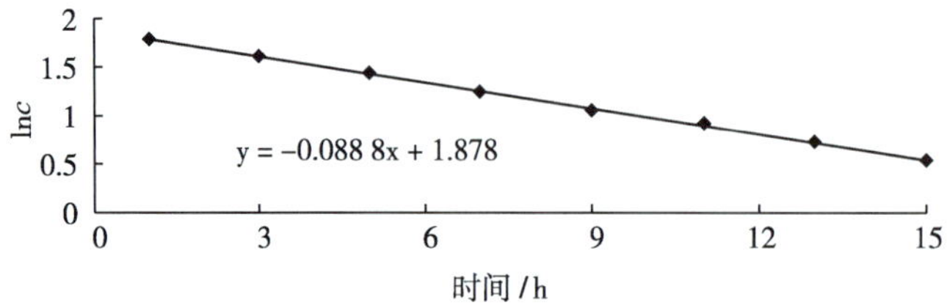

图 8-5　血药浓度随时间变化曲线

该抗生素的半衰期为

$$t_{1/2}=\frac{0.693}{k}=\frac{0.693}{0.089\text{h}^{-1}}=7.8\text{h}$$

(2)根据图 8-5 得，$t=0$ 时，$\ln\rho_0=1.88$；最低血药浓度为 3.7mg·L^{-1}，ln3.7=1.31。代入式(8-9)，得

$$t=\frac{\ln\rho_0-\ln\rho}{k}=\frac{1.88-1.31}{0.089\text{h}^{-1}}=6.4\text{h}$$

因此，欲使血药浓度不低于有效浓度 3.7mg·L^{-1}，应在第一次注射 6.4h 后进行第二次注射。临床上一般间隔 6h 注射一次，每昼夜注射 4 次。

2. **二级反应**　**二级反应(second-order reaction)**是指反应速率与反应物浓度的二次方成正比的反应。其反应速率方程为

$$v=-\frac{\text{d}c}{\text{d}t}=kc^2$$

定积分

$$-\int_{c_0}^{c}\frac{\text{d}c}{c^2}=\int_0^t k\text{d}t$$

可得

$$\frac{1}{c}=kt+\frac{1}{c_0} \tag{8-11}$$

半衰期为

$$t_{1/2}=\frac{1}{kc_0} \tag{8-12}$$

因此，二级反应有以下特征：

(1)由式(8-11)可知，若以$\frac{1}{c}$对 t 作图可得一直线，直线的斜率为二级反应速率常数 k。

(2)二级反应速率常数 k 的单位是[浓度]$^{-1}$·[时间]$^{-1}$。

(3)由式(8-12)可知，二级反应的半衰期与反应物的起始浓度 c_0 成反比。

二级反应最为常见，如羰基或烯烃的加成反应、取代反应等都是二级反应。

例 8-6　乙酸乙酯在 298.15K 时的皂化反应为二级反应

$$CH_3COOC_2H_5+NaOH \longrightarrow CH_3COONa+C_2H_5OH$$

若 $CH_3COOC_2H_5$ 与 NaOH 的初始浓度均为 0.015 0mol·L^{-1}，求

(1)当反应进行 20min 后，测得 NaOH 的浓度减少了 0.006 6mol·L^{-1}，试求反应的速率常数和半衰期。

(2)在第 20min 时反应的瞬时速率是多少？

解　(1)由式(8-11)$\frac{1}{c}=kt+\frac{1}{c_0}$得，

$$k=\frac{1}{t}\left(\frac{1}{c}-\frac{1}{c_0}\right)$$

根据题意，将相应数据代入上式，并整理得

$$k=\frac{1}{20\text{min}}\times\left(\frac{1}{0.0150\text{mol}\cdot\text{L}^{-1}-0.0066\text{mol}\cdot\text{L}^{-1}}-\frac{1}{0.0150\text{mol}\cdot\text{L}^{-1}}\right)=2.62\text{L}\cdot\text{mol}^{-1}\cdot\text{min}^{-1}$$

$$t_{1/2}=\frac{1}{kc_0}=\frac{1}{2.62\text{L}\cdot\text{mol}^{-1}\cdot\text{min}^{-1}\times0.0150\text{mol}\cdot\text{L}^{-1}}=25.5\text{min}$$

(2)在第20min时，$c(NaOH)=0.0150 mol\cdot L^{-1}-0.0066 mol\cdot L^{-1}=0.0084 mol\cdot L^{-1}$，因 $CH_3COOC_2H_5$ 与 NaOH 是等剂量反应，且初始浓度相等，故第20min时，$c(NaOH)=c(CH_3COOC_2H_5)=0.0084 mol\cdot L^{-1}$，得

$$\upsilon=kc^2=2.62 L\cdot mol^{-1}\cdot min^{-1}\times(0.0084 mol\cdot L^{-1})^2=1.85\times10^{-4} mol\cdot L^{-1}\cdot min^{-1}$$

3. **零级反应**　**零级反应(zero-order reaction)**是指反应速率与反应物浓度的零次方成正比的反应，即反应速率与反应物浓度无关的反应。其速率方程为

$$\upsilon=-\frac{dc}{dt}=kc^0=k$$

故零级反应的速率为常数。定积分

$$-\int_{c_0}^{c}dc=\int_0^t kdt$$

可得

$$c=-kt+c_0 \tag{8-13}$$

半衰期为

$$t_{1/2}=\frac{c_0}{2k} \tag{8-14}$$

零级反应的特征为：浓度 c 对 t 作图为一直线，直线斜率为 $-k$；速率常数 k 的单位是[浓度]·[时间]$^{-1}$；半衰期与反应物起始浓度成正比，与速率常数成反比。

最常见的零级反应是在固体表面发生的化学反应，即表面催化反应。例如，金属钨催化 NH_3 分解反应时，NH_3 分子先被吸附在钨表面的活性中心上分解，然后产物再脱离钨表面完成反应。由于钨表面上的活性中心有限，因此反应速率实际上与活性中心的多少有关。活性中心被 NH_3 占满后，即使增加 NH_3 的浓度，也不会对反应速率产生影响，故表现出零级反应的特征。

有些半衰期短的药物在使用时需要频繁给药，若用特殊技术制成缓释药物，所添加的辅料能携带药物在体内缓慢地分阶段溶解，就能使药物在体内的释放速率保持恒定，长时间维持体内的有效药物浓度，这也可看作零级反应。例如，激素类药物，用生物不能降解的硅橡胶制成空心小棒形状，腔内放置甾体激素并植入皮下，就能缓释药物4~6a，避免了频繁给药。具有零级反应特征的缓控释制剂特别适合需长期服药的慢性病患者。

具有简单反应级数的几类反应的主要特征总结见表8-4。

表8-4　简单级数反应的主要特征

反应级数	一级反应	二级反应	零级反应
反应速率方程式	$\upsilon=kc$	$\upsilon=kc^2$	$\upsilon=k$
基本方程(积分式)	$\ln c=-kt+\ln c_0$	$\frac{1}{c}=kt+\frac{1}{c_0}$	$c=-kt+c_0$
线性关系	$\ln c-t$	$\frac{1}{c}-t$	$c-t$
斜率	$-k$	k	$-k$
半衰期($t_{1/2}$)	$\frac{0.693}{k}$	$\frac{1}{kc_0}$	$\frac{c_0}{2k}$
k 的单位	[时间]$^{-1}$	[浓度]$^{-1}$·[时间]$^{-1}$	[浓度]·[时间]$^{-1}$

二、温度对化学反应速率的影响

人们很早就从生产和生活实践中发现，温度升高，反应速率一般会加快。由此人们总结出了一些经验规律。

（一）温度与反应速率常数的关系——Arrhenius 方程

1889 年，瑞典化学家 Arrhenius 总结了大量实验事实，提出化学反应速率常数与反应温度之间存在定量关系

$$k=A\mathrm{e}^{-\frac{E_a}{RT}} \tag{8-15}$$

将上式两边取对数可得

$$\ln k=-\frac{E_a}{RT}+\ln A \text{ 或 } \lg k=-\frac{E_a}{2.303RT}+\lg A \tag{8-16}$$

式(8-15)、(8-16)都称为 Arrhenius 方程。式中 k 为反应速率常数；E_a 为反应活化能；R 为摩尔气体常数；T 为热力学温度；A 称为频率因子或指前因子，是与反应有关的特性常数，其单位与速率常数一致。对给定的反应，在温度变化不大的范围内，可以认为 E_a 与 A 都不随温度的变化而变化。

从 Arrhenius 方程可以得出以下推论：

（1）对任意化学反应，温度升高，$-\frac{E_a}{RT}$ 随之增大，$\ln k$ 增大。表明温度升高时 k 值增大，反应速率加快。

（2）当温度一定时，若不同化学反应的 A 值相近，E_a 愈大的反应，$-\frac{E_a}{RT}$ 愈小，$\ln k$ 愈小。即活化能愈大，反应速率愈慢。

（3）温度变化对不同化学反应速率的影响程度不同。因为不同化学反应的活化能不同，活化能愈大的反应，受温度变化的影响也愈大，即改变相同温度，活化能较大的化学反应其速率变化更大。

图 8-6 反映了活化能与反应速率之间的变化关系。图中两条斜率不同的直线，分别代表活化能不同的两个化学反应。由 Arrhenius 式(8-16)可知，$\lg k$ 与 $\frac{1}{T}$ 呈直线关系，直线斜率为负值。斜率绝对值较小的直线Ⅰ代表活化能较小的化学反应，斜率绝对值较大的直线Ⅱ（较陡）代表活化能较大的化学反应。若反应温度从 1 000K 升高到 2 000K（图中横坐标从 1.0 变化到 0.5），则活化能较小的化学反应Ⅰ，其 $\lg k$ 从 3 增加到 4，即 k 值增大 10 倍；而活化能较大的化学反应Ⅱ，$\lg k$ 从 1 增加到 3，其 k 值增大 100 倍。由此可见，活化能较大的化学反应，其反应速率常数 k 随温度升高增加较快，反应速率受温度影响较大。

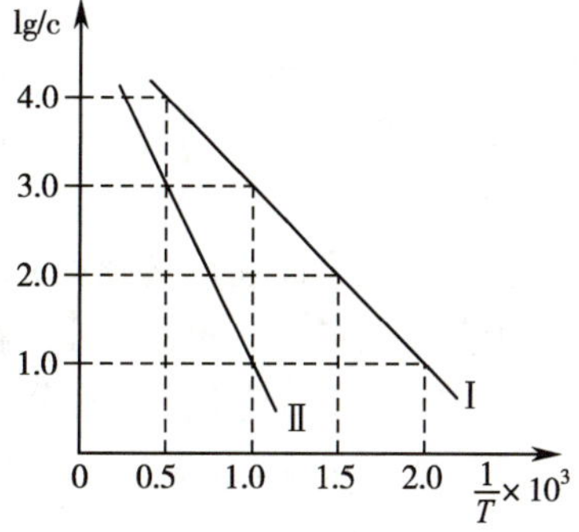

图 8-6　温度与反应速率的关系

应该注意到，前面所讲的化学反应速率均指单向反应速率。实际上，许多化学反应都是正向和逆向同时进行的可逆反应，温度升高时，正逆反应同时加速，根据活化能较大的化学反应，其反应速率常数 k 随温度升高增加更快、反应速率增加更多的规律，可逆反应的平衡向吸热方向移动。例如，前面讨论的 CO 与 NO_2 的化学反应（见图 8-4）中正反应的活化能 ΔE_{a1}，逆反应的活化能 ΔE_{a2}，且 $\Delta E_{a1}<\Delta E_{a2}$，温

度升高逆反应速率增加更多，导致平衡逆向移动，即向吸热反应方向移动。

问题与思考 8-3

一个已经达到化学平衡的吸热可逆反应，当反应温度升高或降低时，平衡分别向什么方向移动？试用温度对化学反应速率的影响规律对此作出解释。

由 Arrhenius 方程可求出不同温度下反应速率常数，若某反应在温度 T_1时速率常数为 k_1，在温度 T_2时速率常数为 k_2，则据式(8-16)得

$$\ln k_1=-\frac{E_a}{RT_1}+\ln A$$

$$\ln k_2=-\frac{E_a}{RT_2}+\ln A$$

两式相减，得

$$\ln\frac{k_2}{k_1}=\frac{E_a}{R}\left(\frac{T_2-T_1}{T_1T_2}\right) \tag{8-17}$$

式(8-17)是另一种形式的 Arrhenius 方程。由该式可知，对于活化能不同的反应，温度变化相同时，活化能愈大的反应，$\frac{k_2}{k_1}$值也愈大，即反应速率增大的倍数也愈大。

例 8-7　某药物在水溶液中分解，323K 和 343K 时测得该分解反应的速率常数分别为 $7.08\times10^{-4}h^{-1}$和 $3.55\times10^{-3}h^{-1}$，求该反应活化能和 298K 时的速率常数。

解　由式(8-17)得

$$E_a=R\left(\frac{T_1T_2}{T_2-T_1}\right)\ln\frac{k_2}{k_1}$$

$$=8.314J\cdot mol^{-1}\cdot K^{-1}\times\left(\frac{323\times343}{343-323}\right)K\times\ln\frac{3.55\times10^{-3}h^{-1}}{7.08\times10^{-4}h^{-1}}=74.25kJ\cdot mol^{-1}$$

将求得的 E_a值和 323K(或 343K)时的 k 值代入式(8-17)，可求得 298K 时的速率常数(忽略温度变化对 E_a和 k 的影响)

$$\frac{\ln k_{298}}{\ln 7.08\times10^{-4}h^{-1}}=\frac{74.25\times10^3J\cdot mol^{-1}}{8.314J\cdot mol^{-1}\cdot K^{-1}}\left(\frac{298-323}{323\times298}\right)K^{-1}$$

得

$$k_{298}=6.96\times10^{-5}h^{-1}$$

(二) 温度影响化学反应速率的原因

1884 年，范特霍夫(van't Hoff)从大量实验事实中总结出了一条近似规则：当反应物浓度不变时，温度每升高 10K，化学反应速率一般增加 2~4 倍，称之为范特霍夫规则。

反应温度升高使反应速率加快的主要原因是活化分子分数增加。从图 8-7 可以看出，温度升高时曲线明显右移、峰高降低，表明分子的平均动能增加($\overline{E_1}<\overline{E_2}$)，具有平均动能的分子数下降；但 E'右方的阴影面积却增大，即活化分子的相对数目增加，导致反应物分子的有效碰撞增多，反应速率加快。

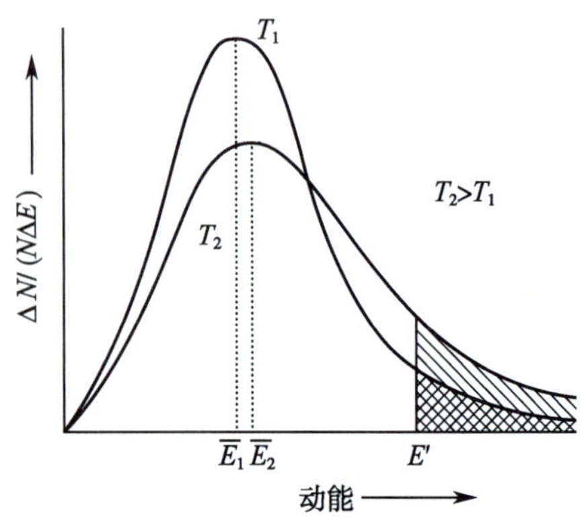

图 8-7　活化分子与温度的关系

三、催化剂对化学反应速率的影响

（一）催化剂与催化作用

根据 IUPAC 的建议，那些较少用量就能显著改变化学反应速率，而其本身的质量和化学组成在反应前后均保持不变的物质称为**催化剂（catalyst）**。催化剂改变化学反应速率的作用称为**催化作用（catalysis）**。在催化剂作用下进行的反应称为**催化反应（catalytic reaction）**。

通常将能加快化学反应速率的催化剂称为正催化剂，能减缓化学反应速率的催化剂称为负催化剂或阻化剂，一般情况下，如果没有特别加以说明，均指正催化剂。有些反应的产物本身就能作该反应的催化剂，从而使反应自动加快，这种催化剂称为自催化剂，这类反应称为自催化反应。例如，在酸性溶液中，$KMnO_4$与 $H_2C_2O_4$的反应

$$2KMnO_4+5H_2C_2O_4+3H_2SO_4 = 2MnSO_4+K_2SO_4+10CO_2+8H_2O$$

反应开始进行时较慢，稍后反应自动变快。这是由于反应所生成的 Mn^{2+}对该反应具有催化作用。

催化剂具有以下基本特点：

（1）催化作用是化学作用。催化剂参与化学反应，并在生成产物的同时再被释放出来，因此在化学反应前后其质量和化学组成不变，但某些物理性质可能会有变化。例如，MnO_2催化$KClO_3$分解放出 O_2反应，反应后 MnO_2由较大的晶体变成了细小粉末。

（2）催化剂能同等程度地改变可逆反应的正、逆反应速率，因此催化剂能够缩短反应体系到达平衡的时间。但催化剂不会影响平衡的移动，更不会引起化学反应方向和化学平衡常数的改变。

（3）参与反应的催化剂在短时间内能随产物的不断生成而多次反复地再生，因此，少量催化剂就能对反应起显著的催化作用。

（4）催化剂具有选择性。一种催化剂通常只对一种或少数几种反应起催化作用。同样的反应物应用不同的催化剂也可得到不同的产物。例如

$$C_2H_5OH \xrightarrow[473K\sim523K]{Cu} CH_3CHO+H_2$$

$$C_2H_5OH \xrightarrow[623K\sim633K]{Al_2O_3} C_2H_4+H_2O$$

$$C_2H_5OH \xrightarrow[413K]{浓\ H_2SO_4} (C_2H_5)_2O+H_2O$$

（二）催化作用理论简介

化学反应动力学的相关研究表明，催化剂之所以具有催化作用，是因为它参与化学反应，改变了反应的活化能，从而改变了化学反应速率。

如图 8-8 所示，在反应 $A+B \longrightarrow AB$ 中，途径 Ⅰ 没有催化剂，由反应物生成产物所需的活化能为 E_a。途径 Ⅱ 是加入催化剂 C 后，反应分如下两步进行，即

（1）$A+C \longrightarrow AC$

（2）$AC+B \longrightarrow AB+C$

途径 Ⅱ 中第一步反应的活化能为 E_{a1}，第二步反应的活化能为 E_{a2}。催化剂存在下，反应的活化能 E_{a1}和 E_{a2}均小于 E_a，故在催化剂作用下反应明显得到加速。同时还可以看出，催化剂可同等

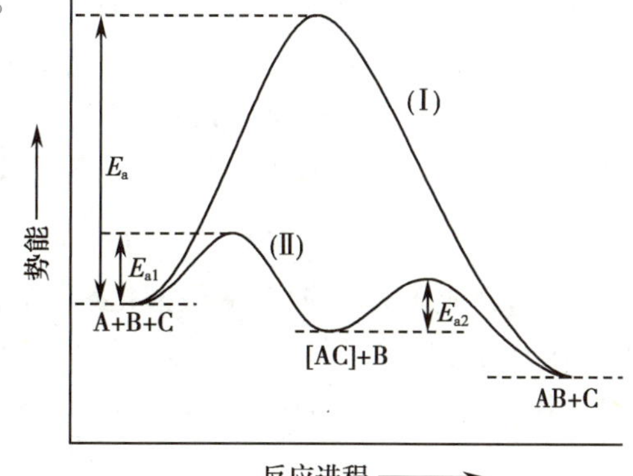

图 8-8　催化作用降低反应活化能示意图

程度地降低正、逆反应的活化能。

催化反应的反应机制十分复杂，虽然已进行了大量的研究工作，但目前对许多反应的机制仍然不是非常清楚，已经明确其催化反应机制的化学反应，可概括分为均相催化和多相催化两类。

1. 均相催化——中间产物学说　催化剂与反应物处于同一相的反应称为均相催化反应，简称**均相催化(homogeneous catalysis)**。根据反应所在相的类型，均相催化反应又可分为气相催化反应和液相催化反应。

在均相催化反应中，由于催化剂的加入形成了中间产物，从而改变了反应途径，降低了反应活化能，使化学反应得以加快。这种理论称为中间产物学说。

例如，I^-催化H_2O_2分解的反应，未加催化剂时，其分解反应为

$$2H_2O_2(aq) \longrightarrow 2H_2O(l) + O_2(g)$$

该化学反应的活化能 $E_a = 75.3kJ \cdot mol^{-1}$；若在 H_2O_2溶液中加入 KI 水溶液，则反应过程为

$$H_2O_2(aq) + I^-(aq) \longrightarrow H_2O(l) + IO^-(aq)$$

$$IO^-(aq) + H_2O_2(aq) \longrightarrow H_2O(l) + O_2(g) + I^-(aq)$$

以上总反应的活化能为 $E_a = 56.6kJ \cdot mol^{-1}$。催化剂 I^-的参与，使 H_2O_2分解反应的活化能大为降低，而 I^-在反应后又游离出来了。

另外，酸、碱催化反应是溶液体系中普遍存在的均相催化反应。例如，蔗糖、淀粉的水解反应等，H_3O^+或 OH^-是这类反应的催化剂。酸、碱催化反应的特点是在催化过程中发生质子(H^+)转移。因质子半径小，电核密度大，容易接近其他极性分子中电子云密度较高的负电荷部位，形成中间产物。此外，质子在转移过程中不易受对方电子云的排斥，因而反应的活化能相对较低，因此质子易与反应物分子形成新的化学键(中间产物)而起到催化作用。许多药物的稳定性都与溶液的酸碱性有关，就是这个原因。

2. 多相催化——活化中心学说　催化剂与反应物处于不同相的催化反应称为多相催化反应，简称**多相催化(heterogeneous catalysis)**。在多相催化反应中，催化剂一般为固体，而反应物为气体或液体，化学反应在固体表面进行。一般认为，固体催化剂表面凹凸不平造成表面化学键力的不饱和，特别是棱、角等突出部位的不饱和程度更高，其特点表现为表面结构上的不规则性和化学键力的不饱和性。因此这些部位对反应物分子有较大的吸附能力，能与反应物发生一种松散的化学反应，即一种比较稳定的、不大可逆的、选择性高的化学吸附，导致反应物分子内部旧化学键松弛，失去正常的稳定状态，进而转变为产物。这个催化过程的活化能往往比原有化学反应的活化能低，从而加快反应速率。这些固体催化剂表面的不饱和部位称为**活化中心(activation center)**，这种理论也称为活性中心学说。

由于不同催化剂活性中心的几何排布不同，其化学键力的不饱和程度也不同。因而，不同的固体催化剂对不同的化学反应呈现不同的催化活性，体现出催化剂的特殊选择性。例如，汽车废气的清洁，所用催化剂为 Pt、Pd、Rh 等贵重金属。它们可以将汽车尾气中的 NO 和 CO 转化为无毒的 N_2和 CO_2，减少大气污染。其催化反应如下

$$2NO(g) + 2CO(g) \xrightarrow{Pt、Pd、Rh} N_2(g) + 2CO_2(g)$$

又如，合成 NH_3反应用 Fe 做催化剂。首先气相中 N_2分子被 Fe 催化剂的活化中心吸附，使 N_2分子的化学键减弱、裂解、解离为 N 原子。气相中的 H_2分子与解离的 N 原子作用，逐步形成 NH、NH_2和 NH_3。此过程可简略表示为

$$N_2 + 2Fe \longrightarrow 2N\cdots\cdots Fe$$

$$2N\cdots\cdots Fe + 3H_2 \longrightarrow 2NH_3 + 2Fe$$

多相催化比均相催化复杂，它不仅涉及一般的化学反应机制，而且还涉及固体表面现象等其他学科的知识，目前的研究尚在不断深入之中。随着物质结构科学的发展，又提出了多位理论和半导体催化电子理论。

20 世纪 50 年代后期，又有人提出了配位催化理论，它主要吸收了近代配位化学和化学键理论方面的成果，使催化理论发展到新的阶段。但要从理论上预测催化剂的选择性还有困难，因此催化剂的选择至今仍以实验为基础，其相关理论依然在不断地发展与完善当中。

（三）生物催化剂——酶

酶是一种特殊的、具有催化活性的生物催化剂，它广泛存在于动物、植物和微生物中。与生命现象关系密切的生化反应大多都是需要酶催化。早在远古时代，人类就开始利用酵母等将食物酿造成酒和醋，利用的就是酵母中的酶。

自然界绝大多数的酶都是氨基酸按一定顺序聚合起来的蛋白质大分子，仅有少数是具有催化活性的核酸酶。蛋白酶分子往往很大，相对分子质量在 10^4 ~ 10^6之间，相当于胶体粒子的大小，因此**酶催化（enzyme catalysis）**是介于均相催化和多相催化之间，具有自身特性的一类催化反应。

酶催化反应中的反应物称为**底物（substrate）**，其反应机制仍然是酶参与反应，改变反应途径，大大降低反应的活化能，即酶(E)与底物(S)先形成中间化合物(ES)，然后进一步分解为产物(P)，同时酶(E)再生。

$$E+S \rightleftharpoons ES \longrightarrow E+P$$

在生物体所能耐受的特定条件下，天然酶能加速很多体内生物反应，生物体内酶的种类繁多，主要有水解酶、氧化还原酶、转移酶、合成酶、连接酶、裂合酶和异构酶等。如果生物体内缺少了某些酶，就会影响这些酶所参与的生物反应，严重时将危及健康。

酶与一般催化剂相比较，具有以下主要特点：

（1）高度的催化活性：酶具有巨大的催化能力，对于同一反应而言，其催化效率常是普通催化剂的 10^6 ~ 10^{10}倍。如食物中蛋白质的水解消化反应，在体外需用浓的强酸或强碱经长时间煮沸才能完成，但在人体胃液中酸碱性都不太强，温度仅 37℃，蛋白质几小时就能被消化，这可归功于胃液中蛋白酶的催化作用。

（2）高度的选择性（专一性）：一种酶只对某一种或某一类反应起催化作用。如淀粉酶催化淀粉水解，而磷酸酯的水解需要磷酸酶来催化。尿素酶只能催化尿素的水解反应，而对尿素取代物的水解反应无催化作用。即便底物分子为对映异构体，酶也能识别，并可选择性地进行催化。如 *L*-氨基酸氧化酶，只选择其中的 *L*-氨基酸进行催化反应而不会作用于 *D*-氨基酸，具有立体异构专一性。

（3）酶通常在一定的温度及一定 pH 范围内才具有催化作用：酶对温度非常敏感。酶催化一般都在比较温和的条件（常温、常压）下进行，温度过高会引起酶蛋白变性，失去催化活性。人体内各种酶的最适宜温度是 37℃左右。另外，酶分子中具有许多能解离的基团，当溶液的 pH 改变时，酶蛋白的电荷状态及酶分子的立体结构随之改变，从而影响酶的活性。酶的活性最大时的 pH 范围，称为酶的最适宜 pH。例如，胃蛋白酶的最适宜 pH 为 2~4，小肠蛋白水解酶即胰蛋白酶最适宜 pH 为 7~8。

酶分布在人体的各种器官和体液中。从化学反应的角度看，人体是一个极其复杂而又十分奥妙的酶催化系统。据报道，人体内的酶有近千种，60%以上的酶含有铜、锌、锰、钼等微量元素，这些微量元素参与了酶的组成与激活，使体内的酶催化反应顺利进行。

例 8-8　294K 时尿素水解成 NH_3及 CO_2反应的活化能为 $126kJ \cdot mol^{-1}$，同样温度若用尿素酶催化，则活化能降为 $46kJ \cdot mol^{-1}$。试计算：

（1）该反应因酶的参与，其反应速率加快了多少倍？

（2）无酶存在时温度要升高到多少才能达到有酶时的反应速率？

解　（1）由式（8-16）$\ln k=-\dfrac{E_a}{RT}+\ln A$，可得

$$\ln\frac{k_2}{k_1}=\frac{E_{a1}-E_{a2}}{RT}=\frac{(126-46)\times10^3\text{J}\cdot\text{mol}^{-1}}{8.314\text{J}\cdot\text{mol}^{-1}\cdot\text{K}^{-1}\times294\text{K}}=32.7$$

$$\frac{k_2}{k_1}=1.6\times10^{14}$$

即该反应因酶的参与，其反应速率加快了 1.6×10^{14} 倍。

（2）欲使无催化剂时的速率与 294K 时有尿素酶催化时的速率相等，则有

$$-\frac{E_{a1}}{RT_1}=-\frac{E_{a2}}{RT_2}$$

即

$$-\frac{126\times10^3\text{J}\cdot\text{mol}^{-1}}{8.314\text{J}\cdot\text{mol}^{-1}\cdot\text{K}^{-1}\times T_1}=-\frac{46\times10^3\text{J}\cdot\text{mol}^{-1}}{8.314\text{J}\cdot\text{mol}^{-1}\cdot\text{K}^{-1}\times294\text{K}}$$

$$T_1=805\text{K}$$

因此，该反应无酶存在时，要达到有酶时的反应速率温度需升高到 805K。

临床应用拓展阅读

药物半衰期与合理用药

药物半衰期是临床医师给药的基本参考依据之一。通常情况下，每一种药物都有固定的半衰期。各种药物的半衰期也是有区别的，而且差别很大。掌握药物半衰期的规律，能够充分挖掘药物疗效，降低药物毒副作用，选择最佳给药间隔时间和药物剂量，制订合理、科学的治疗方案，因而对临床的合理用药有着极其重要的指导意义。

药物半衰期一般可称作生物半效期或生物半衰期，是临床药物动力学中的一个重要概念。药物被机体摄取后，吸收到体循环，分布至各组织且被代谢和排泄，血药浓度随时间而下降。血药浓度下降一半所需的时间称为该药物的生物半衰期，它反映了药物在体内被消除的速度大小，即在体内存留时间的长短。

药物半衰期在临床上的主要作用：

1. 临床上在对药物进行配伍时，药物半衰期在一定程度上可以充分发挥指导作用。如甲氧苄啶（磺胺类增效剂）药物半衰期在 10h 左右，与磺胺甲噁唑的半衰期具有一定的相似性。此外，两种药物的血药浓度、吸收及排泄高峰的到达时间也保持一致，所以临床上常将这二者联合应用，以增强疗效、降低剂量和不良反应。

2. 药物半衰期可以为给药间隔时间提供准确依据。通常情况下，大部分药物的半衰期就是给药间隔时间。对于药物半衰期比较长的药物，给药时间间隔就应该长一些，对于药物半衰期比较短的药物，给药时间间隔就应该缩短一些。不能够擅自给患者缩短或延长给药间隔时间，否则会引发不良反应甚至出现中毒现象。

随着临床医学的不断发展以及人们生活质量的不断提高，合理用药得到了越来越多的重视。灵活、巧妙地掌握药物半衰期进行合理用药，不仅可以提高治疗效果，同时也可减少不合理用药造成的诸多不良反应，提高患者用药安全性。

本章小结

化学反应速率指的是化学反应进行的快慢，常用平均速率和瞬时速率表示。反应机制是指一个化学反应的实际步骤。由反应物通过一步反应直接转变为产物的化学反应称为元反应，由多个元反应组成的反应称为复合反应。复合反应中反应速率最慢的一步称为速率控制步骤。

化学反应的发生可用碰撞理论和过渡态理论解释。碰撞理论认为，反应物只有具有足够的能量和适合的方位才能发生有效碰撞，进而发生化学反应。活化能是决定化学反应速率的内因，不同的化学反应，由于其活化能不同，所以反应速率也不同。

对同一化学反应，活化能确定，若外界条件改变，化学反应速率也随之改变。反应物的浓度对化学反应速率有很大影响。化学反应速率方程式反映了化学反应速率与浓度之间的关系，一般用实验方法进行确定。根据反应速率方程式中各反应物的指数，可确定化学反应的反应级数，常见的有一级反应、二级反应和零级反应。此外，温度和催化剂也对化学反应速率产生影响。一般情况下，温度升高，加入催化剂都能使反应速率加快。酶是一种特殊的生物催化剂，具有高度的催化活性、选择性和环境依赖性。

习题

1. 碰撞理论与过渡态理论是如何阐述化学反应速率的？

2. 反应速率常数 k 的物理意义是什么？它的值与什么因素有关？当时间单位为 h，浓度单位为 $mol \cdot L^{-1}$ 时，一级反应、二级反应和零级反应的速率常数单位各是什么？

3. 温度升高或降低，可逆反应的正、逆化学反应速率都加快或减慢，为什么化学平衡会移动？

4. 在相同温度下有如下两个反应

(1) $A+B \longrightarrow D \qquad E_{a1}$

(2) $E+F \longrightarrow G \qquad E_{a2}$

当 $E_{a1}>E_{a2}$ 时，改变反应温度对哪一个反应的速率影响较大？试根据 Arrhenius 方程解释。

5. 试用各组分浓度随时间的变化率表示下列反应的瞬时速率，并写出各速率之间的相互关系。

(1) $2N_2O_5 \longrightarrow 4NO_2+O_2$

(2) $4HBr+O_2 \longrightarrow 2Br_2+2H_2O$

6. 低浓度蔗糖溶液在酸性条件下水解是准一级反应

$$C_{12}H_{22}O_{11}(\text{蔗糖})+H_2O \longrightarrow C_6H_{12}O_6(\text{葡萄糖})+C_6H_{12}O_6(\text{果糖})$$

在 45℃ 时速率常数为 $1.88 \times 10^{-2} min^{-1}$，若蔗糖浓度为 $0.100 mol \cdot L^{-1}$，试计算

(1) 反应开始时的瞬时速率是多少？

(2) 反应进行到 30min 时的瞬时速率是多少？

(3) 反应进行到 30min 时蔗糖的水解率是多少？

7. O_2 经呼吸进入体内，在血液中发生反应 Hb(血红蛋白)$+O_2 \longrightarrow HbO_2$(氧合血红蛋白)，此反应对 Hb 和 O_2 均为一级反应。在肺部两者的正常浓度不低于 $8.0 \times 10^{-6} mol \cdot L^{-1}$ 和 $1.6 \times 10^{-6} mol \cdot L^{-1}$，正常体温 37℃ 下，该反应的速率常数为 $1.98 \times 10^{6} L \cdot mol^{-1} \cdot s^{-1}$。计算

(1) 正常人肺部血液中 O_2 的消耗速率和 HbO_2 的生成速率各是多少？

(2) 若某位患者 HbO_2 的生成速率达到 $1.3 \times 10^{-4} mol \cdot L^{-1} \cdot s^{-1}$，通过输氧使 Hb 浓度维持

正常值，肺部 O_2 浓度应为多少？

8. 某药物的分解反应为一级反应，在体温 37℃ 时，反应速率常数为 $0.46h^{-1}$，若服用该药物 0.16g，问该药物在胃中停留多长时间可分解 90%？

9. 在 28℃ 时，鲜牛奶大约 4h 变酸，但在 5℃ 冰箱内可保持 48h。假定反应速率与变酸时间成反比，试估算牛奶变酸反应的活化能是多少？

10. 乙醛的热分解反应是二级反应，733K 和 833K 时，该反应的速率常数分别为 0.038 和 $2.10L \cdot mol^{-1} \cdot s^{-1}$，求①该反应的活化能 E_a；②773K 时，乙醛浓度为 $0.050mol \cdot L^{-1}$，反应到 200s 时的瞬时速率是多少？

11. 人体内某一酶催化反应的活化能是 $50.0kJ \cdot mol^{-1}$。试计算发烧 40℃ 的患者与正常人（37℃）相比，该反应的反应速率加快的倍数是多少？

12. 300K 时，反应 $2H_2O_2(aq) \longrightarrow 2H_2O(l) + O_2(g)$ 的活化能为 $75.3kJ \cdot mol^{-1}$。若用 I^- 催化，活化能降为 $56.5kJ \cdot mol^{-1}$。若用酶催化，活化能降为 $25.1kJ \cdot mol^{-1}$。试计算在相同温度下，该反应用 I^- 催化及酶催化时，其反应速率分别是无催化剂时的多少倍？

13. 活着的动植物体内 ^{14}C 和 ^{12}C 两种同位素的比值与大气中 CO_2 所含这两种 C 同位素的比值是相等的，但在动植物死亡后，由于 ^{14}C 不断蜕变（该过程为一级反应），

$$^{14}C \longrightarrow {}^{12}C + 2e \qquad t_{1/2} = 5\,720a$$

$^{14}C/^{12}C$ 会不断下降，考古工作者可根据 $^{14}C/^{12}C$ 值的变化推算生物化石的年龄。如周口店山顶洞遗址出土的斑鹿骨化石中 $^{14}C/^{12}C$ 值是当今活着的动植物的 0.109 倍，试估算该化石的年龄。

（白慧云）

第九章　常用临床仪器分析技术简介

学习目标

【掌握】物质的吸收光谱；透光率和吸光度；Lambert-Beer 定律；原子吸收光谱法的基本原理；质谱法的基本原理及定性分析；色谱法的基本概念及基本原理；干化学显色反应；尿液干化学分析法；电泳的定义及电泳技术的分类。

【熟悉】分光光度法的定量分析方法、误差及提高测量准确度和灵敏度的方法；色谱法的塔板理论及分析方法；干化学技术与湿化学技术的对比；各类电泳技术的原理及特点。

【了解】紫外-可见分光光度计、原子光谱仪、质谱仪的基本组成；气相色谱仪和高效液相色谱仪的区别及应用；分光光度法、质谱法及色谱法的临床应用；尿液干化学分析仪的结构及工作原理；各类电泳仪的基本结构、工作原理及应用。

仪器分析技术是通过测定物质的某些物理参数或化学性质对待测物质进行定性、定量分析的一类实验技术。这类技术借助于一定的分析仪器进行，具有灵敏度高、选择性好、分析速度快、适用范围广、易于实现自动化等特点，已广泛应用于生物、医药、食品、环境等诸多领域。

根据分析检测的主要原理和特征，仪器分析技术一般可分为电化学分析法、光学分析法、色谱分析法及其他仪器分析方法。本章仅简要介绍紫外-可见分光光度法、原子吸收光谱法、质谱分析法、色谱分析法、化学显色分析法、电泳分析法的原理、特点及其在医药领域中的应用。

第一节　紫外-可见分光光度法

分光光度法（spectrophotometry）是根据物质对光的选择性吸收而建立起来的分析方法。根据所用光源的波长范围，分光光度法可分为紫外分光光度法（200 ~380nm）、可见分光光度法（380 ~760nm）、红外分光光度法（780 ~3×10^5nm）。分光光度法具有灵敏度高、准确度好、操作简便、测定快速、仪器设备简单等特点，是医药、卫生、食品、化工、环保等领域常用的分析方法之一。

一、物质的吸收光谱及 Lambert-Beer 定律

（一）物质的吸收光谱

光照射到某物质时，物质的分子、原子或离子会与光子发生相互作用，当入射光能量与吸

光物质的基态和激发态能量差相等时，光就被吸收。不同物质的基态和激发态的能量差不同，选择吸收光的能量也不同，即吸收光的波长不同。物质呈现不同颜色与它选择性吸收一定波长的光有关。

单一波长的光称为单色光，由不同波长组成的光称为复色光。白光（如日光、白炽灯光）就是复色光。实验证明，两种适当颜色的单色光按一定强度比例混合可成为白光，这两种单色光彼此称为互补色光（图 9-1），直线相连的两种色光即为互补色光。如紫光与绿光互补、蓝光与黄光互补等。

图 9-1　互补色光示意图

对于溶液而言，若溶液不吸收可见光，则溶液无色透明；若溶液吸收了某些波长的可见光而其他波长的光透过溶液，则溶液呈现出透过光的颜色。溶液呈现的颜色与它吸收光的颜色互为补色。如高锰酸钾溶液吸收白光中的绿光而呈现紫色；硫酸铜溶液吸收白光中的黄光而呈现蓝色。因此，有色溶液的颜色实际上是它所选择吸收光的互补色，吸收程度越大，则溶液的颜色越深。

溶液对一定波长的光的吸收程度，称为**吸光度（absorbance，*A*）**。将不同波长的单色光依次通过某一固定浓度的溶液，测量各波长对应的吸光度，以入射光波长 λ 为横坐标，吸光度 A 为纵坐标作图，得到的 A-λ 曲线称为**吸收光谱（absorption spectrum）**或**吸收曲线（absorption curve）**。吸收光谱描述了物质对不同波长的光的吸收能力。

图 9-2 为三（邻二氮菲）合铁（Ⅱ）配离子的吸收光谱，图中四条曲线分别代表四种不同浓度的三（邻二氮菲）合铁（Ⅱ）配离子溶液的吸收光谱，各条曲线的形状基本相同，其中在某一波长处吸光度最大，把吸收光谱中最大吸光度所对应的波长称为最大吸收波长，用 λ_{max} 表示。三（邻二氮菲）合铁（Ⅱ）配离子溶液的最大吸收波长 λ_{max} 为 508nm。

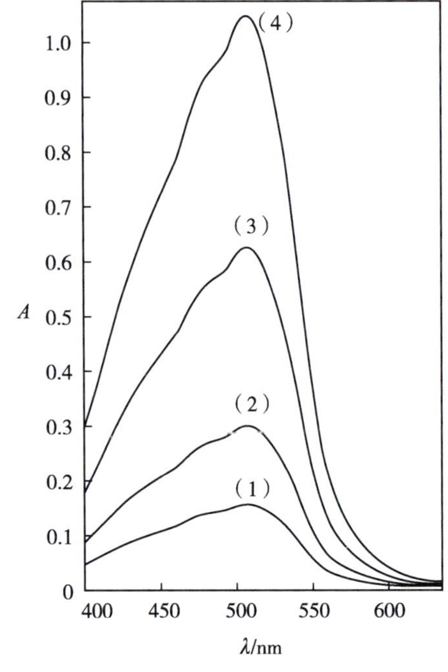

图 9-2　三（邻二氮菲）合铁（Ⅱ）配离子的吸收光谱

物质的结构不同，不仅吸收光谱形状有差异，其最大吸收波长也不同。根据吸收光谱的形状特征和最大吸收波长位置可对物质进行初步定性分析。最大吸收波长与物质浓度无关，不同浓度的同一物质溶液最大吸收波长相同，在一定浓度范围内，其吸光度随浓度增大而增大。因此，选择某一波长的光来测定物质的吸光度，根据吸光度的大小可以确定物质的含量。物质对最大吸收波长处的光吸收能力最强，定量分析时常选择最大吸收波长的光作为入射光以提高检测灵敏度。

问题与思考 9-1

如何绘制物质的吸收光谱？吸收光谱对于分光光度法有什么意义？

（二）Lambert-Beer 定律

1. 透光率（*T*）与吸光度（*A*）　当一定强度（I_0）的一束平行单色光照射到均匀透明、无散射的溶液中时，光的一部分被吸收（I_a）、一部分被反射（I_r）、一部分透过溶液（I_t），如图 9-3

所示。则

$$I_0=I_a+I_t+I_r \tag{9-1}$$

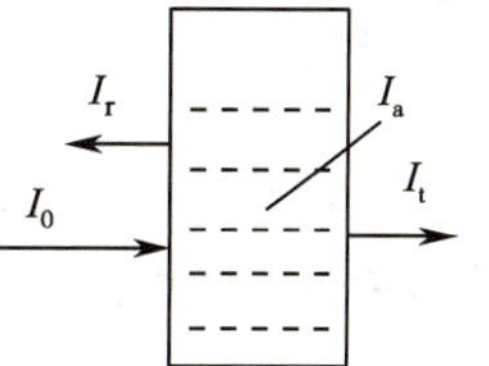

图 9-3　光通过溶液的情况

在分光光度法中，通常用参比溶液作对照，以消除被分析物质周围环境对光吸收引起的干扰，同时也可消除反射引起的干扰，故 I_r 可忽略不计，因此式(9-1)可简化为

$$I_0=I_a+I_t \tag{9-2}$$

当入射光强度一定时，溶液吸收光强度 I_a 越大，则溶液透射光强度 I_t 越小，透射光强度 I_t 与入射光强度 I_0 之比称为**透光率(transmittance)**，用 T 表示。

$$T=\frac{I_t}{I_0} \tag{9-3}$$

透光率常用百分透光率 $T\%$ 表示。透光率反映了光透过溶液的程度，溶液透光率越大，对光的吸收程度越小，反之则吸收程度越大。吸光度常用来表示物质对光的吸收程度，其值为透光率的负对数，用 A 表示。即

$$A=-\lg T=\lg\frac{I_0}{I_t} \tag{9-4}$$

吸光度越大，表明溶液对光的吸收越强。

2. **Lambert-Beer 定律**　溶液对光的吸收除了与溶液本性有关外，还与入射光波长、溶液浓度、液层厚度、温度等因素有关。

Lambert 和 Beer 分别于 1760 年和 1852 年研究出吸光度与液层厚度和溶液浓度之间的定量关系。

Lambert 的研究表明，当一适当波长的单色光通过一固定浓度的溶液时，其吸光度与光通过的液层厚度成正比，这个关系称为 Lambert 定律。

Beer 的研究表明，当一适当波长的单色光通过溶液时，若液层厚度不变，则吸光度与溶液浓度成正比，这个关系称为 Beer 定律。

以上两定律综合起来即为 Lambert-Beer 定律。Lambert-Beer 定律表明：当一束平行单色光通过均匀透明、无散射现象的溶液时，在光强度、温度等条件不变情况下，吸光度与液层厚度及溶液浓度成正比。可表示为

$$A=\varepsilon bc \tag{9-5}$$

式中 b 为液层厚度，单位为 cm；c 为物质的量浓度，单位为 $mol \cdot L^{-1}$；ε 为**摩尔吸光系数(molar absorptivity)**，单位为 $L \cdot mol^{-1} \cdot cm^{-1}$；$\varepsilon$ 是吸光物质在特定波长和溶剂下的特征常数，相当于液层厚度为 1cm、浓度为 $1mol \cdot L^{-1}$ 吸光物质所产生的吸光度。

若用质量浓度 $\rho(g \cdot L^{-1})$ 代替物质的量浓度 c，则式(9-5)可表示为

$$A=ab\rho \tag{9-6}$$

式中 a 为**质量吸光系数(mass absorptivity)**，单位为 $L \cdot g^{-1} \cdot cm^{-1}$。

若被测物质的摩尔质量为 M_B，a 和 ε 可通过下式相互换算

$$\varepsilon=aM_B \tag{9-7}$$

在医药学上还常用**比吸光系数(specific extinction coefficient)**来代替摩尔吸光系数。比吸光系数指 100ml 溶液含被测物质 1g、液层厚度 1cm 时的吸光度值，用 $E_{1cm}^{1\%}$ 表示，它与 ε 和 a 的关系分别为

$$E_{1cm}^{1\%}=\frac{\varepsilon\times10}{M_B} \tag{9-8}$$

$$a=0.1E_{1cm}^{1\%} \tag{9-9}$$

Lambert-Beer 定律是物质对光吸收的基本定律，也是分光光度法定量分析的基础。应用 Lambert-Beer 定律时，需注意以下几点：

(1)该定律可适用于有色溶液、无色溶液或气体等非散射均匀体系，但入射光仅适用于单色光。

(2)对于多组分体系，吸光度具有加和性，若溶液中各种吸光物质之间没有相互作用，此时体系的总吸光度等于各组分吸光度之和。

$$A_{总}=A_1+A_2+\cdots+A_n \tag{9-10}$$

式中 A_1、$A_2\cdots A_n$分别为各组分的吸光度，这是溶液中各组分能够被分别测量的依据。

(3)吸光系数与被测物质、溶剂、入射光波长及温度有关。一定条件下，吸光系数是定性鉴别物质的重要特征常数之一。入射光波长不同时，吸光系数也不同。吸光系数越大，表明溶液对入射光的吸收越强，测定的灵敏度就越高。

(4)溶液浓度过高，物质对光的吸收将偏离 Lambert-Beer 定律。

例 9-1　卡巴克洛是治疗因毛细血管损伤及通透性增加导致出血的药物，其相对分子质量为 236，将此化合物配成浓度为 $2.10\times10^{-5}\text{mol}\cdot\text{L}^{-1}$的溶液，在 355nm 处用 1cm 吸收池进行测定，测得吸光度为 0.557，求该化合物在此条件下的 ε，α 和 T 各为多少？

解　由 Lambert-Beer 定律可得

$$\varepsilon=\frac{A}{bc}=\frac{0.557}{1\text{cm}\times2.10\times10^{-5}\text{mol}\cdot\text{L}^{-1}}=2.65\times10^{4}\ \text{L}\cdot\text{mol}^{-1}\cdot\text{cm}^{-1}$$

由式(9-7)可得 $\alpha=\dfrac{\varepsilon}{M}=\dfrac{2.65\times10^{4}\text{L}\cdot\text{mol}^{-1}\cdot\text{cm}^{-1}}{236\text{g}\cdot\text{mol}^{-1}}=112\text{L}\cdot\text{g}^{-1}\cdot\text{cm}^{-1}$

由式(9-4)$A=-\lg T$ 可得，$\lg T=-A=-0.557$

所以　$T=0.277$

二、定量分析法及误差分析

(一) 定量分析法

分光光度法常用的定量分析方法有标准曲线法和标准对照法。

1. 标准曲线法　标准曲线法是分光光度法中最常用的方法。实验中，先配制一系列待测物质的标准溶液，以空白溶液为参比，在选定波长处(通常为 λ_{max})采用同样厚度的吸收池，分别测定其吸光度。然后以标准溶液浓度 c 为横坐标，以吸光度 A 为纵坐标，绘制 A-c 曲线，若符合 Lambert-Beer 定律，可获得一条通过坐标原点的直线，称为**标准曲线(standard curve)**，又称工作曲线(图 9-4)。然后将试样按标准溶液的配制条件配制成试样溶液，在相同条件下测定其吸光度，根据吸光度即可在标准曲线上查出试样溶液的浓度。此法对批量样品测量很方便，但应注意使试样溶液与标准溶液的测量条件一致，且试样溶液的浓度应在标准曲线线性范围内。图 9-4 为维生素 B_{12}溶液的标准曲线。

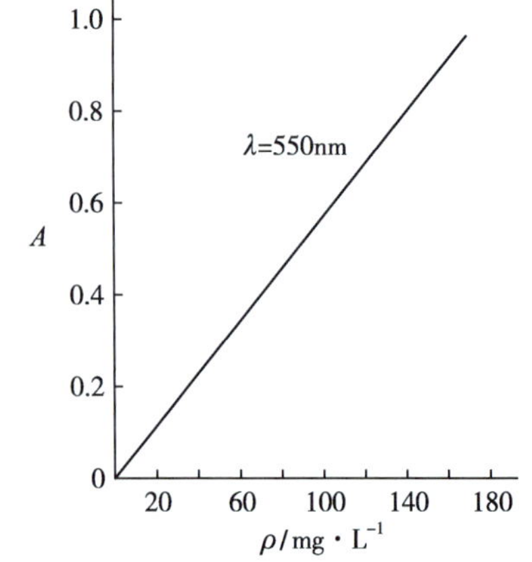

图 9-4　维生素 B_{12}溶液的标准曲线

2. 标准对照法　在相同条件下，配制一标准溶液(浓度为 c_s，与试样溶液浓度相近)和试样溶液。在相同条件下分别测定其吸光度 A_s和 A_x，根据 Lambert-Beer 定律，试样溶液浓度 c_x的计算公式为

$$c_x=\frac{A_x}{A_s}\times c_s \tag{9-11}$$

此法操作方便，适用于非经常性分析工作。但标准溶液与试样溶液的浓度必须接近，否则误差较大。

（二）分光光度法的误差

根据 Beer 定律，标准曲线应该是一条直线，但在实际工作中，经常出现标准曲线弯曲的现象，该现象称为偏离 Beer 定律。在偏离较严重的情况下，应用此标准曲线进行测定会引起较大误差。偏离 Beer 定律的原因很多，归纳起来主要来源于仪器测量误差、溶液偏离 Beer 定律引起的误差和主观误差。

1. 仪器测量误差　仪器测量误差是由光电管灵敏性差、光源不稳定、光电流测量不准确、吸收池厚度不一致、池壁不平行、吸收池表面有污迹或刻痕等因素引起。仪器测量误差使所测透光率与真实值相差 ΔT，从而引起浓度误差 Δc。由 Beer 定律可推导得出浓度的相对误差$\frac{\Delta c}{c}$与溶液透光率的关系式为

$$\frac{\Delta c}{c}=\frac{0.434\Delta T}{T\lg T} \tag{9-12}$$

分光光度计的透光率测量误差 ΔT 一般为±(0.01～0.02)。对于特定的分光光度计，其透光率测量误差是一个常数，若 $\Delta T=0.01$，将不同的 T 值代入式(9-12)，可得到对应的浓度相对误差$\frac{\Delta c}{c}$。以 $T\times100$ 为横坐标，$\frac{\Delta c}{c}$为纵坐标绘图，得如图 9-5 所示的曲线。

由图 9-5 可见，透光率很大或很小时，所产生的浓度相对误差都较大。只有当 T 在 20%～65%（对应 A 值在 0.2～0.7）范围内，所产生的浓度相对误差较小。曲线最低点处，即 $T=36.8\%$（对应的 $A=0.434$）所产生的浓度相对误差最小。因此，在实际测定时，可通过调节被测溶液浓度或液层厚度，将吸光度控制在 0.2～0.7 范围内，以便获得较为准确的测定结果。

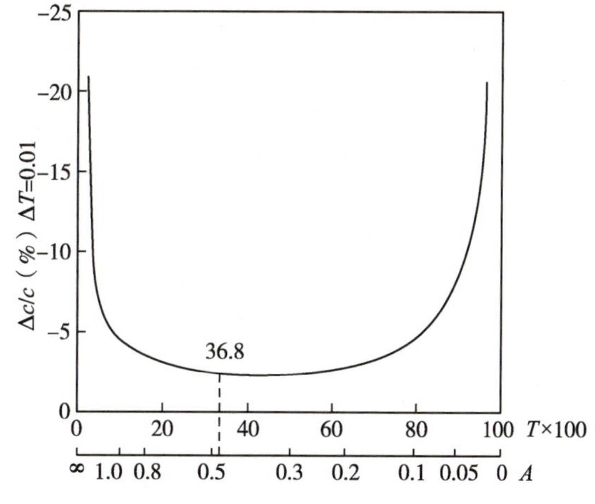

图 9-5　测量误差与透光率的关系

2. 溶液偏离 Beer 定律引起的误差　溶液偏离 Beer 定律引起的误差表现为 A-c 曲线线性较差，常出现弯曲，其主要原因有：

（1）溶液因素：①由介质不均匀引起。例如，被测溶液是胶体溶液、浑浊或有悬浮物质，当入射光通过溶液时会发生散射，导致实际测得的吸光度增大，从而偏离 Beer 定律。②由于吸光物质在溶液中发生化学变化。例如，溶液中吸光物质发生了缔合、解离、溶剂化、互变异构等致使溶液的吸光度改变，从而引起偏离 Beer 定律。

（2）入射光因素：Lambert-Beer 定律只适用于单色光。当入射光是非单色光时，将导致结果偏离 Beer 定律。实际上由分光光度计的单色器分离出的"单色光"包含了所需波长的光和附近波长的光，即为具有一定狭小波长范围的复色光。由于物质对不同波长光的吸收程度不一样，即吸光系数不一样，因此 A 与 c 不成线性关系，偏离 Beer 定律。

3. 主观误差　由操作不当引起的误差称为主观误差。如显色剂用量、反应温度、放置时间等实验条件选择不适当引起的误差。

（三）提高测量灵敏度和准确度的方法

1. 选择合适的测量条件

（1）入射光波长的选择：通常选择物质的最大吸收波长（λ_{max}）作为入射光。该波长处测量灵敏度最高，且 λ_{max} 附近波长范围内，吸收曲线较为平坦，不同波长光的吸光系数变化不大，Beer 定律的线性关系好。当有干扰物质存在时，应根据“吸收大、干扰小”的原则选择测量波长。

（2）吸光度范围的选择：在实际测定中，可通过调节溶液浓度或选择适宜厚度的吸收池，使吸光度读数在 0.2~0.7 之间，以减小测量误差。

（3）空白溶液的选择：测定溶液吸光度时，应使用空白溶液（又称参比溶液）来消除试样溶液中其他物质、溶剂和吸收池对入射光的反射和吸收带来的误差，使测得的吸光度真正反映被测物质的含量。选择空白溶液时可作如下考虑：

1）如果仅被测组分有吸收，则用纯溶剂作空白溶液，这种空白溶液称为溶剂空白。

2）如果被测组分和其他试剂都有吸收，则用试剂溶液（不加试样溶液）作空白，称为试剂空白。

3）如果试样基体有色，但显色剂无色，且不与试样被测组分以外的其他组分显色时，可用不加显色剂但按显色反应相同条件进行操作的试样溶液作空白，称为试样空白。

2. 共存离子的干扰及其消除　共存离子在选定波长下有吸收，或与被测离子反应，以及本身发生沉淀或水解等，均会干扰测定。可采取加入掩蔽剂、加入氧化剂或还原剂、控制酸度以及选择合适的空白溶液等措施来消除干扰，或分离干扰离子后再进行测定。

3. 显色剂及显色条件的选择　若物质本身无色或颜色不明显，需通过显色反应将其转变为有色物质，再测定其在可见光区的吸光度。显色反应中使用的显色剂必须具备选择性好、灵敏度高、在测定波长处无明显吸收、形成的有色物质组成确定等条件。显色反应的条件如显色剂用量、溶液酸度、显色温度、显色时间等均可通过实验进行确定。

三、紫外-可见分光光度计

分光光度计（spectrophotometer）是分光光度法中测量物质吸光度的仪器。其基本部件及相互关系见图 9-6。

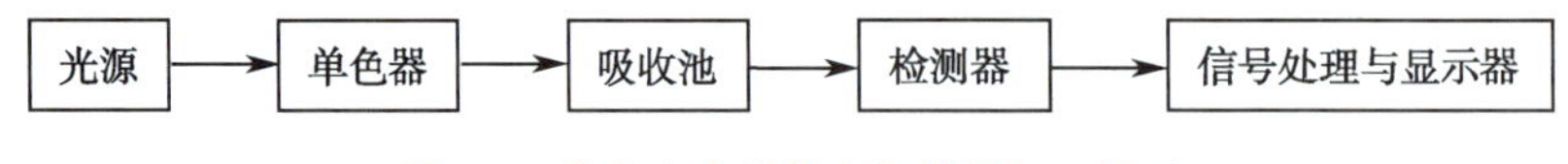

图 9-6　分光光度计基本部件及相互关系

紫外-可见分光光度计是在紫外-可见光区可任意选择不同波长的光测定吸光度的仪器。其类型很多，但基本组成相似。

1. 光源　可见区和紫外区分别用钨灯和氢灯两种光源。

（1）钨灯或卤钨灯：钨灯光源是固体炽热发光的光源，又称白炽灯。卤钨灯的发光强度比钨灯高，且灯泡内含碘和溴的低压蒸气，可延长钨丝的使用寿命，故常用卤钨灯。

（2）氢灯或氘灯：氢灯是一种气体放电发光的光源，发射 150~400nm 的连续光谱。由于普通玻璃能吸收紫外光，故灯泡必须具有石英窗。氘灯比氢灯昂贵，但发光强度和使用寿命都是氢灯的 2~3 倍，因此现在仪器多用氘灯。

2. 单色器　其作用是将光源发出的复色光按波长顺序分离出单色光，其性能差异直接影响到单色光的纯度。单色器的核心部件是棱镜或光栅等色散元件。光栅的色散性能优于棱镜，可使用的波长范围宽。此外，狭缝宽度直接影响分光质量。狭缝太宽，单色光的纯度差，影响检测的吸光度；狭缝太窄，光通量过小，影响检测的灵敏度。因此狭缝宽度应适当，一般以尝试减小狭缝宽度，以试样吸光度不再改变时的宽度为合适宽度。

3. **吸收池**　吸收池是用于盛放分析试样的器皿，也称比色皿，常用无色、厚度均匀、耐腐蚀的光学玻璃或熔融石英制成长方体型，其中两面光滑而透明，另两面粗糙且模糊。普通玻璃吸收池只能用于可见光区，石英吸收池可用于紫外光区和可见光区。不同吸收池的微小差异都会使分析结果产生误差。因此，在实验中需配套使用透光率差值<0.5%的吸收池。吸收池的液层厚度有多种规格，可根据实验需要进行选择。

4. **检测器**　分光光度计所用检测器是将光信号转变成电信号的转化器。常见的有光电池、光电管和光电倍增管。光电倍增管比光电管更灵敏，而且自身有放大作用，为使用最多的一种检测器。此外，近年来光学多通道检测器（如光二极管阵列检测器）也已经装配到分光光度计中。

5. **信号处理与显示器**　光电管输出的信号很弱，需经过微安电表、记录器数字显示等装置放大后才能以某种方式显示出来。显示器的显示方式一般都有透光率和吸光度，有的还可转化成浓度或吸光系数等。

四、临床应用

糖是人体的主要能源物质，人体内的糖是在有关激素等物质的调节下，维持机体的代谢平衡，血清葡萄糖（常被称为血糖）是反映体内糖代谢状况的常用指标。因此，血清葡萄糖检测对糖代谢紊乱的诊断和治疗具有重要意义，是医学检验中的重要项目。健康成年人空腹血糖参考范围为 3.9 ~6.1mmol · L^{-1}。

血清葡萄糖的检测主要采用分光光度法。临床上常用到葡萄糖氧化酶法和己糖激酶法。而己糖激酶法的特异性比葡萄糖氧化酶法高，故被作为测定血清葡萄糖的参考方法。

己糖激酶法的基本原理为：在己糖激酶（HK）催化下，葡萄糖与 ATP 发生磷酸化反应，生成 6-磷酸葡萄糖（G6P）与 ADP。在 $NADP^+$ 参与下，6-磷酸葡萄糖在葡萄糖-6-磷酸脱氢酶（G6PD）催化下脱氢，生成 6-磷酸葡萄糖酸（6PG），同时 $NADP^+$ 还原成 NADPH。反应方程式如下

$$\text{葡萄糖}+\text{ATP}\xrightarrow{\text{HK}}\text{G6P}+\text{ADP}$$

$$\text{G6P}+\text{NADP}^+\xrightarrow{\text{G6PD}}\text{6PG}+\text{NADPH}+\text{H}^+$$

葡萄糖浓度越大，NADPH 的产量越大。NADPH 在波长 340nm 处有特征吸收峰，故可在此波长下监测 NADPH 的吸光度，进而计算血清中葡萄糖浓度。轻度溶血、脂血、黄疸、维生素 C、肝素、氟化钠、EDTA 和草酸盐等均不干扰本方法的测定。

第二节　原子吸收光谱法

原子吸收光谱法（atomic absorption spectroscopy，AAS）是基于待测元素的基态原子蒸气对特征电磁辐射的吸收进行定量分析的一种方法，又称原子吸收分光光度法，简称原子吸收法。目前，原子吸收光谱法可分析的元素范围已达 70 多种，其不仅可以测定金

属元素，也可用间接法测定某些非金属元素和有机化合物，具有灵敏度高、选择性好、精密度高、应用范围广等特点，在医药卫生、生命科学、材料科学及环境科学等领域的应用越来越广。

一、基本原理

（一）原子吸收光谱的产生

一般情况下，原子均处于最低能级状态，即基态。当有辐射通过基态原子蒸气，且辐射的能量恰好等于原子中的电子由基态跃迁到能量较高的激发态所需要的能量时，该原子将从辐射中吸收能量，产生共振吸收，电子由基态跃迁到激发态，同时伴随着原子吸收光谱的产生。

由于各元素的原子结构不同，电子从基态跃迁至激发态时，吸收的能量也不同。原子吸收光谱的波长（λ）或频率（ν）由产生跃迁的两能级的能量差（ΔE）决定

$$\Delta E = h\nu = h\frac{c}{\lambda} \tag{9-13}$$

式（9-13）中，h 是普朗克常数，c 是光速。

原子吸收光谱是线性光谱，通常位于紫外、可见和近红外光区。原子在基态与激发态之间跃迁产生的谱线称为**共振线（resonance line）**。共振线是各元素的特征谱线，可作为元素定性分析的依据。由于电子从基态到第一激发态的跃迁最容易，产生的谱线最强、最灵敏，因此被称为第一共振线或主共振线。在实际测量中，大多利用主共振线作为分析线进行定量分析。

（二）原子吸收光谱的测量

若光强为 I_0 的特征辐射通过厚度为 L 的原子蒸气时，一部分能量被吸收，辐射强度减弱，其透过光的强度 I_ν 与 I_0 符合 Lambert-Beer 定律，即

$$I_\nu = I_0 e^{-K_\nu cL} \tag{9-14}$$

$$A = -\lg T = \lg\frac{I_0}{I_\nu} = 0.434\,2K_\nu cL \tag{9-15}$$

式（9-14）中，K_ν 为基态原子对频率为 ν 的光的吸收系数，c 为基态原子的浓度，L 为吸收层厚度（原子蒸气厚度），A 为吸光度。

当原子蒸气的厚度和入射光频率固定时

$$A = Kc \tag{9-16}$$

此式只适用于低浓度试样的测定，即在一定条件下，通过测定吸光度就可以求出待测元素的含量，这就是原子吸收光谱法的定量分析基础。

二、原子吸收光谱仪

原子吸收光谱仪又称原子吸收分光光度计，主要由光源、原子化器、单色器和检测系统四大部分组成，另有背景校正系统和自动进样系统等，其装置如图 9-7 所示。

1. **光源** 用于发射被测元素基态原子所吸收的特征共振线，要求发射辐射波长的半宽度要明显小于吸收线的半宽度。光源一般要求辐射强度大、稳定性好、背景信号低（低于共振辐射强度的 1%）及使用寿命长等。广泛使用的是**空心阴极灯（hollow cathode lamp，HCL）**。

2. **原子化器** 原子化器的主要作用是有效地将样品中待测元素转变成处于基态的气态

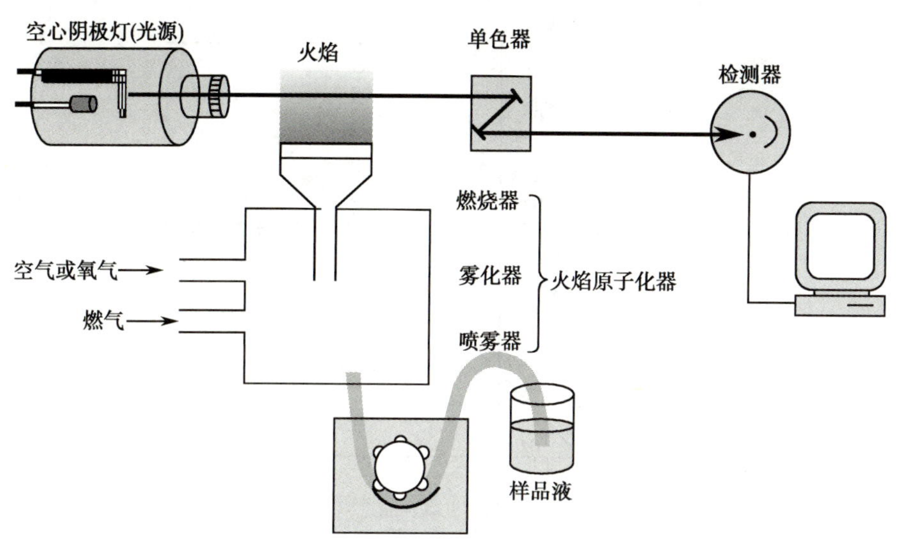

图 9-7　原子吸收光谱仪组成示意图

原子。火焰原子化器的装置主要包括雾化器、雾化室和燃烧器三部分。

3. **单色器**　将所需的共振吸收线与邻近干扰线分离。常用的是平面光栅单色仪。

4. **检测系统**　将单色器分出的光信号转换成电信号，主要由检测器、放大器、对数变换器、指示仪表组成。

问题与思考 9-2

原子吸收分光光度计与紫外-可见分光光度计在原理和结构上有何异同点?

三、定量分析法

原子吸收光谱法常用的定量分析方法有标准曲线法、标准加入法和内标法。前面一节已介绍过标准曲线法，下面简单介绍一下标准加入法和内标法。

(一) 定量分析方法

1. **标准加入法**　当待测试样基体复杂，无法配制与其组成相匹配的标准溶液时，可以采用**标准加入法(standard addition method)**。分别取等量试样溶液 n 份($n \geqslant 5$)，其中一份不加待测元素的标准溶液，其余各份均按比例精确加入不同含量待测元素的标准溶液并稀释至相同体积，在相同条件下依次测定吸光度 A，绘制 A-c 曲线。若该曲线不通过原点，说明试样中含有待测元素，延长此直线至与横坐标相交，此交点与原点的距离，即为试样中待测元素的浓度或含量(图 9-8)。

2. **内标法**　在标准溶液和待测试样溶液中分别加入一定量的、试样中不存在的第二种元素作内标元素(如测定 Cd 时可选内标元素 Mn)，同时测定这两种溶液的吸光度比值($A_s/A_{内}$、$A_x/A_{内}$)，然后绘制 $A_s/A_{内}$-c 工作曲线。A_s、A_x、$A_{内}$ 分别为标准溶液中待测元素、待测试样中待测元素以及内标元素的吸光度，c 为标准溶液中待测元素的浓度。再根据试样溶液的 $A_x/A_{内}$，从工作曲线上即可求出试样中待测元素的浓度。这种分析方法称为**内标法(internal standard method)**。

内标元素应与待测元素在原子化过程中具有相似的特性。内标法可消除在原子化过程中由于实验条件(如燃气及助燃气流量、基体组成、表面张力等)变化而引起的误差。但内标法

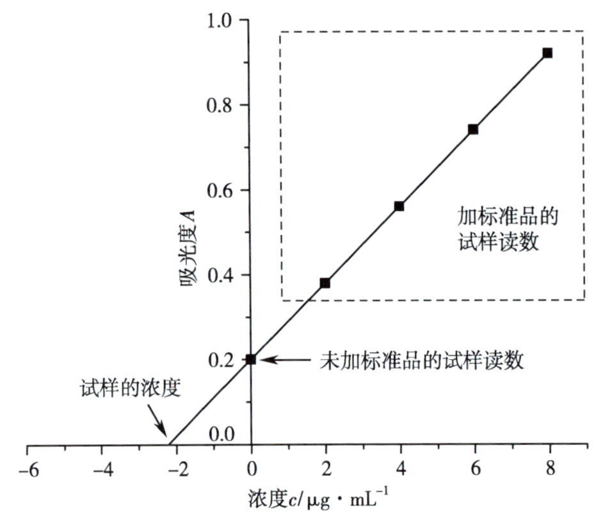

图 9-8　标准加入法图解

的应用需要使用双波道型原子吸收分光光度计。

（二）灵敏度和检出限

在微量、痕量甚至超痕量分析中，灵敏度和检出限是衡量测定分析方法和仪器性能的重要指标。

1. **灵敏度**　原子吸收光谱法的**灵敏度（sensitivity，*S*）**定义为标准曲线的斜率，即吸光度 A 对浓度 c 或质量 m 的变化率，变化率越大，S 越大，方法的灵敏度也就越高。其表达式为

$$S=\frac{\delta A}{\delta c} \quad 或 \quad S=\frac{\delta A}{\delta m} \tag{9-17}$$

在原子吸收光谱法中，通常用1%吸收灵敏度表示，也称特征灵敏度，其定义为能产生1%吸收（或吸光度为0.004 4）信号时，所对应待测元素的浓度或质量。1%吸收灵敏度越小，方法灵敏度越高。

2. **检出限**　**检出限（detection limit，*D*）**是指在给定的分析条件和某一置信度下能被仪器检出的最小浓度或最小量。一般定义为3倍于噪声的标准偏差 σ 所对应的待测元素浓度 c（或质量 m），其表达式为

$$D_c=\frac{c}{A}\times 3\sigma \quad 或 \quad D_m=\frac{m}{A}\times 3\sigma \tag{9-18}$$

式（9-18）中，A 为待测试样的平均吸光度，σ 为至少连续测定10次的空白溶液吸光度的标准偏差。

（三）测定条件的选择

原子吸收光谱分析的灵敏度与准确度，在很大程度上取决于测定条件的最优化选择。

1. **进样量的选择**　原子吸收光谱法的进样量应根据被测元素的性质、含量、分析方法及精度来确定。在火焰原子化法中，应该在保持燃气和助燃气比例以及总气体流量一定的条件下，测定吸光度随喷雾试样量的变化，达到最大吸光度的试样喷雾量，即为最佳试样喷雾量。

2. **吸收线的选择**　通常选择主共振线为吸收线，因为主共振线一般也是最灵敏的吸收线。当然，也并不是在任何情况下都一定要选用主共振线作为吸收线，最适宜的吸收线要视具体实验情况而定。一般先扫描空心阴极灯的发射光谱，了解哪几条是可供选择的谱线；然后喷入试液，查看这些谱线的吸收情况，选择不受干扰而且吸收值适度的谱线

作为分析线。

3. **狭缝宽度的选择**　在原子吸收光谱法中，谱线重叠干扰的概率小。因此，允许使用较宽的狭缝，以增加灵敏度，提高信噪比。合适的狭缝宽度可由实验方法确定，即将试液喷入火焰中，调节狭缝宽度，观察相应的吸光度变化，吸光度大且平稳时的最大狭缝宽度即为最宜狭缝宽度。

4. **灯电流的选择**　空心阴极灯的辐射强度与工作电流有关。灯电流过低，放电不稳定，谱线输出强度低；灯电流过大则谱线变宽，灵敏度下降，灯寿命缩短。在实际工作中，通过绘制吸光度-灯电流曲线选择最佳灯电流。

5. **原子化条件的选择**　在火焰原子化法中，火焰的选择和调节是保证原子化效率的关键。对于吸收线在200nm下的元素如Se、P等，不宜用乙炔火焰，而用氢火焰；碱金属和碱土金属易电离，不宜采用高温火焰；对于易形成难解离氧化物的元素，如B、Be、Al、Zr、稀土元素等，应采用高温火焰。

（四）干扰及其消除

原子吸收光谱分析中，常见的干扰有基体干扰、化学干扰、电离干扰和光谱干扰等。

1. **基体干扰（即物理干扰）**　由于试液的黏度、表面张力、溶剂蒸气压等物理性质变化而引起的原子吸收强度下降的现象，一般可采取稀释法或标准加入法来消除。

2. **化学干扰**　待测元素与其他共存的组分发生了化学反应，影响了待测元素原子化过程的定量进行，使参与的基态原子数减少而影响吸光度，可通过调整火焰类型、加入释放剂、缓冲剂或保护剂来消除。

3. **电离干扰**　待测元素在高温火焰中发生电离使参与吸收的基态原子数目减少，从而造成吸光度下降的现象。加入消电离剂（易电离元素），可以有效抑制待测元素的电离，消除电离干扰。

4. **光谱干扰**　原子光谱对吸收线的干扰，包括谱线干扰和背景干扰两种。谱线干扰可采用减小狭缝宽度或选择待测元素的其他吸收线等方法来消除干扰。背景干扰可通过邻近线法、连续光源法、塞曼效应法等方法来校正。

四、临床应用

临床上常用原子吸收光谱法检验体液中的多种微量元素，还可以进行毛发分析、生物脏器和组织分析、药物分析等。

例如，铅中毒可以引起神经、消化、造血系统等全身性疾病，血铅含量是当前最可行、最能灵敏地反映铅对人体危害的指标。采用石墨炉原子吸收光谱法检测血铅是目前国际上公认的标准方法之一。采血后将血样进行硝化预处理以除去血液中的纤维素，使铅以游离的形式存在于溶液中，再用原子吸收分光光度计进行测定。该方法具有铅的原子化效率高、检测灵敏度高等优点。

第三节　质谱分析法

质谱法是应用各种离子化技术将化合物转化为离子，并按质荷比（m/z）大小进行分离并记录成谱，称为质谱。用质谱进行物质成分和结构分析的方法称为**质谱法（mass spectrometry）**。从本质上讲，质谱是物质粒子的质量谱，既不属于光谱，也不属于波谱。

质谱法具有如下特点：①灵敏度高，检测限最低可达10^{-14}g；②响应时间短，分析速度快，可与气相和液相色谱联用，自动化程度高；③信息量大，能得到样品分子的相对分子质量和大量分子结构信息；④可以确定分子式。

质谱分析法主要应用于化合物的鉴定、结构分析和定量测定。目前已成为医学、药学、生物化学、食品学、环境科学和毒物学等领域分析检测和科学研究的重要手段。随着各种新的软电离技术、色谱-质谱联用技术的发展，质谱分析法可成功实现蛋白质、核酸、多肽、多糖等生物大分子相对分子质量的测定以及蛋白质和多肽中氨基酸序列的测定，因而在生命科学领域备受瞩目。

一、基本原理

质谱分析中，试样以一定的方式（直接进样或通过色谱仪进样）进入质谱仪，在质谱仪离子源的作用下，气态分子或固体、液体的蒸气分子在高真空状态下受到高能电子流等轰击作用，产生带正电的阳离子并引起阳离子化学键的断裂，产生与试样分子结构有关的、具有不同 m/z 的碎片离子。这些离子通过质量分析器时，受到磁场和静电场的综合作用，按 m/z 不同进行分离，再经过检测器，得到按 m/z 大小顺序排列的试样质谱图。

常见的质谱图是经计算机处理过的棒状图，以 m/z 为横坐标，相对强度为纵坐标，以质谱中最强峰为基峰并设定相对强度为100%，其他离子峰以其对基峰的相对百分值表示。图9-9为甲苯的质谱图。

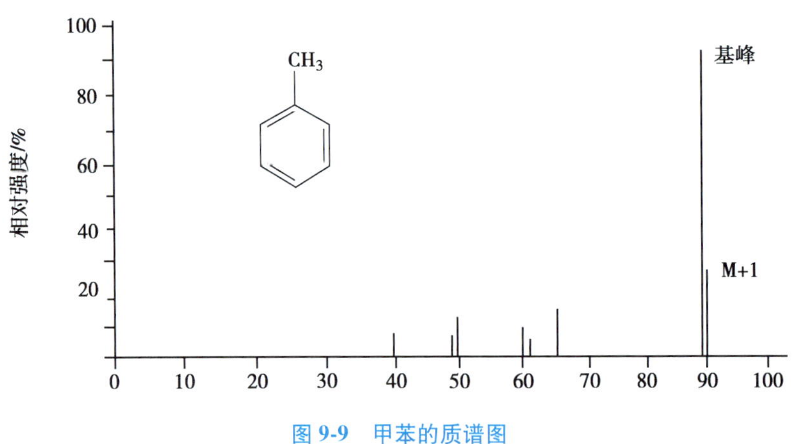

图9-9　甲苯的质谱图

从质谱图上可以很直观地观察到整个分子的质谱全貌，通过分析不同碎片离子和分子离子的关系，可推测该质谱所对应的分子结构。目前，质谱仪数据系统都存储有一定数量的化合物标准质谱图，当得到未知物的质谱图后，可以通过检索比对，获得该谱图对应的化合物。如果谱库中没有该化合物或得到的谱图有其他组分干扰，就必须结合其他方法才能确定。

二、定性分析方法

（一）质谱中的主要离子类型

分子在离子源中可发生多种电离，同一分子可产生多种离子，从质谱图上也可以看到许多离子峰。质谱中主要的离子类型有分子离子、碎片离子、同位素离子、重排离子及亚稳离子等。不同离子在质谱解析时给出不同的信息。

1. 分子离子　分子通过某种电离方式后失去一个电子生成的阳离子称为分子离子，用$M^{\ddagger}$表示。

$$M+e \longrightarrow M^{\ddagger}+2e$$

上式$M^{\ddagger}$中，右上角的“+”表示分子离子的电荷数为+1，“·”表示有一个未成对电子。通常把含有未成对电子的离子称为奇电子离子，把外层电子完全成对的离子称为偶电子离子。分子离子一定是奇电子离子，当难以判断分子离子的电荷位置时，可在分子式的右上角标记$\urcorner^{\ddagger}$，如$H_3C—CH_2—CH_3\urcorner^{\ddagger}$。

大多数分子易失去一个电子形成带正电的分子离子，分子离子的质荷比m/z等于其相对分子质量。分子离子具有较大的质荷比，一般出现在质谱图的最右侧。

2. 碎片离子　在电离源中，当分子获得的能量超过形成分子离子所需的能量时，会进一步使分子中的某些化学键断裂产生质量数较小的碎片离子，由此产生的质谱峰称为碎片离子峰。

在有机质谱中，大多数离子的产生都是有规律的。依据化学键的断裂方式主要有单纯开裂、重排开裂、复杂开裂和双重重排。由于断键的位置不同，同一分子可产生不同质量大小的碎片离子，而其相对丰度及化学键断裂的难易均与化合物的结构有关，因此碎片离子的峰位置和丰度可提供被分析化合物的结构信息。

3. 同位素离子　大多数元素都是由具有一定天然丰度的同位素组成，这些元素形成化合物后，其同位素就以一定的丰度出现在化合物中。因此，化合物的质谱中就会出现同位素的离子峰，其m/z为M+1、M+2等。重质同位素峰与丰度最大的轻质同位素峰的峰强比可用$\frac{M+1}{M}$、$\frac{M+2}{M}$表示，其数值由同位素的丰度比及分子中该元素原子数目决定。因此，根据分子离子峰的峰强比和同位素峰的丰度，可以推断某些原子的存在及数目。

4. 亚稳离子　离子在脱离离子源并在达到检测器之前发生裂解而形成低质量的离子，此时的离子比在离子源中形成的离子能量低，且很不稳定，称为亚稳离子，用m^*表示。由亚稳离子产生的质谱峰称为亚稳离子峰或亚稳峰。

（二）质谱定性分析

质谱是物质定性分析的有力工具之一，其中包括相对分子质量的测定、分子式确定及结构鉴定等。

1. 相对分子质量的测定　质谱图中分子离子峰的质荷比在数值上等于该化合物的相对分子质量，因此确认了化合物的分子离子峰就可确定其相对分子质量。

一般除同位素峰外，分子离子峰是质谱图中质荷比最大的峰，位于质谱图的最右端。但有些分子离子不稳定，可能全部裂解为碎片离子而不出现分子离子峰，这时要注意不能把碎片离子误认为分子离子。因此判断分子离子峰时应考虑以下几点。

(1)分子离子峰的质量必须符合“氮律”：所谓“氮律”是指只含C、H、O的化合物，分子离子峰的质量数是偶数。若由C、H、O、N组成的化合物，含奇数个氮，分子离子峰的质量数是奇数；含偶数个氮，分子离子峰的质量数是偶数。凡不符合这一规律者，就不是分子离子峰。

(2)最高质荷比离子与邻近离子之间的质量数之差是否合理：如果最高质荷比离子与邻近离子之间的质量数相差4~14个原子质量单位，则该峰不是分子离子峰。因为分子离子一般不可能直接失去一个亚甲基和失去3个以上的氢原子，这需要很高的能量，显然是不合理的。

(3)注意与M±1峰相区别：某些化合物的分子离子峰很小或根本找不到，而M+1峰却较强。M+1 峰是由于分子离子在电离碰撞过程中捕获一个 H 而形成的，同样有些化合物易失去一个 H 出现 M-1 峰。

（4）注意分子离子的稳定性规律：分子离子峰的强度取决于分子离子的稳定性，而分子离子的稳定性又与分子结构密切相关，各类化合物分子离子稳定性规律前已述及。

（5）分子离子峰的强度与实验条件有关：改变质谱仪的操作条件，可提高分子离子峰的相对强度。如降低电子轰击源的电压，分子离子峰的强度会增加，碎片离子峰的强度相应减小。另外，如使用化学电离源等电离技术，一般会得到较强的分子离子峰。

2. 分子式的确认

（1）同位素离子峰法：相对分子质量在 500 以下、只含 C、H、O、N 的化合物，拜诺（Beynon）等人计算了它们的同位素离子峰 M+1、M+2 与分子离子峰 M 的相对强度，并制成了拜诺表（表 9-1），只要质谱图中能准确测量 M+1 和 M+2 峰的相对强度，就可根据拜诺表确定分子式。

表 9-1　M=126 化合物的可能组成（选自拜诺表）

分子式	M+1	M+2	分子式	M+1	M+2
$C_4H_4N_3O_2$	5.61	0.53	$C_5H_8NO_2$	7.01	0.62
$C_5H_6N_2O_2$	5.34	0.57	$C_7H_{10}O_2$	7.80	0.66
$C_5H_8N_3O$	6.72	0.85	$C_8H_2N_2$	9.44	0.44
$C_5H_{10}N_4$	7.09	0.22	$C_8H_{14}O$	8.91	0.56
$C_6H_6O_3$	6.70	0.79	$C_{10}H_6$	10.90	0.64

例如，$M^{+\cdot}$ 的 $m/z=126$，且 M+1、M+2 峰相对强度分别为 6.71% 和 0.81%，查拜诺表可知，分子式可能为 $C_5H_8N_3O$ 和 $C_6H_6O_3$。由于 $C_5H_8N_3O$ 不符合“氮律”，所以分子式应为 $C_6H_6O_3$。此法得到的分子式还需用质谱的碎片离子峰或红外光谱、核磁共振谱等进一步确证。

（2）高分辨质谱法：高分辨质谱能精确测定化合物的相对分子质量，可测得小数点后 4 位甚至更小的数字。将其输入数据库系统即可以从可能的分子式中判断出最合理的分子式。

例如，高分辨质谱测定化合物的相对分子质量为 126.032 8，由同位素推测该化合物不含 S、Cl、Br、Si 等元素。将上述信息输入计算机，检索出如表 9-2 所示的可能分子式。其中 1、3 不符合“氮律”，2 写不出合理的结构式，因此该化合物最合理的分子式应为 $C_6H_6O_3$。

表 9-2　质量数（126）化合物的可能组成

质量数	编号	分子式	实测值
126	1	C_9H_4NO	126.032 802
	2	$C_2H_2N_6O$	126.032 799
	3	$C_4H_4N_3O_2$	126.032 797
	4	$C_6H_6O_3$	126.032 799

3. **化合物结构鉴定**　各类有机化合物在质谱中的裂解行为与其基团的性质密切相关。例如，酮的裂解与羰基的性质有关，其质谱中往往含有 m/z=43 的碎片离子 $CH_3C\equiv O^+$存在；反之，该碎片离子峰的出现也可推知未知物可能是羰基化合物。所以，可利用质谱中的特征离子峰来确定有机化合物的结构。

例 9-2　某正庚酮的质谱如图 9-10 所示，试确定羰基的位置。

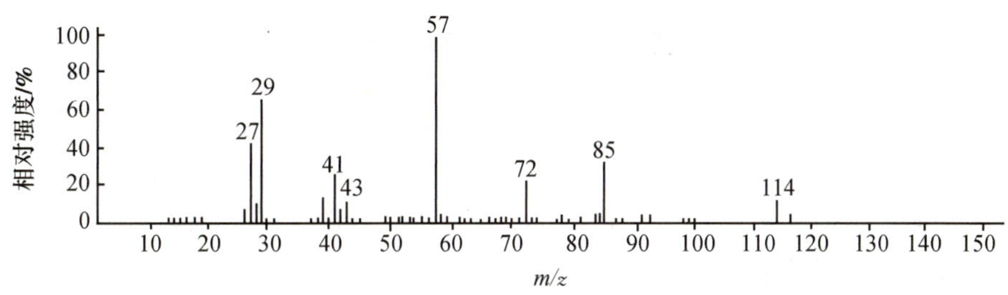

图 9-10　正庚酮的质谱图

解　酮易发生 α-开裂，生成离子稳定性高，是鉴别羰基位置的有利证据，而正庚酮有三种异构体，其 α-开裂情况如下

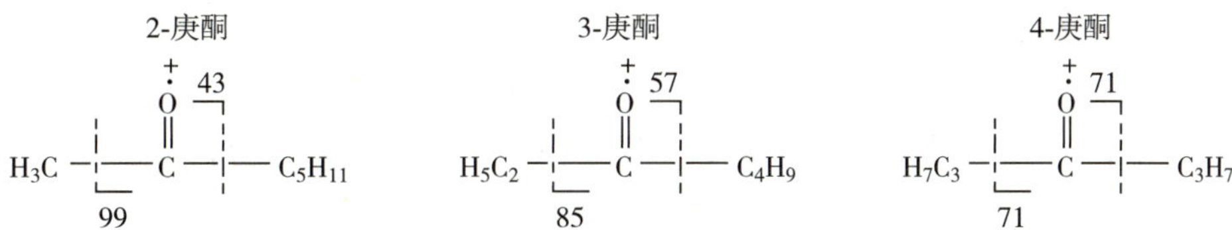

其中 m/z 57 为基峰，而且有 m/z 85 的峰，而无 m/z 99 和 m/z 71 的峰；其次，虽有 m/z 43 的峰，但太弱，不是 $CH_3C\equiv O^+$离子，而是由 β-开裂生成的 $C_3H_7^+$。因此，该化合物为 3-庚酮。

从质谱可以获得相对分子质量、分子式、组成分子的结构单元及连接次序等信息，可确定简单有机化合物的结构。但对于复杂有机化合物，仅凭质谱推测分子结构非常困难，需要结合其他波谱信息进行解析。质谱解析步骤如下。

(1) 确认分子离子峰，确定相对分子质量。

(2) 用同位素丰度法或高分辨质谱法确定分子式。

(3) 计算不饱和度 Ω：不饱和度是指有机化合物分子中碳的饱和程度。计算不饱和度的公式为

$$\Omega=\frac{2+2n_4+n_3-n_1}{2} \qquad (9\text{-}19)$$

式中 n_1、n_3、n_4分别为一价、三价、四价元素的数目。

(4) 解析某些主要质谱峰的归属及峰间关系。

(5) 推定结构。

(6) 查对标准图谱验证或参考其他图谱及物理常数进行综合分析。

三、质谱仪简介

质谱仪的类型很多，按质量分析器的不同，可分为单聚焦质谱仪、双聚焦质谱仪、四级杆质谱仪以及飞行时间质谱仪等。各种类型质谱仪主要是由真空系统、进样系统、离子源、质量分

析器、离子检测器和数据系统等主要部件组成(图 9-11),其中离子源和质量分析器是质谱仪的两个核心部件。

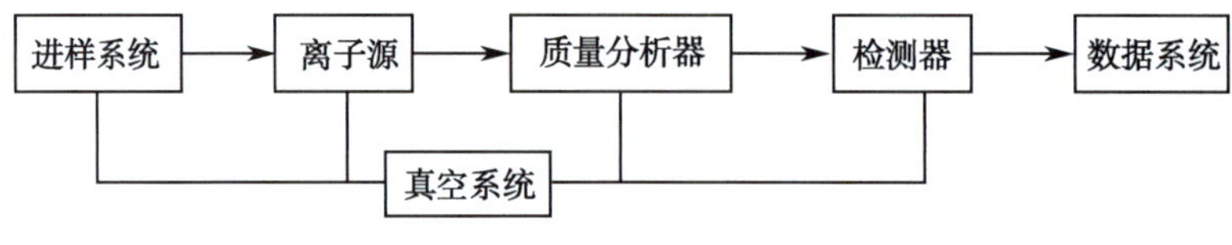

图 9-11　质谱仪组成示意图

(一) 进样系统

进样系统是将试样引入真空离子源的装置,一般分为直接进样和间接进样。

1. **直接进样**　用进样杆尖端装少许样品,将样品直接送入离子源内。主要适用于单组分、挥发性较低的固体或液体样品分析。

2. **间接进样**　样品经气相色谱仪或高效液相色谱仪分离后进入质谱的离子源内。

(二) 离子源

离子源的作用是使试样电离成离子,再把阳离子引出、加速和聚焦。离子源是质谱仪的核心部件,其性能直接反映出质谱仪的性能。离子源类型较多,常用的离子源有电子电离源、化学电离源、快原子轰击源、电喷雾电离源以及基质辅助激光解吸电离源等。

(三) 质量分析器

质量分析器是将离子源中形成的离子按质荷比差异进行分离的装置。目前用于有机质谱仪的质量分析器主要有磁质量分析器、四级杆质量分析器、离子阱质量分析器、飞行时间分析器等。

(四) 检测器

检测器的作用就是将离子流信号接收并放大输出。由于离子流信号比较微弱,因此现代质谱仪的检测器常采用电子倍增器和光电倍增器。

(五) 数据系统

现代质谱数据系统一般称为质谱工作站,主要包括计算机、质谱工作参数设定系统、质谱数据收集、处理、储存与调用系统。

(六) 真空系统

为避免离子散射以及离子和残余气体对测定产生影响,质谱的进样系统、离子源、质量分析器、检测器等主要部件均需在真空下工作(10^{-4}~10^{-6}Pa),一般质谱仪采用两级真空系统,由机械泵(低真空泵)和扩散泵或分子泵(高真空泵)串联组合而成。

问题与思考 9-3

分子离子峰对质谱解析有什么意义?离子化方式对分子离子峰的强度有何影响?

四、临床应用

蛋白质是构成生物体的一类重要化合物,是生命的物质基础。蛋白质的结构不同,其具有的功能也不同,研究蛋白质的结构与功能之间的关系是一项十分重要的工作。随着人类基因组计划的完成,蛋白质组学研究成为热点领域之一,而蛋白质的分离、鉴定和定量分析则是蛋白质组学研究的基础。

1. **蛋白质的定性分析**　生物质谱鉴定蛋白质的方法主要有肽质量指纹图谱法、串联质谱法和梯形肽片段测定法。

肽质量指纹图谱法是对蛋白酶解或化学降解后所得多肽混合物进行质谱分析（常用基质辅助激光解吸电离飞行时间质谱，MALDI-TOF-MS），再与多肽数据库中理论肽段进行比较，从而绘制蛋白质的"肽图"，进行蛋白质的鉴定。肽质量指纹图谱法现已成为蛋白质研究中常用的鉴定方法，但蛋白质的翻译后修饰可能会导致测定的质量数与理论值不符，需结合序列信息进行判断。研究显示，使用基质辅助激光解吸电离源的肽质量指纹图谱法比氨基酸组成分析更为可靠，该方法可耐受少量杂质的存在，对纯度不是很高的样品也能得到理想的结果。

对于数据库中不存在的蛋白质，则需要对肽段进行从头测序。通常使用串联质谱法，如配有源后裂解（PSD）的基质辅助激光解吸电离飞行时间质谱；或者使用梯形肽片段测序法测序，即用化学降解或酶解使蛋白质或肽从 C 端或 N 端降解出相对较长的肽片段，再用碰撞诱导断裂或源后衰变产生一系列仅相差 1 个氨基酸残基的肽，呈梯形肽片段。经质谱检测，由相邻肽峰的质量差即可得知相应氨基酸残基。但该法由于降解速度不一，易受干扰，因此效果不太理想。

2. **蛋白质的定量分析**　用同位素标记蛋白质，酶解后用高效液相色谱-质谱联用仪（HPLC-MS）进行定量分析。

3. **蛋白质的相互作用分析**　大部分蛋白质的功能是通过蛋白质之间的相互作用形成复合体而实现的。作为功能蛋白质组学的主体，蛋白质的相互作用可先通过生物化学的方法对蛋白质复合体进行纯化，然后用质谱进行分析。

第四节　色谱分析法

色谱分析法简称**色谱法（chromatography）**，是利用物质在作相对运动的两相之间进行反复多次的"分配"过程而产生差速迁移，从而实现混合组分的分离分析的方法。

色谱法是 1906 年俄国植物学家 Tsweet MS 在研究植物色素组成时首先提出来的。他将碳酸钙粉末填充在竖立的玻璃管中，从顶端注入植物色素的提取液，然后用石油醚自上而下淋洗。结果发现，植物色素慢慢地向下移动并逐渐分散成数条不同颜色的色带，Tsweet MS 将这种分离方法命名为"色谱法"。在色谱法中，固定在柱管内的填充物称为**固定相（stationary phase）**，沿固定相流动的液体称为**流动相（mobile phase）**或**洗脱液（eluant）**，装填有固定相的柱子称为**色谱柱（packed column）**。随着色谱技术的不断发展，色谱法不仅用于有色物质的分离，也大量用于无色物质的分离。

色谱法种类很多。按流动相的状态，色谱法可分为**气相色谱法（gas chromatography，GC）**、**液相色谱法（liquid chromatography，LC）**和**超临界流体色谱法（supercritical fluid chromatography，SFC）**；按操作形式可分为柱色谱法、平面色谱法和毛细管色谱法等；按色谱过程的分离机制可分为吸附色谱法、分配色谱法、离子交换色谱法、凝胶色谱法及亲和色谱法等。

近年来，随着材料科学、电子技术及计算机技术的不断发展和融合，智能化色谱仪、色谱联用技术及多维色谱法得到快速发展，色谱分析法已广泛应用于医药、化工、材料和环境等诸多领域，是复杂混合物最重要的分离分析方法。

一、基本原理

（一）色谱分离过程

色谱分离是利用不同组分在固定相和流动相中的分配系数差别达到分离目的。图9-12表示 A、B 两组分的分离过程。把含有 A、B 两组分的混合物加到色谱柱的顶端后，A、B 两组分均被吸附到固定相（吸附剂）上。随后用适当的流动相洗脱，当流动相不断流入色谱柱时，被吸附在固定相上的组分又溶解于流动相中，这个过程称为解吸。解吸出来的组分在随流动相向前移行的过程中，遇到新的吸附剂，又再次被吸附。如此，在色谱柱上反复多次地发生吸附—解吸的分配过程（可达 10^3 ~ 10^6次）。由于 A、B 组分的结构和性质不同，与固定相作用的类型、强度也不同，当含有 A、B 两组分的混合物经过具有一定柱长的色谱柱后，就会使得吸附能力弱的组分先流出色谱柱，吸附能力强的组分后流出色谱柱，从而使 A、B 两组分得到分离。

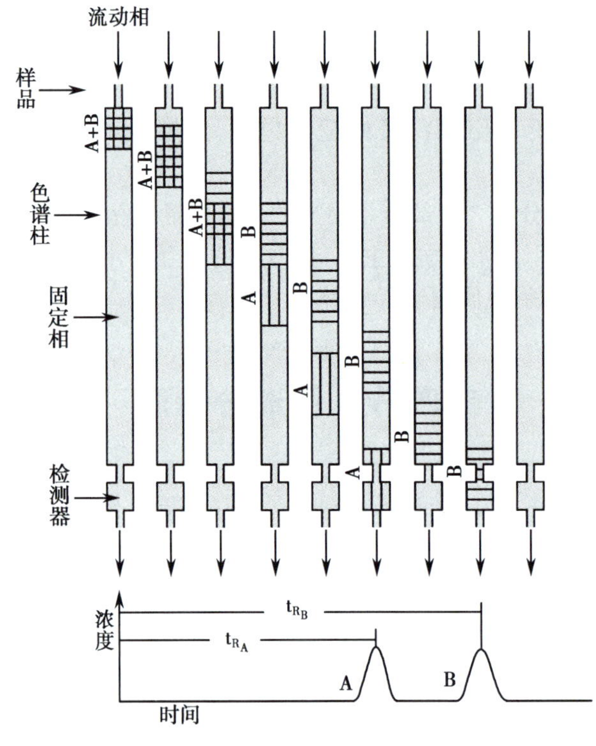

图 9-12　色谱分离过程示意图

（二）色谱图及基本术语

描述检测器的响应信号强度随时间或流动相流出体积变化的曲线称为**色谱图（chromatogram）**，又称色谱流出曲线（图 9-13）。

1. **基线**　**基线（base line）**是指仅有流动相通过检测器系统时所得到的流出曲线，如图9-13中的 OD 线。基线可以反映仪器及操作条件的恒定程度。

2. **峰面积与峰高**　**峰面积（peak area，*A*）**指色谱峰曲线与基线所包围的面积，如图 9-13中的 ACD 内的面积；**峰高（peak height，*h*）**是指色谱峰顶点与基线之间的垂直距离，如图 9-13中的 BA 线。

3. **区域宽度**　**区域宽度（zone width）**是色谱流出曲线的重要参数之一，通常有 3 种表示方法。

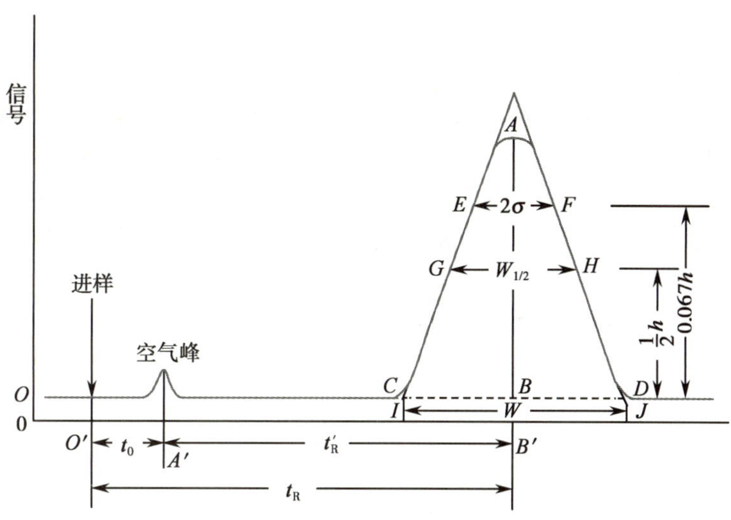

图 9-13 色谱流出曲线

(1)峰宽:**峰宽(peak width,W)**又称峰底宽,通过色谱峰两侧的拐点分别作切线与峰底的基线相交,在基线上的截距称为峰宽,或称基线宽度。如图 9-13 中 IJ 之间的距离。

(2)半峰宽:**半峰宽(peak width at half height,$W_{1/2}$)**指峰高一半处的峰宽。如图 9-13 中 GH 间的距离。

(3)标准差:0.607 倍峰高处对应的半峰宽称为**标准差(standard deviation,σ)**,即图 9-13 中 EF 间距离的一半。半峰宽、峰宽与标准差的关系分别为 $W=4\sigma$;$W_{1/2}=2.354\sigma$。其中标准差可用来衡量组分被洗脱出色谱柱的分散程度,其值越大,组分越分散;反之越集中。

4. **保留值** **保留值(retention value)**又称保留参数,是反映样品中各组分在色谱柱中停留状态的参数,是主要的色谱定性参数。通常用时间(min)或体积(cm^3)表示。

(1)保留时间:从进样开始到某个组分的色谱峰顶点所需要的时间,即从进样到某组分在柱后出现浓度极大值时的时间间隔,称为该组分的**保留时间(retention time,t_R)**。如图 9-13 中 $O'B'$所对应的时间。

(2)死时间:不被固定相保留(吸附或溶解)的组分的保留时间称为**死时间(dead time,t_0)**。如图 9-13 中 $O'A'$所对应的流出时间。

(3)调整保留时间:某组分被固定相滞留的时间($A'B'$所对应的流出时间)称为该组分的**调整保留时间(adjusted retention time,t'_R)**。调整保留时间与保留时间和死时间有如下关系

$$t'_R=t_R-t_0 \tag{9-20}$$

此外,还有**保留体积(retention volume,V_R)**、**死体积(dead volume,V_0)**、**调整保留体积(adjusted retention volume,V'_R)**等,表示的意义与时间无较大差别,只是以流动相的流出体积作图所得。

5. **分离度** **分离度(resolution,R)**又称分辨率,它表示相邻两组分的色谱峰的实际分离程度。分离度是相邻两组分色谱峰保留时间 t_{R_1}、t_{R_2}之差与两色谱峰宽 W_1、W_2的平均值之比。

$$R=\frac{(t_{R_2}-t_{R_1})}{\frac{1}{2}(W_1+W_2)}=\frac{2\Delta t_R}{W_1+W_2} \tag{9-21}$$

R 越大,表示两个峰分开的程度越大。一般,当 $R=1.5$ 时,两组分的分离程度达 99.7%。因此,常把 $R=1.5$ 作为相邻两峰完全分离的标志。在进行定量分析时,为了能获得较好的精

密度和准确度,应使 $R \geq 1.5$。

(三)塔板理论

塔板理论(plate theory)是 1941 年由英国学者 Martin 和 Synge 提出的。该理论把色谱柱看作一个有若干个塔板层的分馏塔,在每个塔板的间隔内,混合样品在固定相和流动相中很快达到分配平衡,然后随流动相转移至另一个塔板,再达到分配平衡。经过多次分配平衡和转移后,各组分按分配系数的大小顺序,依次流出色谱柱,从而实现混合样品的分离。塔板数越多,分离效果就越好。因此,理论塔板数(n)和**理论塔板高度(height equivalent to a theoretical plate,H)**就成为衡量**柱效(column efficiency)**的重要指标。

利用色谱图上所得保留时间和峰宽(或半峰宽)数据,可求算理论塔板数

$$n=16\left(\frac{t_R}{W}\right)^2 \tag{9-22}$$

或

$$n=5.54\left(\frac{t_R}{W_{1/2}}\right)^2 \tag{9-23}$$

理论塔板高度(H)可由理论塔板数(n)和色谱柱长(L)获得

$$H=\frac{L}{n} \tag{9-24}$$

W 或 $W_{1/2}$越小,n 越大,H 越小,柱效越高,分离效果越好。需要注意的是当采用塔板数评价色谱柱的柱效时,必须指明组分、固定相、流动相及操作条件。

(四)速率理论

1956 年荷兰学者范第姆特(van Deemter)在塔板高度(H)基础上提出了速率理论方程。该方程充分考虑了组分在两相间的扩散和传质过程,全面研究了影响色谱柱效的动力学因素。其方程式为

$$H=A+B/u+Cu \tag{9-25}$$

式(9-25)中 A、B、C 三个为常数,其中 A 为涡流扩散项,B 为纵向扩散系数,C 为传质阻力系数,u 为载气线速度($cm \cdot s^{-1}$),

$$u \approx L/t_0 \tag{9-26}$$

式中 L 为柱长,t_0为死时间,在 u 一定时,A、B、C 三个常数越小,塔板高度(H)才越小,峰越锐,柱效就越高。

范第姆特方程可以说明填充均匀度、载体粒度、载气种类、载气流速、柱温、固定液液膜厚度等对柱效的影响,故对于分离条件的选择具有指导意义。

二、定性与定量分析方法

(一)定性分析

色谱定性分析的方法很多,分析的基本依据是保留时间。当色谱分析条件(如柱长、柱温、柱径、柱压、流速和检测电流等)相同时,相同组分在同一色谱柱中滞留的时间也相同,故通过比较对照品和试样的保留时间,可以确定试样可能是何种物质或者是否含有与对照品相同的组成。

此外,也可以把色谱仪作为分离手段,把质谱仪、红外光谱仪作为鉴定工具,两者取长补短,该法称为两谱联用法,是更为有效的定性方法。

(二)定量分析

色谱定量分析的基础是进入检测器的待测组分 i 的质量 m_i(或浓度)与检测器的响应信号(峰面积 A_i或峰高 h_i)成正比。以峰面积为例

$$m_i = f_i \times A_i \tag{9-27}$$

式(9-27)中，f_i为待测组分 i 的定量校正因子。

现代色谱技术通常是用自动积分程序对待测组分的峰面积进行积分，然后用峰面积进行定量分析。常见的色谱定量方法有归一化法、外标法、内标法和标准加入法等。

1. 归一化法 组分 i 的质量分数等于它的色谱峰面积在总峰面积中所占的百分比。考虑到检测器对不同物质的响应不同，峰面积需经校正，故组分 i 的质量分数可按下式计算

$$\omega_i(\%) = \frac{A_i f_i}{A_1 f_1 + A_2 f_2 + A_3 f_3 + \cdots A_n f_n} \times 100\% \tag{9-28}$$

以上即为**归一化法(normalization method)**。其优点是简便、结果与进样量无关、操作条件对结果影响较小。缺点是所有组分必须在一个分析周期内都能流出色谱柱，且都能被检测器响应。该法不能用于微量杂质的含量测定。

2. 外标法 **外标法(external standard method)**分为工作曲线法和外标一点法。在一定操作条件下，用待测组分的对照品配制一系列不同浓度的对照液，定量进样，进行色谱分析，用所测定的峰面积或峰高对浓度作图，得到工作曲线。在相同条件下分析待测组分，由工作曲线确定待测组分含量的方法称为工作曲线法。若工作曲线的截距较大，说明存在一定的系统误差。若工作曲线线性好，截距近似为零，可用外标一点法(比较法)定量。

外标一点法是用一种浓度的物质 i 的对照溶液和待测液在相同条件下进样分析，按下式计算物质 i 的量

$$m_i = \frac{A_i}{(A_i)_s}(m_i)_s \tag{9-29}$$

式(9-29)中，m_i与 A_i分别代表在待测液进样体积中所含物质 i 的重量及相应峰面积，$(m_i)_s$及$(A_i)_s$分别代表物质 i 对照液在进样体积中的重量及相应峰面积。若待测液和对照液进样体积相等，则式(9-29)中的 m_i和$(m_i)_s$可分别用待测液中物质 i 的浓度 c_i和对照液的浓度$(c_i)_s$代替，即

$$c_i = \frac{A_i}{(A_i)_s}(c_i)_s \tag{9-30}$$

外标法的优点是不需测定校正因子，也不需加内标物，准确性较高，但对进样的准确性和操作条件的稳定性要求较高，适用于大批量试样的快速分析。

3. 内标法 色谱法由于进样量小，所以进样体积可能出现偏差，故在分析中多采用**内标法(internal standard method)**进行定量分析。该法适用于试样组分不能全部流出色谱柱，或检测器不能对每个组分都有响应，或只需测定试样中某几个组分的质量分数等情况。根据实际操作不同，内标法可分为内标工作曲线法、内标一点法和内标校正因子法。

(1)内标工作曲线法：配制一系列不同浓度的对照液，并加入相同量的内标物后进样分析，测得 A_i和 A_s，以 A_i/A_s对对照液浓度作图。求回归方程，计算试样中 i 的质量分数。待测液配制时也需加入与对照液相同量的内标物，根据被测组分与内标物的峰面积比值，由工作曲线求得被测组分质量分数。

(2)内标一点法：若内标工作曲线的截距近似为零，可用内标一点法(已知浓度试样对照法)定量。在对照液和被测溶液中，分别加入相同量的内标物，配成对照液和待测液，分别进样，按下式计算被测组分浓度

$$(c_i)_{样品}=\frac{(A_i/A_s)_{样品}}{(A_i/A_s)_{对照}}\times(c_i)_{对照} \tag{9-31}$$

内标工作曲线法和内标一点法均使用了对照液，其消除了某些操作条件的影响，相当于测定相对校正因子。因此不必测出校正因子，也不需严格要求进样体积的准确性。

（3）内标校正因子法：以一定量的纯物质作为内标物，加到准确称取的试样中，混匀后进样分析，根据试样和内标物的质量及其在色谱图上相应的峰面积比，按下式计算被测组分浓度

$$\omega_i(\%)=\frac{m_i}{m}=\frac{f_i\times A_i}{f_s\times A_s}\times\frac{m_s}{m}\times 100 \tag{9-32}$$

式（9-32）中，ω_i为试样中待测组分的百分含量；m 和 m_s分别为试样和内标物的质量；m_i为质量 m 的试样中所含组分 i 的质量；A_i和 A_s分别为待测组分 i 和内标物的峰面积；f_i和f_s分别为待测组分 i 和内标物 s 的校正因子。

由式（9-32）可知，该法是通过测量内标物及被测组分峰面积的相对值进行计算的，由于操作条件变化而引起的误差，都将同时反映在内标物及被测组分上，因而得到抵消，所以分析结果准确度高。而且该法对进样量准确度的要求相对较低。

在药物分析时，校正因子通常是未知的，此时可以内标物为对照，测定被测组分的相对校正因子。

在实际工作中，内标物的选择很重要，需满足以下要求：①内标物是原试样中不含有的组分；②内标物必须是纯度符合要求的纯物质；③内标物不与试样发生化学反应；④内标物与待测组分性质比较接近；⑤内标物的保留时间应与待测组分相近，且对待测组分无影响。

4. 标准加入法 在试液中加入一定量被测组分 i 的对照品，测定增加对照品后组分 i 峰面积的增量，计算组分 i 的重量。

$$m_i=\frac{A_i}{\Delta A_i}\Delta m_i \tag{9-33}$$

以上即为**标准加入法（standard addition method）**。式（9-33）中 Δm_i为对照品的加入量，ΔA_i为峰面积的增加量。

为消除进样误差，可在待测样的色谱图中选择一个参比峰（r），以 A_i/A_r，代替 A_i，则

$$m_i=\frac{A_i/A_r}{A_i'/A_r'-A_i/A_r}\Delta m_i \tag{9-34}$$

式（9-34）中，A_i和 A_r为试液进样时被测组分 i 和参比物 r 的峰面积，A_i'和 A_r'为加入对照品后被测组分 i 和参比物 r 的峰面积。当难以找到合适内标物，或色谱图上难以插入内标时可采用该法。

三、气相色谱仪及高效液相色谱仪

（一）气相色谱仪

气相色谱仪的类型较多，但基本结构相似，主要由气路系统、进样系统、分离系统、检测系统及记录系统五部分组成。常用气相色谱仪的分析流程如图 9-14 所示。

1. 气路系统 包括载气和检测器所需气源、气体净化、气流控制装置。气体从气瓶或气体发生器经减压阀、净化管、流量控制器和压力调节阀，进入色谱柱，并由检测器排出。

2. 进样系统 包括进样器、气化室和加热系统。其作用是使样品气化并导入色谱柱。

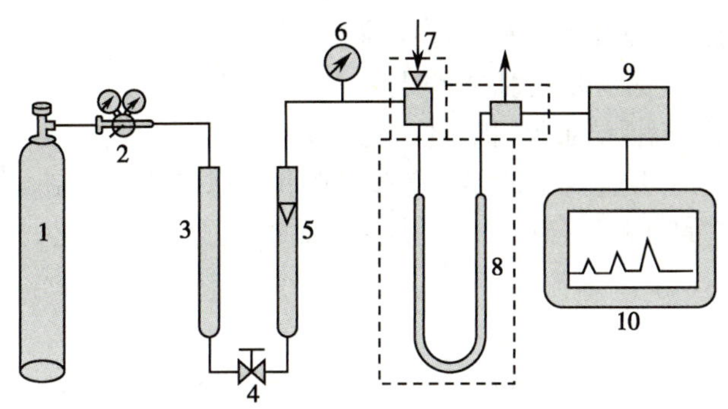

图 9-14　典型的气相色谱仪示意图

注:1. 载气瓶;2. 减压阀;3. 净化干燥器;4. 针型阀;5. 转子流量计;
6. 压力表;7. 进样阀;8. 色谱柱;9. 检测器;10. 数据记录装置

3. **分离系统**　包括色谱柱和柱温箱,是色谱仪的核心组成,其中色谱柱是分离的关键部件。

4. **检测系统**　包括检测器和控温装置;若仪器同时包含制备分离功能,则需在检测器后接上分步收集器。

5. **记录系统**　包括放大器、记录仪和数据处理装置。

气相色谱仪因操作简便、选择性好、灵敏度高、速度快、效率高等优点而被广泛使用。适用于气体和热稳定性好、易挥发试样的分析,如中草药中的挥发油、有机酸及酯的分析。对于一些高沸点药物,也可以通过衍生转化法获得低沸点衍生物,然后再用气相色谱仪进行分析。

(二) 高效液相色谱仪

高效液相色谱仪的基本组成包括高压输液系统、进样系统、分离系统、检测系统和数据处理系统五个部分。现代高效液相色谱仪还配有梯度洗脱装置、自动进样器、脱气装置等辅助装置(图 9-15)。

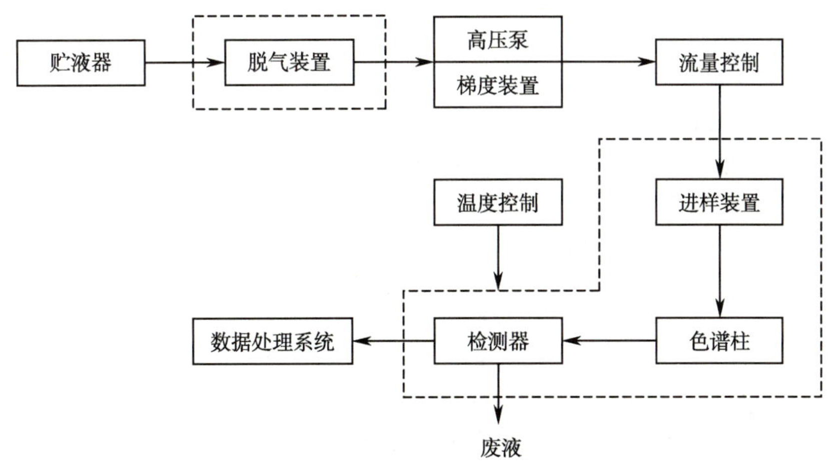

图 9-15　高效液相色谱仪示意图

1. **高压输液系统**　包括高压输液泵和梯度洗脱装置等。高压输液泵是高效液相色谱仪最重要的部件之一。

2. **进样系统**　进样系统是连接在高压输液泵和色谱柱之间,将试样送入色谱柱的装置。

3. **分离系统**　包括色谱柱、保护柱、柱温箱等。色谱柱是高效液相色谱仪的核心部件。

4. **检测系统**　检测器是高效液相色谱仪的关键部件之一。常用的检测器有紫外检测器、荧光检测器、安培检测器、蒸发光散射检测器。

5. **数据处理系统**　包括记录仪、积分仪、色谱工作站等。

高效液相色谱法的主要优点是试样不受挥发性和热稳定性的限制，可用于高沸点、相对分子质量大、热稳定性差的有机化合物以及各种离子的分离分析和纯化，如蛋白质、肽类、核酸、糖类等，应用范围广。

（三）色谱仪的工作流程

气相色谱仪的载气瓶（见图 9-14）或液相色谱仪的高压泵（见图 9-15）将流动相通过进样器送入色谱柱，然后从检测器流出。待分离样品由进样器注入，随流动相一起进入色谱柱中进行分离，被分离后的各组分依次进入检测器，检测器将被分离的各组分浓度信号转变为易于测量的电信号，再由数据处理系统进行分析处理，得到色谱图。

四、临床应用

由于色谱法具有仪器结构简单、操作方便、样品用量少、高选择性、高效能、高速度和高灵敏度等优点，在医学中得到了广泛应用。在临床检验、卫生监督和毒理学研究中，均可采用气相色谱法快速测定血液中乙醇、脂肪酸、氨基酸甲酯以及尿液中的草酸盐、氯丙醇痕量代谢产物 β-氯乳酸等；利用高效液相色谱法测定血液中苯丙酮和胆红素。

苯巴比妥、苯妥英钠、卡马西平是临床上常用的抗癫痫药物。由于这些药物的有效血药浓度范围窄，且存在明显的个体差异，容易发生不良反应，需要对治疗药物进行监测，以提高药物疗效，减少毒副反应。例如，采用高效液相色谱法可对血清中抗癫痫药物进行分析，进而帮助医生确定患者的个体化给药方案，提高治疗效果。

第五节　化学显色分析法

一、显色反应

显色反应（chromogenic reaction）指将底物转化为有色化合物的反应。根据反应原理，可将显色分析方法大致分为酸碱指示剂显色法、氧化还原反应显色法、配位反应显色法以及沉淀反应显色法等（表 9-3）。该法因具有直观、方便、可操作性强、重复性好等特点，而表现出良好的定性、定量分析功能，广泛应用于药物分析、生化检验、环境监测等多个领域。

表 9-3　化学显色反应分类

显色方法	显色原理
酸碱指示剂显色法	**酸碱指示剂（acid-base indicator）**多为有机弱酸（弱碱），其酸式和碱式结构具有不同的颜色。pH 变化会引起酸碱指示剂存在形式的相互转化，进而引起指示剂的颜色变化
氧化还原反应显色法	指通过氧化还原反应使反应体系发生颜色变化，从而达到对被检物质定性或定量分析的目的
配位反应显色法	指由配体通过配位键与中心原子形成配合物，引起反应体系的颜色改变
沉淀反应显色法	以沉淀反应为基础，使初始有色反应物减少或者生成有色沉淀物的方式引起反应体系颜色的改变

干化学(dry chemistry)又称为**固相化学**(solid phase chemistry)。**干化学分析法**(dry chemistry analysis method)是预先将分析测定所需的试剂固定在滤纸等**试剂载体**(reagent carrier)上,当干化学试剂载体与液体样品相接触时,固定在载体上的干化学试剂遇到样品溶液,并与被检成分发生化学反应而产生颜色变化,从而实现对样品的成分分析。该法与湿化学分析(即在反应容器里让样品与液体试剂混合发生化学反应)的主要区别见表 9-4。

表 9-4　干化学分析与湿化学分析方法比较

	干化学分析	湿化学分析
试剂状态	固相	液态
反应载体	试剂载体支持物	试管、比色杯等容器
反应方式	固定于试纸条上的干化学试剂与液体样本中的待检成分反应	样本中待检成分直接与液体试剂反应
理论基础	Kubelka-Munk 理论	Lambert-Beer 定律
检测原理	反射光度法	透射光度法
观察指标	颜色改变	溶液发生颜色变化或形成沉淀
检测方式	肉眼与标准比色卡对比观察,或者仪器检测反射光强度	肉眼与标准液对比观察,或者仪器检测透射光强度
优点	操作简单、快速,可用于即时检测,易实现自动化,个别检测项目具有很强的特异性	个别检测项目准确度高,可作为验证性实验
缺点	不同厂家、不同规格的试纸条所含的干化学试剂不尽相同,个别检测项目易受其他因素干扰,主要用于筛查检验	操作复杂,干扰因素较多

二、干化学显色反应

多层膜法(multiple layered film)采用多层膜为试剂载体,是当今临床生化检验中最具代表性的干化学法。根据干化学分析原理的不同,多层膜可分为**反射光度法**(reflectance spectroscopy)、**差示电位法**(differential potentiometric method)及**荧光反射光度法**(fluorescent reflection spectroscopy)三种类型。干化学显色反应分析法采用的是反射光度法型多层膜,该膜的基本结构通常包括 5 层,从上至下依次为渗透扩散层、光漫射层、辅助试剂层、试剂层和支持层。渗透扩散层是试剂载体的最上层,多为高密度多孔聚合物,在使样品均匀渗入试剂载体的同时还能阻止杂质和大分子物质的渗透,具有过滤、减少干扰的作用;光漫射层由白色不透明、反射系数较高的物质组成,用于隔离有色干扰物,同时为下面试剂层提供反射背景,减少因光吸收导致的测定误差;辅助试剂层主要用于清除内源性物质的干扰;试剂层多由亲水性树脂构成,内含分析显色全部或部分试剂;支持层由透明塑料制成,起支持作用。

干化学显色反应分析主要是基于反射光度法,发生的反射为**漫反射**(diffuse reflection)。其显色反应发生在"固相",对透射光和反射光均有较强的散射作用。光进入介质后会产生三种效应:①在照射表面产生反射(折射);②在内部或照射表面产生散射;③内部吸收。这些效应的总和决定了光再次离开介质时的比率和方向,基本遵循 Kubelka-Munk 理论。物质对光的散射和吸收能力在一定程度上可用散射率(R_{diff})表示,其与反射光强度(I)、入射光强度(I_0)、

散射系数(S)及吸收系数(K)的关系分别为

$$R_{diff}=\frac{I}{I_0} \tag{9-35}$$

$$\frac{K}{S}=\frac{(1-R_{diff})^2}{2R_{diff}} \tag{9-36}$$

此外,由于试剂载体各层结构界面间存在**多重内反射(multiple internal reflection)**,故需用 Williams-Clapper 方程对 Kubelka-Munk 理论进行修正,方可进行物质浓度的换算。

三、尿液干化学显色反应

尿液是血液经过肾小球滤过以及肾小管、集合管重吸收后所形成的终末代谢物,经泌尿系统排出体外。尿液检测是临床上最常见的检查项目之一,与血液检测、粪便检测一起被称为临床“三大常规检测”。

尿液干化学分析是基于尿液成分与尿液干化学试纸条上检测模块中的化学试剂发生反应而产生颜色变化的一种尿液分析方法。通常采用浸入或滴加样品的方式,使尿液干化学试纸条与尿液标本直接接触并反应,通过尿液干化学分析仪对结果进行判定,或者通过与标准比色板进行目测比对,从而获得尿液中相应被检成分的定性或定量结果。该方法具有检测速度快、标本用量少、重复性好、检测项目多、操作方便等优点,多用于健康体检、疾病快速筛查等。

(一)尿液干化学技术的发展概况

随着科学技术的发展,干化学分析技术已集化学、光学、酶学、化学计量和计算机技术于一体,其作为定性和定量分析法已达到常规湿化学法的测定水平。16 世纪英国物理学家、化学家 Robert Boyle 发明石蕊试纸,并用于测定溶液 pH。1850 年法国化学家 Mauraene 以用氧化锡浸泡过的羊毛纤维为试带鉴定尿液中的葡萄糖。1941 年美国学者 Walter Compton 基于班氏法发明了尿糖试纸 Clinitest,并应用于临床,推动了干化学技术的发展。1956 年美国 Free 和 Commer 首次用单试纸条检测尿中的葡萄糖和蛋白质,发明了用于尿液干化学分析的试纸条。1959 年美国推出 pH、尿糖和尿蛋白三联试纸条。1992 年尿液干化学 10 项检测试纸条问世,尿液干化学多联试纸得到快速发展。20 世纪 70 年代起各种干化学分析仪问世,促使了干化学分析的进一步快速发展,其中 1966 年由北京协和医院生产出 12 种测定尿液化学成分的试纸,开启了我国干化学分析时代。

(二)试纸条的基本结构

尿液干化学分析通常采用多联试纸条,即将多个检测项目的试剂模块按照一定的顺序和间隔固定在同一条试纸条上,以实现多个项目的同时检测。通常试纸条上还会多出一个空白模块,用以消除尿液本身颜色造成的测试误差。多联试纸条通常是由多层膜结构复合而成,包括渗透扩散层、试剂层、指示剂层和支持层。其中渗透扩散层起过滤保护作用,防止大分子物质造成污染,还能使尿液快速均匀的渗入检测模块,同时具有抑制尿液渗透到相邻反应模块的功能;试剂层包含反应所需的酶、缓冲溶液、催化剂、碘酸盐等,其中碘酸盐可用于防止维生素 C 等干扰;指示剂层主要用于与尿液中的检测成分发生化学反应而发生颜色变化;支持层通常由不被尿液浸润的塑料制成,起到支持作用。

(三)试纸条的一般反应原理

尿液干化学试纸条是由固定有干化学试剂的纸条或塑料条构成。尿液中的被检成分和干化学试剂发生化学反应,使相应模块发生颜色变化,其颜色深浅与尿液中相应检测成分的浓度成比例。不同型号的试纸条,其模块排列顺序不尽相同,各模块上含有的化学试剂和反应原理也可能各不同，现逐一进行简单介绍。

1. **尿液酸碱度（pH）**　酸碱双指示剂法进行显色。该检测模块中，含有甲基红、溴麝香草酚蓝、缓冲剂等物质。甲基红的 pH 变色范围为 4.4~6.2。当 pH≤4.4 时，甲基红显红色，随着 pH 的增高甲基红的颜色由红色逐渐转变为黄色；当 pH≥6.2 时，甲基红显黄色。溴麝香草酚蓝的 pH 变化范围为 6.0~7.6。当 pH≤6.0 时，溴麝香草酚蓝显黄色，随着 pH 的增高，溴麝香草酚蓝的颜色由黄色逐渐转变为蓝色；当 pH≥7.6 时，溴麝香草酚蓝显蓝色。该测试模块将甲基红和溴麝香草酚蓝两种酸碱指示剂按照适当配比，可显示尿液 pH 4.5~9.0 范围内的颜色变化。

正常新鲜尿液 pH 约为 6.5（4.5~8.0），机体依靠各种缓冲体系以及肾、肺等脏器对酸碱平衡的调节和代偿，将体内的酸碱度维持在相对稳定的状态。尿液酸碱度的变化对临床诊断具有重要意义（表 9-5）。检测尿液酸碱度可反映机体的酸碱平衡和电解质平衡，是临床上诊断酸/碱中毒的重要手段。

表 9-5　尿液酸碱度的变化与临床意义

酸碱度变化	临床意义
pH 降低	食用肉类（含硫、磷）及混合性食物，或服用氯化铵、维生素 C 等酸性药物，或酸中毒、高热、糖尿病、痛风、低钾性代谢性酸中毒等
pH 增高	食用蔬菜、水果（含钾、钠），或服用噻嗪类利尿剂、碳酸氢钠等碱性药物，或碱中毒、膀胱炎等。尿液放置过久，尿素分解释放氨，也可使尿液显碱性
药物干预	尿液 pH 可作为用药的一个指标，用氯化铵酸化尿液，可促使碱性药物从尿液中排出；而用碳酸氢钠碱化尿液，可促使酸性药物从尿液中排出

2. **尿比重**　多聚电解质离子解离法显色。该检测模块中含有多聚电解质（如甲氧乙烯顺丁烯乙酸）、酸碱指示剂（溴麝香草酚蓝）和缓冲物。尿中的电解质主要为 NaCl，当尿比重增高、尿中电解质浓度升高时，尿液中的 Na^+ 和 Cl^- 可将电解质共聚体中 H^+ 置换出来，pH 降低，溴麝香草酚蓝为分子型，显示黄色。相反，当尿比重降低，H^+ 从电解质共聚体中释放减少，pH 升高，溴麝香草酚蓝转化为离子型，呈现蓝绿色。

尿比重（specific gravity，SG）是一种反应尿液中溶质含量的指标，指在 4℃ 条件下，尿液与等体积纯水的质量之比，主要与尿液中无机盐的含量和溶解度有关。测定尿比重能够在一定程度上反映肾小管的浓缩和稀释功能。比重>1.025 的尿液为高比重尿或高渗尿，常见于血容量不足导致的肾前性少尿、肾脏稀释功能受损性疾病及糖尿病等；比重<1.015 的尿液为低比重尿或低渗尿，常见于大量饮水、肾脏浓缩功能受损性疾病等。该方法操作简单、快速，可以不受高浓度的尿素、葡萄糖或放射造影剂影响，但是受强酸、强碱和尿中蛋白质的干扰。该方法灵敏度较低，测试范围窄，精密度较差，故不能成为评价肾功能的指标，只适用于过筛试验。

3. **尿胆原**　醛反应或重氮反应法显色。醛反应试纸条的主要成分是对二甲氨基苯甲醛，重氮法试纸条主要含有 4-氧基苯重氮四氟化硼。在强酸性条件下，尿液中的**尿胆原（urobilinogen，URO）**与试纸模块中的对二甲氨基苯甲醛反应生成樱红色缩合物；或与 4-氧基苯重氮四氟化硼发生偶联反应，生成胭脂红色重氮盐偶氮化合物。

结合胆红素经胆管排泄到肠道后，在肠道微生物的作用下发生还原反应，脱掉葡萄糖醛酸基生成粪胆原、尿胆原等。粪胆原随粪便排出体外，尿胆原大部分经肠肝循环重吸收到体内并转化为结合胆红素，只有小部分进入血液循环经尿排出。尿胆原含量增加常见于溶血性疾病，减少则多见于胆道梗阻性疾病。

4. **尿胆红素**　偶氮反应法显色。该检测模块主要化学成分为二氯苯胺重氮盐（2,4-二氯苯胺重氮盐或2,6-二氯苯胺重氮-四氟硼酸盐)。强酸性条件下,结合胆红素与二氯苯胺重氮盐发生偶联反应生成紫红色偶氮化合物,引起颜色变化,其颜色深浅与尿中胆红素的含量成正比。

胆红素(bilirubin,BIL)是血液中衰老、坏死的红细胞经肝、脾或者骨髓中的单核巨噬细胞系统分解破坏后的产物,包括结合胆红素和非结合胆红素。非结合胆红素是非水溶性物质,不能透过肾小球屏障,故不会在尿中出现;而结合胆红素可溶于水,故能透过肾小球基底膜出现在尿中。正常成年人尿中仅含有微量结合胆红素(约3.4μmol·L^{-1}),通常不被检出。当血中结合胆红素浓度增高,超过肾阈值(34mmol·L^{-1})时,尿中胆红素含量亦会增多。尿胆红素检测阳性常见于胆汁排泄受阻、肝细胞损害、肝细胞性及梗阻性黄疸、碱中毒等。

5. **尿蛋白　指示剂蛋白误差法(protein error of indicators)**显色。该检测模块的主要化学成分有溴甲酚蓝(显色pH范围为3.0~4.6)及柠檬酸缓冲剂等。在pH 3.2时,试纸模块中的溴甲酚蓝解离出的阴离子与尿液中带相反电荷的蛋白质结合,引起溴甲酚蓝的进一步解离,发生颜色改变。颜色深浅与尿液中的蛋白质含量成正比。

正常人体内,大分子蛋白质(相对分子质量>40kDa)无法从肾小球滤过膜滤出。小分子蛋白质(相对分子质量≤40kDa)虽然能够通过肾小球滤过膜,但由于肾小管的重吸收作用,绝大部分仍被重新吸收到体内。所以,正常情况下人体尿液中的蛋白质含量极少(<130mg·d^{-1}),常规定性检查呈阴性。**尿蛋白(protein,PRO)**阳性多见于原发或继发性肾脏疾病;糖尿病、系统性红斑狼疮、血管内溶血等多种非肾脏疾病亦可引起蛋白尿。

6. **尿糖　葡萄糖氧化酶-过氧化物酶法(glucose oxidase-peroxidase method)**显色。该检测模块主要化学成分为葡萄糖氧化酶、过氧化物酶和色素原(碘化钾)。尿液中的葡萄糖在葡萄糖氧化酶的作用下与氧气反应生成葡萄糖酸和过氧化氢。过氧化氢进一步经过氧化酶催化生成水并放出新生态氧。碘化钾被新生态氧氧化,由无色变紫红色,其颜色深浅程度与尿液中葡萄糖浓度成正比。

尿糖(glucose,GLU)主要指尿液中的葡萄糖。正常情况下人尿液中可含有微量葡萄糖,常规定性检查呈阴性。当血糖浓度超过肾糖阈值(8.88mmol·L^{-1})时,葡萄糖可随尿液排出,尿常规检测呈阳性,称为糖尿。

7. **尿酮体**　亚硝基铁氰化钠法显色。该检测模块的主要化学成分为亚硝基铁氰化钠$Na_2[Fe(NO)(CN)_5]$,其溶于尿液中可分解为$Na_4[Fe(CN)_6]$、$NaNO_2$、$Fe(OH)_3$和$[Fe(CN)_5]^{3-}$。在碱性条件下,这些分解产物与尿中的乙酰乙酸或丙酮反应,生成异硝基(HOON=)或异硝基胺(N_2HOON=),再与$[Fe(CN)_5]^{3-}$反应生成紫红色复合物。

酮体(ketone bodies,KET)指乙酰乙酸、β-羟丁酸和丙酮的总称,是脂肪氧化代谢过程中产生的中间产物。正常情况下,人体内可含有少量酮体,其主要组成是78%的β-羟丁酸、20%的乙酰乙酸和2%丙酮。当肝脏内产生的酮体超出肝外组织的利用需求时,血液中的酮体浓度就会超标,过多的酮体将会随尿液排出形成酮尿。尿液酮体检查主要用于评价糖代谢障碍和脂肪不完全氧化程度。

8. **尿亚硝酸盐　亚硝酸盐(nitrite,NIT)**还原法显色。该检测模块的主要化学成分是对氨基苯磺酸和α-萘胺。在酸性条件下,尿中亚硝酸盐先与对氨基苯磺酸反应生成对重氮苯磺酸,再与α-萘胺反应生成粉红色N-α萘胺偶氮苯磺酸。

人体尿路感染时,具有亚硝酸盐还原酶的病原菌将尿液中的硝酸盐还原为亚硝酸盐,所以检测尿液中的亚硝酸盐含量可以反映泌尿系统的感染情况。

9. **白细胞酯酶**　白细胞酯酶法显色。该检测模块的主要化学成分为吲哚酚酯和重氮盐。

吲哚酚酯可被白细胞酯酶水解为吲哚酚和有机酸，其中吲哚酚又可与重氮盐进一步反应生成紫红色缩合物，其颜色深浅与尿液中的中性粒细胞含量成正比。

白细胞酯酶(leukocyte esterase,LEU)是中性粒细胞中含有的特异性酯酶。利用酯酶反应检测白细胞酯酶的活性可以反映尿中的中性粒细胞含量，进而用于泌尿系统感染的诊断。

10. **尿隐血**　亚铁血红素类似过氧化酶法显色。该检测模块的主要化学成分为2,5-二甲基-2,5-双过氧化氢乙烷及色素原(四甲基联苯胺或邻联苯甲胺)。血红蛋白中的含铁血红素基团具有类似过氧化物酶的活性，能够通过催化过氧化物的方式使色素原氧化而显蓝绿色，其颜色深浅与尿液中血红蛋白的含量成正比。

尿中含有血红蛋白称为**尿隐血(blood,BLD)**。正常血浆中含有的微量游离血红蛋白与珠蛋白结合形成分子量巨大的复合物，不能从肾小球滤过膜滤过，所以尿中不会有血红蛋白。当发生血管内溶血时，红细胞被破坏，血红蛋白释放增多。当游离血红蛋白量过多，珠蛋白不足以与其结合时，过多的血红蛋白就可以通过肾小球滤过膜，当其不能被肾小管完全重吸收时，就可以随尿液排出，形成尿隐血。此外，当尿路出血时，红细胞在不同渗透压和酸性环境下被破坏，尿中也可出现血红蛋白。

11. **维生素**C　2,6-二氯酚靛酚钠还原法显色。该检测模块的主要化学成分有2,6-二氯酚靛酚钠、磷酸二氢钠等。**维生素C(vitamin C,Vit C)**含有1,2-烯二醇还原基团。2,6-二氯酚靛酚钠是一种深蓝色氧化性染料，酸性条件下呈紫红色，可将维生素C脱氢氧化，自身还原为无色的2,6-二氯二对酚胺。随着维生素C含量的增高，可由深蓝向粉红色转变。

维生素C为还原性物质，在进行尿液干化学检测时易与试纸条上的试剂发生竞争性抑制反应。检测维生素C主要是用于评估其对其他检测成分的干扰程度，使干化学检测结果更加科学和准确。

问题与思考9-4

若尿液干化学分析标本放置时间过长，会对分析结果造成哪些影响？

四、尿液干化学分析仪

(一) 尿液干化学分析仪分类

尿液干化学分析仪根据自动化程度可分为半自动化分析仪和全自动化分析仪，根据检测项目又可分为尿10项、11项、13项分析仪，其中11项尿液干化学分析仪在临床应用最为广泛(表9-6)。

表9-6　尿液干化学分析仪分类

分类方式	类型	进样方式或检测项目
自动化程度	半自动	需手工将试纸条浸入尿液标本，放到传送带上或支架槽内
	全自动	无需手工加样，由机械手自动完成
检测项目	10项分析仪	为尿酸碱度(pH)、亚硝酸盐(NIT)、葡萄糖(GLU)、尿比重(SG)、尿隐血(BLD)、蛋白质(PRO)、胆红素(BIL)、尿胆原(URO)、酮体(KET)、白细胞(LEU)
	11项分析仪	尿10项+维生素C(Vit C)
	13项分析仪	尿11项+尿液颜色和浑浊度

（二）尿液干化学分析仪结构

尿液干化学分析仪的基本结构通常包括机械系统、光学系统和电路系统。机械系统包括放置待检样本和质控物品的样品器，输送试剂和样品的轨道，稀释装置及取样器等，主要功能是将待检样品输送到仪器中以及检后废物的排出等；光学系统是尿液干化学仪器的核心组成部分，通常由光源、单色处理器以及光电转换三部分组成；电路系统包括微处理器、功能检测器等，主要功能是将光电转化后的信号放大、加工处理，显示检测结果。

（三）工作原理

仪器检测的基本原理为光的吸收和反射。与尿液标本反应后的试纸条被传送入尿液干化学分析仪，各检测模块受到仪器内的光源照射后产生反射。一般情况下尿液被检成分的浓度越高，相应检测模块的颜色就会越深，被仪器内的光源照射后吸收的光就越多，反射光减少。根据反射光强度的不同，仪器将接收到的反射光信号转化为电信号，经中央处理器处理后输出结果。其中尿液颜色和浑浊度的测定利用了反射率测定原理和透光指数原理。

尿液干化学分析仪通常采用双波长反射光，分别是测定波长和参考波长。测定波长是指被检项目测定模块的敏感波长，不同检测项目，其测定波长不同。例如，胆红素、亚硝酸盐、酮体、尿胆原的测定波长是 550nm；蛋白质、维生素 C、葡萄糖、隐血和 pH 的测定波长通常为 620nm。参考波长是指项目模块的不敏感波长，通常为 720nm，其主要作用是消除背景和其他杂光的干扰。由于尿液本身的颜色也会对检测结果造成影响，所以通常情况下，尿液干化学试纸条会多出一个空白模块，用于消除尿液自身颜色带来的检测误差。通过检测和比较模块与空白模块反射光的光度值，获得被检模块的光反射率，再用标准曲线校正，最后输出定性或半定量结果。

（四）质量控制

为了尽可能保证检测结果的准确性，需要对干化学分析进行质量控制。与湿化学分析不同，干化学分析的试剂都已固化在载体上，分析者无法对其进行处理，所以干化学分析的质量控制大多集中在分析前。其主要影响因素有尿液质量、仪器性能及其配套试剂，常见的质控措施及要求如表 9-7 所示。

表 9-7 尿液干化学分析的质量控制

质控措施	要求
尿液标本	尿液标本采集后应尽快送检，使用清洁、干燥器材避免污染
质控物	使用与仪器配套的质控物
校准	固定于载体上的干化学试剂性质较稳定，一般 6 个月校准一次
贮存温度	干化学试剂须保存在相应允许的温度范围内，否则影响其有效期
有效期和稳定期	有效期指试剂在未开启期间，在规定条件下维持其性质稳定的时限。稳定期则是指试剂在开启之后，其性质保持稳定的时限。当温度和湿度均适宜时，干化学试纸条的稳定期可达 1 个月
仪器维护与监测	定期对仪器进行校正，监测仪器性能

第六节 电泳分析法

一、概述

（一）电泳相关概念

电泳（**electrophoresis，EP**）是指带电颗粒在电场中向着与其电性相反的电极移动的现象。利用电泳对某些化学或生物物质进行分离或分析的技术叫**电泳技术**（**electrophoresis technique**）。可以对物质进行电泳分离的仪器称为**电泳仪**（**electrophoresister**）。

（二）电泳技术的发展历史

1809 年，俄国物理学家 Peйce 首次发现了电泳现象。他在湿黏土中插上带玻璃管的正负两个电极，加电压后发现正极玻璃管原有的水层变混浊，原因是带负电的黏土颗粒向正极移动，发生了电泳现象。1937 年，瑞典 Tiselius 教授对电泳仪进行了改造，建立了最早的**移动界面电泳**（**moving boundary eletrophoresis**），成功地分离了血清中的白蛋白、α-球蛋白、β-球蛋白、γ-球蛋白四种主要成分，开创了电泳技术的新纪元，并因此于 1948 年获得了诺贝尔化学奖。1948 年，Wieland 和 Fischer 重新发展了以滤纸作为支持介质的电泳技术，实现了氨基酸的分离。1950 年，Durrum 开创了以各种固体物质（如各种滤纸、醋酸纤维素薄膜、琼脂糖凝胶等）作为支持介质的**区带电泳技术**（**zone electrophoresis technique**）。该技术以缓冲溶液饱和的固相介质作为支持介质，能够有效减少外界干扰，获得更可信的实验结果。20 世纪 80 年代，毛细管电泳技术因其特有的高灵敏度、高分辨率、自动化程度高等优点而被发展起来，在化学和生化分析鉴定中发挥着不可替代的作用。目前，电泳技术已广泛应用于蛋白质、多肽、氨基酸、核苷酸等物质的分离和鉴定。例如，英国的 Sanger 和美国的 Gilbert 应用聚丙烯酰胺凝胶电泳对 DNA 序列进行测定，并建立了 DNA 序列快速分析技术。

（三）电泳的分类

按支持物的物理性状可分为滤纸电泳、醋酸纤维素薄膜电泳、琼脂电泳、聚丙烯酰胺电泳等；按支持物的装置形状可分为 U 形管电泳、垂直电泳、平板电泳等；按工作原理可分为移动界面电泳、区带电泳、等电聚焦电泳、等速电泳、免疫电泳等。

二、电泳原理

（一）电泳的基本原理

某些物质在溶液中会形成带正电荷或负电荷的离子（或粒子）。不同物质因其电性、电量、形状、质量等方面的差异，而在电场中产生不同的移动方向和速度，故而得以分离。

在电泳过程中，带电粒子会同时受到电场力和周围介质阻力的作用。若设溶液中带电粒子的电量为 q，在场强为 E 的电场中以恒定的速度 v 移动，则其受到的电场力 F_1 为

$$F_1 = q \cdot E \tag{9-37}$$

根据 Stokes 定律，运动颗粒受到的周围介质阻力 F_2 为

$$F_2 = 6\pi r\eta v \tag{9-38}$$

式中 r 是球状粒子的半径，η 是缓冲溶液的粘度，v 是电泳速度。

当 $F_1 = F_2$ 时，粒子作匀速运动，可得电泳速度

$$v=\frac{qE}{6\pi r\eta} \tag{9-39}$$

（二）影响电泳迁移率的因素

电泳迁移率是指带电粒子在单位电场强度下的泳动速率，又称泳动度。其影响因素包括电场强度、溶液 pH、溶液的离子强度、电渗及其他因素。

1. **电场强度** 电场强度是指在电场方向上单位长度的电位或电势降，其对电泳速率起着决定性作用。电场强度越高，电泳速度越快。但随着电场强度的增加，即电压增加，电流增大，产热也增加，容易导致蛋白质变性而影响电泳效果，故进行高压电泳时应配备冷却水系统，以便在电泳过程中降温。按照电压大小的不同，可将电泳分为常压电泳和高压电泳（表 9-8）。

表 9-8 常压电泳与高压电泳的比较

	常压电泳	高压电泳
电压值（V）	100~500	500~10 000
场强（$V\cdot cm^{-1}$）	1~10	20~200
电泳分离时间	长	短
适用范围	大分子物质（蛋白质等）	小分子物质（氨基酸、多肽、核苷酸、糖类等）

2. **溶液 pH** 溶液 pH 决定了带电颗粒的解离程度，也就决定了其带电性质和数量。蛋白质等两性电解质所带净电荷为零时溶液的 pH 称为**等电点（isoelectric point）**，用符号 pI 表示。当溶液 pH = pI 时，粒子不带电，电泳速度为零；当溶液 pH>pI 时，粒子带负电，向正极泳动；当溶液 pH<pI 时，粒子带正电，向负极泳动。溶液 pH 与泳动粒子 pI 值差别越大，粒子在该溶液中所带的净电荷越多，其在电场中的电泳速度就越快；反之越慢。所以，蛋白质电泳实验时应该选择合适的 pH，扩大各种蛋白质所带的净电荷差异，有利于彼此分离。另外，为了保持电泳过程中溶液的 pH 恒定，一般都要使用缓冲溶液作为电泳介质。

3. **溶液的离子强度** 一般最适宜的溶液离子强度在 0.02~0.2mol · L^{-1}之间。溶液离子强度越高，颗粒在电场中的电泳电势越小，电泳速率也越小。

4. **电渗** 电渗是电泳缓冲溶液相对于固体支持物的移动。例如，在纸电泳中，滤纸带负电，与该滤纸相接触的水溶液带正电，带正电的液体在电场中向负极移动；若待分离蛋白质在该缓冲溶液中带负电，应该向正极移动，但由于电渗作用使其实际迁移率小于理论迁移率；若待分离蛋白质在该缓冲溶液中带正电，应向负极移动，则其实际迁移率大于理论迁移率；本来不带电的蛋白质有时也会向负极移动。

5. **其他因素** 除了上述因素会对电泳迁移率产生影响外，溶液的黏度、温度、支持介质类型等对电泳迁移率也有一定的影响。

三、常见的电泳技术

（一）纸电泳

纸电泳是指用滤纸作为支持介质的电泳方法，属于最早使用的区带电泳。该类电泳装置简单，操作简便，分离效果也较好。将样品点在滤纸中央并吹干，然后将点样后的滤纸条水平

地架设在两个装有缓冲溶液的容器之间，用缓冲溶液湿润，再盖上绝缘密封盖，最后通电即可进行电泳。在一定的电压范围内，带电颗粒迁移速度随着电压的增大而变大，在短时间内就能得到分离清晰的电泳图谱。当电泳电压过高时，会产生大量热量，反而会影响带电颗粒的迁移距离。

（二）凝胶电泳

1. 琼脂糖电泳　琼脂糖凝胶是β-*D*-半乳糖和3,6-脱水-*L*-半乳糖以糖苷键连接而成的天然链状多糖。琼脂糖结构均匀、孔径较大且不含硫酸根和羧基基团，在电场作用下几乎无电渗现象。目前，多用琼脂糖作为电泳支持物进行平板电泳，其优点如下：①琼脂糖含水量大（约占98%~99%），近似自由电泳，对样品吸附微弱，无拖尾现象。所得电泳图谱清晰，分辨率高，重复性好。②琼脂糖不吸收紫外光，可直接利用紫外光吸收法对目标物质进行定量测定。③琼脂糖凝胶电泳操作简单，电泳速度快，样品无需事先处理。④电泳后区带容易染色，样品极易洗脱，便于定量测定，凝胶干燥成薄膜后可长期保存。

琼脂糖电泳用途多样，通常有以下应用：①用于大分子核酸、核蛋白等的分离、鉴定、纯化：实验室常用琼脂糖凝胶电泳对DNA进行分离鉴定。琼脂糖对DNA的分离范围较广，用不同浓度的琼脂糖凝胶可以分离长度200~ 50 000bp的DNA。凝胶浓度越低，孔径越大，适用于越大的DNA；反之，则适合分离较小的DNA。②在临床生化检验方面用于乳酸脱氢酶、肌酸激酶等同工酶的分离与检测。③为不同类型的高脂蛋白血症、冠心病等提供生化指标。④在临床工作中使用琼脂糖凝胶法检测糖化血红蛋白，电泳过程中使用超薄型琼脂糖凝胶，因其易于散热，冷却均匀，可使用高电压进行电泳，从而提高分辨率、缩短电泳时间。该法可同时检测多个样本，具有节省试剂、价格便宜等优点，适合作为临床的常规测定方法。

问题与思考9-5

琼脂糖凝胶电泳有哪些不足？

2. 常规聚丙烯酰胺凝胶电泳　从1959年Raymond和Weitraub首次使用了聚丙烯酰胺作为电泳支持介质，20世纪60年代初Hjerten、Ornstein和Davis发展了不连续电泳系统。目前，聚丙烯酰胺已成为最常用的电泳支持介质，其主要成分是丙烯酰胺和交联剂N,N′-亚甲基双丙烯酰胺的共聚物。该共聚物具有以下特性：①一定浓度的聚丙烯酰胺凝胶具有弹性，机械性能好；②理化性质稳定，一般不与被分离物质反应；③几乎无吸附和电渗作用，样品分离重复性好；④样品不易扩散，且用量少；⑤可在天然状态下分离生物活性物质。

常规聚丙烯酰胺凝胶电泳（native polyacrylamide gel eletrophoresis）又称天然状态生物大分子聚丙烯酰胺凝胶电泳，是在恒定的非解离缓冲体系中分离蛋白质，是一种非解离电泳。在这种电泳过程中，蛋白质的天然构象、亚基之间的相互作用及其生物活性不会被破坏，蛋白质在电场中移动的速度取决于蛋白质的电荷、形状及尺寸。

3. SDS聚丙烯酰胺凝胶电泳　**十二烷基硫酸钠-聚丙烯酰胺凝胶电泳（sodium dodecyl sulphate-polyacrylamide gel electrophoresis，SDS-PAGE）**，简称SDS电泳。与常规聚丙烯酰胺电泳不同，SDS电泳是用SDS和还原剂将蛋白质分子解聚，根据解聚后亚基大小实现蛋白质的分离。SDS电泳所需设备简单，操作简便，能在短时间内得到实验结果，可重复性高，且对样品的纯度要求不高，广泛应用于实验室中亚基分子量、多肽分子量、变性蛋白质的测定。临床上，尿蛋白电泳分析已作为肾脏疾病诊断的有力工具。

SDS 是一种阴离子型表面活性剂，能断裂分子内和分子间的氢键，破坏蛋白质的二级和三级结构。而 β-巯基乙醇和二硫苏糖醇等强还原剂能断裂半胱氨酸残基之间的二硫键。所以，加入 SDS 和强还原剂的蛋白质，经过 100℃保温 8～10min 后，会被解聚为多肽链，这些多肽链与 SDS 充分结合形成带负电的蛋白质-SDS 胶束；其所带负电荷远远超过蛋白质原有的电荷量，这恰好消除了不同蛋白质之间原有的电荷差异。

病变尿液中蛋白质成分多样，根据尿液中出现的蛋白质分子量大小，可将蛋白尿分为生理性蛋白尿、肾小球性蛋白尿、肾小管性蛋白尿及混合性蛋白尿。正常尿液内蛋白质含量甚微，多为生理性蛋白尿，主要成分为白蛋白。当肾小球病变时，通透性增加，尿液中就会出现中、高分子量蛋白质（>70kDa），为肾小球性蛋白尿。当肾小管受损时，尿中低分子量蛋白质（<70kDa）排泄量增大，为肾小管性蛋白尿。混合性蛋白尿则同时出现高、中、低分子量型区带。SDS-PAGE 就是基于凝胶的分子筛效应和蛋白质的分子量获得电泳分离，因而可用于临床上蛋白尿的检验和类型分析，提示患者肾脏血管内皮功能或损伤状况。

（三）等电聚焦电泳

20 世纪 60 年代瑞典科学家 Svensson 等建立了**等电聚焦（isoelectrofocusing，IEF）**电泳，并已成为当今一种分辨率最高的电泳技术。

1. **等电聚焦的原理**　等电聚焦电泳是根据两性分子等电点的不同而实现物质的分离。蛋白质由不同数目和比例的氨基酸构成，蛋白质的等电点取决于其氨基酸的组成，所以不同的蛋白质有其特定的等电点。当蛋白质进入具有连续、线性的 pH 梯度体系中时，在电场的作用下迁移聚焦于相应的等电点位置。由于蛋白质达到其等电点位置时的净电荷为零，不能进一步迁移，故会聚焦于等电点位置。

2. **等电聚焦的过程**　在等电聚焦电泳过程中，需在加入样品前，对含有两性电解质分子的凝胶进行预电泳，其中带有最低等电点的粒子（所带负电最多）将以最快的速率向正极迁移，并在净电荷为零的位置停止，该位置最靠近正极。其他的两性电解质分子根据其等电点的不同，按照等电点的增长顺序排列，分别在正极和负极之间到达各自的位置。由于两性电解质具有很高的缓冲能力，能使环境溶液的 pH 等于其自身的 pI，故而得到一个稳定、连续、线性、均匀的 pH 梯度。加入蛋白质样品后，蛋白质到达其相应的等电点位置而聚焦形成一条清晰而稳定的窄带。

3. **等电聚焦的特点**　等电聚焦电泳技术适用于中、大分子量的蛋白质、多肽等生物组分的少量分离。因其具有“聚焦”的特性，很少量蛋白质也能获得清晰鲜明的区带界面，故分辨率高，并可用于测定蛋白质的等电点。

（四）双向电泳

1975 年 O′Farrell 和 Kolse 提出聚丙烯酰胺凝胶双向电泳。目前的双向通常是“等电聚焦电泳（第一向）”和“十二烷基硫酸钠-聚丙烯酰胺凝胶电泳（第二向）”。与传统的单向电泳相比，双向电泳技术能够分离出更多种类的蛋白质，非常适合用于分析细胞和亚细胞中的蛋白质混合物。由于双向电泳是基于蛋白质两个参数（等电点、分子量）的组合电泳，故其对蛋白质的分辨率又提高了几个数量级，并已成为当前蛋白质组学分析的重要技术之一。

在第一向等电聚焦技术中，需要把高浓度尿素和适量的非离子型表面活性剂加到聚丙烯酰胺凝胶（放置在 1～3mm 细管中）中，待等电聚焦电泳结束后，取出凝胶并放入含有 SDS 的缓冲溶液中处理，使蛋白质与 SDS 充分结合。然后再把凝胶放置在 SDS 聚丙烯酰胺凝胶电泳的浓缩胶上，加入适量的丙烯酰胺溶液或熔化的琼脂糖溶液使其固定在浓缩胶上。在第二向 SDS 聚丙烯酰胺凝胶电泳中，结合 SDS 的蛋白质组分从等电聚焦凝胶中迁移进入 SDS 聚丙烯酰胺凝胶并被浓缩，然后进入分离胶并依据分子量大小被分离，最终获得一份基于等电点和分子量的二维分离图谱，用于对蛋白样品组分的分析。

在双向电泳中通常将等电聚焦作为第一向，SDS 聚丙烯酰胺凝胶电泳作为第二向。若将 SDS 聚丙烯酰胺凝胶电泳作为第一向会存在一些问题：①SDS 电泳后凝胶中离子并非均匀分布，这会改变等电聚焦电泳时的电场强度；②由于 SDS 与蛋白质结合充分，无法对碱性蛋白质进行等电聚焦；③尽管梯度 SDS 电泳具有很高的分辨率，但等电聚焦是使用非限制性凝胶，孔径较大，在等电聚焦时会使蛋白质发生扩散，导致较大的斑点而降低分辨率。

（五）免疫电泳

免疫电泳（immunoelectrophoresis）是依据抗原与抗体的特异性沉淀反应鉴别生物混合物中抗原的实验技术。在免疫电泳中，目标抗原物质遇到含有相应抗体 pH＝8.6 的琼脂糖凝胶时，通常会带负电，并与抗体发生免疫反应。在电泳初始阶段，抗原含量过大，与抗体产生的是可溶性免疫复合物，该复合物与抗原同向迁移。当抗原和抗体的浓度达到相等时，可形成较大不溶性的免疫复合物沉淀。

利用免疫电泳可鉴别临床样品中某种抗原的种类和含量，常见的免疫电泳技术有单向免疫扩散技术和双向免疫扩散技术。前者可用于单抗原的定量测定，后者主要用于产生免疫沉淀的抗原-抗体的浓度测定。

四、常用电泳仪及使用

电泳设备主要包括电源和电泳槽两个部分。

（一）电泳槽

1. **圆盘电泳** **圆盘电泳（disc electrophoresis）**亦称管状凝胶电泳。圆盘电泳仪通常由上、下两个电泳槽和带有铂金电极的盖组成。为了保证各个凝胶管之间具有相同的电场强度，电极到各个凝胶管中心的距离必须相等。但在实际应用中，由于灌胶的玻璃管直径不均匀，即使加入相同体积的凝胶溶液，聚合形成的凝胶柱长度也不同，进而导致注入玻璃管中的样品因电场强度的不同而出现结果偏差。此外，电压过高也会导致玻璃管中的凝胶变性甚至使样品失活。所以，圆盘电泳存在电泳速度较慢、凝胶难染色和难保存等缺点，实际应用较少。

2. **垂直电泳** 垂直制胶和电泳是在两块平行的玻璃板之间进行。在电泳过程中，呈板状的凝胶表面积大、均匀度高、易于冷却，可在同一块凝胶板上同时电泳多个样品，分析结果的准确性高、可靠性好。

3. **水平电泳** 水平电泳最大优势是冷却效果好。在电泳时，凝胶可放置在冷却板上得到充分冷却，故可进行高压电泳，大大缩短电泳时间、提高分辨率。

（二）电源

电泳电场是通过稳定的电源获得，通常要求电源在电泳过程中能够输出稳定的电压、电流及功率，且参数易控。目前应用广泛的是直流稳压电源。为了降低温度对电泳的影响，提高电泳结果的可靠性和可重复性，通常也采用直流稳流电源，该类电源能保持输出电流的恒定，故又称双稳电源。在此基础上，增加稳定输出功率的功能，就能构成电压、电流、电功率的三稳电源，进一步提高了实验结果的可重复性，提高测量的精确度。

（三）辅助装置

除了电泳槽和电源，电泳设备还需要一些辅助装置，如恒温循环冷却系统、自动凝胶染色仪、电泳转移仪及分析检测装置等。其中冷却设备是高压电泳槽和常压电泳槽最主要的区别。

高压电泳仪在电泳时,凝胶板上也会产生大量的热量,导致凝胶板温度升高,若温度过高会导致蛋白质变性甚至烧毁凝胶,必须有冷却系统来辅助降温。常用的冷却方式分为两种:整体浸泡型和冷却板型。

(四)常用电泳仪的使用

1. 纸电泳类电泳仪的使用　根据待分离样品的理化性质,选择合适的缓冲溶液种类、pH和离子强度。为了避免显色剂和紫外光吸收等对电泳结果的影响,一般选择挥发性强的缓冲溶液。采用层析用滤纸,将其裁剪成宽为2~3cm的长条。对一个未知样品进行初次电泳时,应将样品点在滤纸中央,通电后观察样品电泳时移动的方向;对于已知样品,可根据经验选择点样位置,但必须与缓冲溶液液面距离5cm以上,并在滤纸两端标记好相应电极的极性。电泳槽应水平放置,保证两槽液面在同一水平面上,这样可以避免虹吸现象。为了防止缓冲溶液蒸发及冷凝水滴落到滤纸上,电泳槽应盖上斜顶的盖子。将点样后的滤纸放入电泳槽,调节合适的电压开始电泳。电泳结束后,关闭电源,取出滤纸烘干。不同物质采用不同的显色方法,例如,氨基酸可用茚三酮显色,核酸类物质可在紫外光下观察。

2. 凝胶电泳类电泳仪的使用(以聚丙烯酰胺凝胶电泳为例)　根据待分离蛋白质的分子量确定所需凝胶浓度,按照一定比例的缓冲溶液、催化剂及丙烯酰胺等配置分离胶,注入两块玻璃板之间,然后轻轻在胶面加入一层纯水或者乙醇,聚合30min左右。用吸水纸把水或乙醇去除,再注入浓缩胶混合液,插入梳子。梳子要及时插入,以防凝胶凝聚导致无法插入梳子。然后加入蛋白质样品,选择合适电压开始电泳。开始时可选择较低电压(如80V),电泳30min后,待样品共同迁移到浓缩胶与分离胶分界线,再调节电压至120V,继续电泳。当待测样品分离到理想位置,关闭电源,停止电泳。

3. 等电聚焦电泳类电泳仪使用　等电聚焦电泳时,需在电场作用下利用不同pH的缓冲溶液相互扩散,在混合区间形成pH梯度以及在水平板或电泳管正负极间引入不同等电点电解质形成pH梯度。然后根据聚焦电泳的类型,需要选择不同的电压值。比如,密度梯度溶液聚焦电泳,初始电压值一般在400V,后逐步提高电压至800V;对于聚丙烯酰胺凝胶电泳,初始电压维持在200~400V,后调至400~800V。

电泳结束后,根据不同支持介质,选择不同的检测方法。例如,密度梯度溶液聚焦电泳与紫外分光检测器及记录仪连接,可自动测出蛋白质含量;聚丙烯酰胺凝胶聚焦则多采用可与蛋白质结合显色的考马斯亮蓝染色法。

临床应用拓展阅读

荷移分光光度法

荷移反应是基于电子供体和电子受体之间的电荷转移,从而形成电荷转移络合物的一种反应。电荷转移络合物(charge transfer complex),简称荷移络合物,往往具有颜色,指由富电子(donor,D分子)和缺电子(acceptor,A分子)的两种分子形成的络合物。Mulliken RS提出电荷转移络合物理论,认为荷移络合物可以看作是两个不同结构的共振体,可用下式表示为 $D+A \longrightarrow (D,A) \rightleftharpoons (D^{+}\text{-}A^{-})$。

式中,(D,A)表示非键结构,$(D^{+}\text{-}A^{-})$表示电荷分离结构。在非键结构中,D分子与A分子相互作用力弱,并未发生电荷转移作用,分子间力主要为范德华力;在电荷分离结构中,$(D^{+}\text{-}A^{-})$表示电子从D分子转移到A分子上,分子间力主要为电荷转移作用。电荷转移作用广泛存在于两个电荷密度差别较大的分子基团和原子间,是一种不

同于范德华力和氢键的分子间力，这种作用不会引起分子间价键的改变。且络合物形成和解离的活化能均较低，即反应可瞬间完成。电荷转移作用在许多领域均有广泛应用，例如，生物化学中许多辅酶的作用，均可根据电荷转移作用理论得到合理的阐释。

荷移络合物属于超分子化合物，根据受体分子的不同可分为σ-受体试剂荷移络合物、n-受体试剂荷移络合物、π-受体试剂荷移络合物三类。σ-受体试剂通常有卤素、氯冉酸、茜素红及带正电荷或正电性较强的化合物。n-受体试剂有 Hg^{2+}、Co^{2+}、Ag^{+}、Fe^{3+} 等含空轨道离子的盐类，它们生成的n-受体试剂络合物往往都有特定的吸收峰，据此可建立多种荷移分光光度法，并可用于定性分析。π-受体试剂一般有苯醌类、多硝基衍生物、多氨基化合物、四氰基乙烯等有机分子，该类试剂形成的荷移络合物大多会呈现新的颜色并出现新的最大吸收峰，常用于定量分析。物质生成荷移络合物后，其结晶形状、溶解性、溶液颜色、分配系数、最大吸收波长等会发生明显变化，呈现出荷移络合物的特有性质。大多数的药物都含有富电子基团(氨基、苯环、嘧啶基等)，均可作为电子给体。因此，可利用分光光度法对形成荷移络合物的药物进行分析检测。

荷移分光光度法在上述理论基础上发展起来的现代分析方法。目前，荷移分光光度法较多应用于医药领域，如荷移分光光度法测定抗生素、H_2受体拮抗剂等。某些本身无吸光度的物质也可通过荷移分光光度法测定含量。该法具有简便、快捷、准确可靠、灵敏度高、专属性强、成本低等特点，不仅适于单一药物的含量测定，更适于复方制剂的成分分析。

本章小结

分光光度法通过测定被测物质在特定波长处的吸光度，对物质进行定性和定量分析。定性分析以物质的吸收曲线为基础。定量分析以 Lambert-Beer 定律为基础，常采用标准曲线法和标准对照法定量。分光光度法存在多种因素引起的误差，选择合适的测量条件可提高测量的灵敏度和准确度。

原子吸收光谱法基于待测元素的基态原子对其特征谱线的吸收进行定量分析，其分析依据也是 Lambert-Beer 定律；常用的定量分析方法有标准曲线法和标准加入法。

质谱法根据质谱中物质的分子离子峰、碎片离子峰、同位素离子峰等信息可确定物质的相对分子质量、分子式，并进一步推定物质的结构。

色谱法利用不同组分在固定相和流动相中分配系数的差别来达到分离的目的。色谱法常用保留时间进行定性分析；用峰面积或峰高进行定量分析。常用的定量分析方法有外标法和内标法。

干化学显色反应广泛应用于临床生化检验。其定量分析基于 Kubelka-Munk 理论。尿液干化学分析主要采用指示剂或色源变色的方式检测尿液中的相应成分。

电泳是指带电颗粒在电场中向着与其电性相反的电极移动的现象。常见的电泳技术有纸电泳、凝胶电泳、等电聚焦电泳、双向电泳等。

习题

1. 分光光度法中，对某物质作 A-c 曲线时，对入射光波长的选择有什么要求？如此选择入射光波长有什么意义？

2. 称取某药物样品 0.010 0g，溶解后定容至 200ml，取出 5ml 稀释至 50ml，在 1cm 吸收池中于 423nm 处测得吸光度为 0.374，已知此药物溶液的 $E_{1cm}^{1\%}=927.9$，求样品中药物的质量分数是多少？

3. 用邻二氮杂菲光度法测定含铁样品，已知标准溶液浓度为 $7.50\times10^{-4}g\cdot L^{-1}$，摩尔吸光系数 ε 为 $2.24\times10^{4}L\cdot mol^{-1}\cdot cm^{-1}$，欲使标准溶液的吸光度约为 0.30，应该选用多厚的比色皿（Fe 的摩尔质量为 $55.85g\cdot mol^{-1}$）？

4. 0.042 0mg Fe^{3+} 在酸性溶液中用 KSCN 显色后稀释至 50.00ml，在波长 480nm 处用 1.0cm 比色皿测得吸光度为 0.380，10.00ml 水样在同样条件下显色定容至 50.00ml，测得吸光度为 0.366，分析水样的含铁量为多少 $mg\cdot ml^{-1}$？

5. 原子吸收光谱法的原理是什么？

6. 用原子吸收分光光度法进行定量分析的依据是什么？定量分析方法有哪些？

7. 镉在体内蓄积可造成镉中毒。肾皮质中的镉含量若达到 $50\mu g\cdot g^{-1}$ 将有可能导致肾功能紊乱。假设 0.256 6g 肾皮质样品经预处理后得到待测样品溶液 10.00ml，用标准加入法测定待测样品溶液中镉的浓度，在各待测样品溶液中加入镉标准溶液后，用水稀释至 5.00ml，用原子吸收分光光度计测得其吸光度如下表，求此肾皮质中的镉含量。

序号	待测样品溶液体积/ml	加入镉（$10\mu g\cdot ml^{-1}$）标准溶液体积/ml	吸光度
1	2.00	0.00	0.042
2	2.00	0.10	0.080
3	2.00	0.20	0.116
4	2.00	0.40	0.190

8. 如何确定质谱的分子离子峰？

9. 如何利用质谱信息来判断化合物的相对分子质量和分子式？

10. 某化合物 $C_8H_8O_2$ 的质谱如图 9-16 所示，试推测化合物结构，并说明理由及峰的归属。

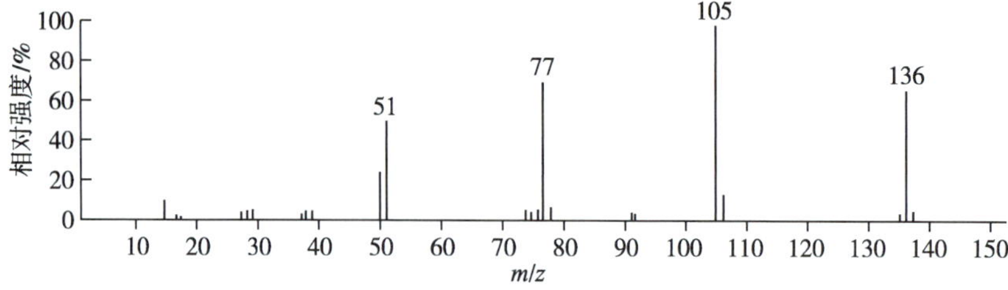

图 9-16　化合物 $C_8H_8O_2$ 的质谱

11. 试说明色谱法中流动相、固定相和被分离组分三者之间的关系。

12. 一个组分的色谱峰可用哪些参数描述？这些参数各有何意义？

13. 试比较气相色谱和高效液相色谱分析方法及应用范围有何异同？

14. 用气相色谱法测定某样品中药物 A 的质量分数，以 B 为内标。准确称取样品 5.456g，加入内标物 0.253 7g，混匀后进样，测得药物和内标峰的面积分别为 $1.563\times10^{5}\mu V\cdot s$ 和 $1.432\times10^{5}\mu V\cdot s$。另准确称取 A 标准品 0.294 1g 和 B 标准品 0.267 3g，稀释至一定体积，混匀，在与样品测定相同条件下分析，测得峰面积分别为 $5.450\times10^4\mu V\cdot s$ 和 $4.660\times10^4\mu V\cdot s$。试计算样品中 A 的质量分数。

15. 哪种类型的试剂载体是最具代表性的干化学试剂载体？包括哪些基本结构？
16. 干化学分析与湿化学分析的主要区别有哪些？
17. 尿液干化学检测包括哪些项目？各检测项目的显色方法都有哪些？
18. 电泳的定义是什么？电泳根据工作原理可分为哪几类？
19. 在电泳过程中，带电颗粒的迁移速度主要受到哪些因素的影响？
20. 常规聚丙烯酰胺凝胶电泳与 SDS 聚丙烯酰胺凝胶电泳的区别有哪些？
21. 双向聚丙烯酰胺凝胶电泳结合了哪两种基本的电泳技术？有何优点？
22. 简述凝胶电泳仪使用的基本过程。

（杜 曦　施伟梅　崔忠凯）

附　录

附录一　我国的法定计量单位

附表 1-1　SI 基本单位

量的名称	单位名称	单位符号
长度	米	m
质量	千克(公斤)	kg
时间	秒	s
电流	安[培]	A
热力学温度	开[尔文]	K
物质的量	摩[尔]	mol
发光强度	坎[德拉]	cd

注:圆括号中的名称,是它前面的名称的同义词;无方括号的量的名称与单位名称均为全称;方括号中的字,在不引起混淆、误解的情况下,可以省略;去掉方括号中的字即为其名称的简称;本标准所称的符号,除特殊指明外,均指我国法定计量单位中所规定的符号以及国际符号。

附表 1-2　部分包括 SI 辅助单位在内的具有专门名称的 SI 导出单位

量的名称	单位名称	单位符号	用 SI 基本单位和 SI 导出单位表示
[平面]角	弧度	rad	$1rad=1m\cdot m^{-1}=1$
频率	赫[兹]	Hz	$1Hz=1s^{-1}$
力,重力	牛[顿]	N	$1N=1kg\cdot m\cdot s^{-2}$
压力,压强,应力	帕[斯卡]	Pa	$1Pa=1N\cdot m^{-2}$
能[量],功,热量	焦[耳]	J	$1J=1N\cdot m$
功率,辐[射能]通量	瓦[特]	W	$1W=1J\cdot s^{-1}$
电荷[量]	库[仑]	C	$1C=1A\cdot s$
电压,电动势,电位	伏[特]	V	$1V=1W\cdot A^{-1}$
电容	法[拉]	F	$1F=1C\cdot V^{-1}$
电阻	欧[姆]	Ω	$1\Omega=1V\cdot A^{-1}$
电导	西[门子]	S	$1S=1\Omega^{-1}$
磁通[量]	韦[伯]	Wb	$1Wb=1V\cdot s$
磁通[量]密度	特[斯拉]	T	$1T=1Wb\cdot m^{-2}$
剂量当量	希[沃特]	Sv	$1Sv=1J\cdot kg^{-1}$

附表 1-3　SI 词头

因数	词头名称		符号
	英文	中文	
10^{24}	yotta	尧[它]	Y
10^{21}	zetta	泽[它]	Z
10^{18}	exa	艾[克萨]	E
10^{15}	peta	拍[它]	P
10^{12}	tera	太[拉]	T
10^{9}	giga	吉[咖]	G
10^{6}	mega	兆	M
10^{3}	kilo	千	k
10^{2}	hecto	百	h
10^{1}	deca	十	da
10^{-1}	deci	分	d
10^{-2}	centi	厘	c
10^{-3}	milli	毫	m
10^{-6}	micro	微	μ
10^{-9}	nano	纳[诺]	n
10^{-12}	pico	皮[可]	p
10^{-15}	emto	飞[姆托]	f
10^{-18}	atto	阿[托]	a
10^{-21}	zepto	仄[普托]	z
10^{-24}	yocto	幺[科托]	y

附表 1-4　可与国际单位制单位并用的我国法定计量单位

量的名称	单位名称	单位符号	与 SI 单位的关系
时间	分	min	1min = 60s
	[小]时	h	1h = 60min = 3 600s
	日,(天)	d	1d = 24h = 86 400s
[平面]角	度	°	1° = (π/180) rad
	[角]分	′	1′ = (1/60)° = (π/10 800) rad
	[角]秒	″	1″ = (1/60)′ = (π/648 000) rad
体积	升	L	$1L = 1dm^3$
质量	吨 原子质量单位	t u	$1t = 10^3kg$ $1u \approx 1.660\ 540 \times 10^{-27}kg$
旋转速度	转每分	$r \cdot min^{-1}$	$1r \cdot min^{-1} = (1/60)s$
长度	海里	n mile	1n mile = 1 852m (只用于航程)

续表

量的名称	单位名称	单位符号	与 SI 单位的关系
速度	节	kn	$1kn=1n\ mile\cdot h^{-1}=(1\ 852/3\ 600)\cdot s^{-1}$（只用于航行）
能	电子伏	eV	$1eV\approx1.602\ 177\times10^{-19}J$
级差	分贝	dB	
线密度	特[克斯]	tex	$1tex=10^{-6}kg\cdot m^{-1}$
面积	公顷	hm^2	$1hm^2=10^4m^2$

注：公顷的国际通用符号为 ha。

附录二　一些物理和化学的基本常数

量的名称	符号	数值	单位	备注
电磁波在真空中的速度	c,c_0	299 792 458	$m\cdot s^{-1}$	准确值
真空导磁率	μ_0	$4\pi\times10^{-7}$ $1.256\ 637\ 061\ 4\ldots\times10^{-6}$	$N\cdot A^{-2}$	准确值
真空介电常数 $\varepsilon_0=1/\mu_0c_0^2$	ε_0	$10^7/(4\pi\times299\ 792\ 458^2)$ $8.854\ 187\ 871\ldots\times10^{-12}$	$F\cdot m^{-1}$	准确值
引力常量 $F=Gm_1m_2/r^2$	G	$(6.674\ 08\pm0.000\ 31)\times10^{-11}$	$m^3\cdot kg^{-1}\cdot s^{-2}$	
普朗克常量 $\hbar=h/2\pi$	h $\hbar$	$(6.626\ 070\ 040\pm0.000\ 000\ 081)\times10^{-34}$ $(1.054\ 571\ 800\pm0.000\ 000\ 013)\times10^{-34}$	$J\cdot s$ $J\cdot s$	
元电荷	e	$(1.602\ 176\ 620\ 8\pm0.000\ 000\ 009\ 8)\times10^{-19}$	C	
电子[静]质量	m_e	$(9.109\ 383\ 56\pm0.000\ 000\ 11)\times10^{-31}$ $(5.485\ 799\ 090\ 70\pm0.000\ 000\ 000\ 16)\times10^{-4}$	kg u	
质子[静]质量	m_p	$(1.672\ 621\ 898\pm0.000\ 000\ 021)\times10^{-27}$ $(1.007\ 276\ 466\ 879\pm0.000\ 000\ 000\ 091)$	kg u	
里德伯常量 $R_\infty=\dfrac{e^2}{8\pi\varepsilon_0a_0hc}$	R_∞	$(1.097\ 373\ 156\ 850\ 8\pm0.000\ 000\ 000\ 006\ 5)\times10^7$	m^{-1}	
阿伏伽德罗常数 $L=N/n$	L, N_A	$(6.022\ 140\ 857\pm0.000\ 000\ 074)\times10^{23}$	mol^{-1}	
法拉第常数 $F=Le$	F	$(9.648\ 533\ 289\pm0.000\ 000\ 059)\times10^4$	$C\cdot mol^{-1}$	
摩尔气体常数 $pV_m=RT$	R	$(8.314\ 459\ 8\pm0.000\ 004\ 8)$	$J\cdot mol^{-1}\cdot K^{-1}$	

续表

量的名称	符号	数值	单位	备注
玻耳兹曼常数 $k=R/T$	k	$(1.380\,648\,52 \pm 0.000\,000\,79) \times 10^{-23}$	$J \cdot K^{-1}$	
质子质量常量	m_u	$(1.660\,539\,040 \pm 0.000\,000\,020) \times 10^{-27}$	kg	原子质量 单位 $1u=(1.660\,539\,040 \pm 0.000\,000\,020) \times 10^{-27}$ kg

资料来源：HAYNES W M. CRC Handbook of Chemistry and Physics[M]. 97th ed. New York：CRC Press，2016。

附录三　平衡常数表

附表 3-1　水的离子积常数

温度/℃	pK_W	温度/℃	pK_W	温度/℃	pK_W
0	14.947	35	13.680	70	12.799
5	14.734	40	13.535	75	12.696
10	14.534	45	13.396	80	12.598
15	14.344	50	13.265	85	12.505
20	14.165	55	13.140	90	12.417
25	13.995	60	13.020	95	12.332
30	13.833	65	12.907	100	12.252

资料来源：HAYNES W M. CRC Handbook of Chemistry and Physics[M]. 97th ed. New York：CRC Press，2016。

附表 3-2　弱酸、弱碱在水中的解离常数

化合物	化学式	温度/℃	分步	K_a	pK_a
砷酸	H_3AsO_4	25	1	5.5×10^{-3}	2.26
			2	1.7×10^{-7}	6.76
			3	5.1×10^{-12}	11.29
亚砷酸	H_2AsO_3	25	—	5.1×10^{-10}	9.29
硼酸	H_3BO_3	20	1	5.4×10^{-10}	9.27
			2		>14
碳酸	H_2CO_3	25	1	4.5×10^{-7}	6.35
			2	4.7×10^{-11}	10.33
铬酸	H_2CrO_4	25	1	1.8×10^{-1}	0.74
			2	3.2×10^{-7}	6.49

续表

化合物	化学式	温度/℃	分步	K_a	pK_a
氢氟酸	HF	25	—	6.3×10^{-4}	3.20
氢氰酸	HCN	25	—	6.2×10^{-10}	9.21
氢硫酸	H_2S	25	1	8.9×10^{-8}	7.05
			2	1.0×10^{-19}	19
过氧化氢	H_2O_2	25	—	2.4×10^{-12}	11.62
次溴酸	$HBrO$	25	—	2.0×10^{-9}	8.55
次氯酸	$HClO$	25	—	3.9×10^{-8}	7.40
次碘酸	HIO	25	—	3×10^{-11}	10.5
碘酸	HIO_3	25	—	1.6×10^{-1}	0.78
亚硝酸	HNO_2	25	—	5.6×10^{-4}	3.25
高碘酸	HIO_4	25	—	2.3×10^{-2}	1.64
磷酸	H_3PO_4	25	1	6.9×10^{-3}	2.16
		25	2	6.1×10^{-8}	7.21
		25	3	4.8×10^{-13}	12.32
正硅酸	H_4SiO_4	30	1	1.2×10^{-10}	9.9
			2	1.6×10^{-12}	11.8
			3	1×10^{-12}	12
			4	1×10^{-12}	12
硫酸	H_2SO_4	25	2	1.0×10^{-2}	1.99
亚硫酸	H_2SO_3	25	1	1.4×10^{-2}	1.85
			2	6×10^{-8}	7.2
甲酸	$HCOOH$	25	1	1.8×10^{-4}	3.75
乙(醋)酸	CH_3COOH	25	1	1.75×10^{-5}	4.756
丙酸	C_2H_5COOH	25	1	1.3×10^{-5}	4.87
一氯乙酸	$CH_2ClCOOH$	25	1	1.4×10^{-3}	2.85
草酸	$(COOH)_2$	25	1	5.6×10^{-2}	1.25
			2	1.5×10^{-4}	3.81
柠檬酸	$C_6H_8O_7$	25	1	7.4×10^{-4}	3.13
			2	1.7×10^{-5}	4.76
			3	4.0×10^{-7}	6.40

续表

化合物	化学式	温度/℃	分步	K_a	pK_a
巴比妥酸	$C_4H_4N_2O_3$	25	1	9.8×10^{-5}	4.01
甲胺盐酸盐	$CH_3NH_2 \cdot HCl$	25	1	2.2×10^{-11}	10.66
二甲胺盐酸盐	$(CH_3)_2NH \cdot HCl$	25	1	1.9×10^{-11}	10.73
乳酸	$C_3H_6O_3$	25	1	1.4×10^{-4}	3.86
乙胺盐酸盐	$C_2H_5NH_2 \cdot HCl$	20	1	2.2×10^{-11}	10.66
氨基乙酸盐酸盐	$H_2NCH_2COOH \cdot HCl$	25	1	4.5×10^{-3}	2.35
			2	1.6×10^{-10}	9.78
苯甲酸	C_6H_5COOH	25	1	6.25×10^{-5}	4.204
苯酚	C_6H_5OH	25	1	1.0×10^{-10}	9.99
邻苯二甲酸	$C_8H_6O_4$	25	1	1.14×10^{-3}	2.943
			2	3.70×10^{-6}	5.432
氨水	NH_3	25	—	5.6×10^{-10}	9.25
Tris	$NH_2C(CH_2OH)_3$	20	1	5×10^{-9}	8.3

资料来源：HAYNES W M. CRC Handbook of Chemistry and Physics[M]. 97th ed. New York：CRC Press，2016。

附表 3-3　一些难溶化合物的溶度积常数（25℃）

化合物	K_{sp}	化合物	K_{sp}	化合物	K_{sp}
AgAc	1.94×10^{-3}	Ag_3PO_4	8.89×10^{-17}	$CdCO_3$	1.0×10^{-12}
AgBr	5.35×10^{-13}	$Al(OH)_3$	1.1×10^{-33}	CdF_2	6.44×10^{-3}
$AgBrO_3$	5.38×10^{-5}	$BaCO_3$	2.58×10^{-9}	$Cd(IO_3)_2$	2.5×10^{-8}
AgCN	5.97×10^{-17}	$BaCrO_4$	1.17×10^{-10}	$Cd(OH)_2$	7.2×10^{-15}
AgCl	1.77×10^{-10}	BaF_2	1.84×10^{-7}	CdS	8.0×10^{-27}
AgI	8.52×10^{-17}	$Ba(IO_3)_2$	4.01×10^{-9}	$Cd_3(PO_4)_2$	2.53×10^{-33}
$AgIO_3$	3.17×10^{-8}	$BaSO_4$	1.08×10^{-10}	$Co_3(PO_4)_2$	2.05×10^{-35}
AgSCN	1.03×10^{-12}	CaC_2O_4	2.32×10^{-9}	CuBr	6.27×10^{-9}
Ag_2CO_3	8.46×10^{-12}	$CaCO_3$	3.36×10^{-9}	CuC_2O_4	4.43×10^{-10}
$Ag_2C_2O_4$	5.40×10^{-12}	CaF_2	3.45×10^{-11}	CuCl	1.72×10^{-7}
Ag_2CrO_4	1.12×10^{-12}	$Ca(IO_3)_2$	6.47×10^{-6}	CuI	1.27×10^{-12}
Ag_2S	6.3×10^{-50}	$Ca(OH)_2$	5.02×10^{-6}	CuS	6.3×10^{-36}
Ag_2SO_3	1.50×10^{-14}	$CaSO_4$	4.93×10^{-5}	CuSCN	1.77×10^{-13}
Ag_2SO_4	1.20×10^{-5}	$Ca_3(PO_4)_2$	2.07×10^{-33}	Cu_2S	2.5×10^{-48}

续表

化合物	K_{sp}	化合物	K_{sp}	化合物	K_{sp}
$Cu_3(PO_4)_2$	1.40×10^{-37}	$LiCO_3$	8.15×10^{-4}	$PbCO_3$	7.40×10^{-14}
$FeCO_3$	3.13×10^{-11}	$MgCO_3$	6.82×10^{-6}	$PbCl_2$	1.70×10^{-5}
FeF_2	2.36×10^{-6}	MgF_2	5.16×10^{-11}	PbF_2	3.3×10^{-8}
$Fe(OH)_2$	4.87×10^{-17}	$Mg(OH)_2$	5.61×10^{-12}	PbI_2	9.8×10^{-9}
$Fe(OH)_3$	2.79×10^{-39}	$Mg_3(PO_4)_2$	1.04×10^{-24}	$PbSO_4$	2.53×10^{-8}
FeS	6.3×10^{-18}	$MnCO_3$	2.24×10^{-11}	PbS	8×10^{-28}
HgI_2	2.9×10^{-29}	$Mn(IO_3)_2$	4.37×10^{-7}	$Pb(OH)_2$	1.43×10^{-20}
HgS	4×10^{-53}	$Mn(OH)_2$	2.06×10^{-13}	$Sn(OH)_2$	5.45×10^{-27}
Hg_2Br_2	6.40×10^{-23}	MnS	2.5×10^{-13}	SnS	1.0×10^{-25}
Hg_2CO_3	3.6×10^{-17}	$NiCO_3$	1.42×10^{-7}	$SrCO_3$	5.60×10^{-10}
$Hg_2C_2O_4$	1.75×10^{-13}	$Ni(IO_3)_2$	4.71×10^{-5}	$SrSO_4$	3.44×10^{-7}
Hg_2Cl_2	1.43×10^{-18}	$Ni(OH)_2$	5.48×10^{-16}	$ZnCO_3$	1.46×10^{-10}
Hg_2I_2	5.2×10^{-29}	α-NiS	3.2×10^{-19}	$Zn(OH)_2$	3×10^{-17}
Hg_2SO_4	6.5×10^{-7}	$Ni_3(PO_4)_2$	4.74×10^{-32}	α-ZnS	1.6×10^{-24}

资料来源：HAYNES W M. CRC Handbook of Chemistry and Physics[M]. 97th ed. New York：CRC Press，2016。

硫化物的 K_{sp} 来源：SPEIGHT J G. Lange's Handbook of Chemistry[M]. 16th ed. New York：McGraw-Hill Professional，2004。

附表 3-4　金属配合物的累积稳定常数(25℃)

配体及金属离子	$\lg\beta_1$	$\lg\beta_2$	$\lg\beta_3$	$\lg\beta_4$	$\lg\beta_5$	$\lg\beta_6$
氨(NH_3)						
Co^{2+}	2.11	3.74	4.79	5.55	5.73	5.11
Co^{3+}	6.7	14.0	20.1	25.7	30.8	35.2
Cu^{2+}	4.31	7.98	11.02	13.32	12.86	
Hg^{2+}	8.8	17.5	18.5	19.28		
Ni^{2+}	2.80	5.04	6.77	7.96	8.71	8.74
Ag^{+}	3.24	7.05				
Zn^{2+}	2.37	4.81	7.31	9.46		
Cd^{2+}	2.65	4.75	6.19	7.12	6.80	5.14
氯离子(Cl^-)						
Sb^{3+}	2.26	3.49	4.18	4.72		
Bi^{3+}	2.44	4.7	5.0	5.6		

续表

配体及金属离子	$\lg\beta_1$	$\lg\beta_2$	$\lg\beta_3$	$\lg\beta_4$	$\lg\beta_5$	$\lg\beta_6$
Cu^{+}		5.5	5.7			
Pt^{2+}		11.5	14.5	16.0		
Hg^{2+}	6.74	13.22	14.07	15.07		
Au^{3+}		9.8				
Ag^{+}	3.04	5.04				
氰离子(CN^{-})						
Au^{+}		38.3				
Cd^{2+}	5.48	10.60	15.23	18.78		
Cu^{+}		24.0	28.59	30.30		
Fe^{2+}						35
Fe^{3+}						42
Hg^{2+}				41.4		
Ni^{2+}				31.3		
Ag^{+}		21.1	21.7	20.6		
Zn^{2+}				16.7		
氟离子(F^{-})						
Al^{3+}	6.10	11.15	15.00	17.75	19.37	19.84
Fe^{3+}	5.28	9.30	12.06			
碘离子(I^{-})						
Bi^{3+}	3.63			14.95	16.80	18.80
Hg^{2+}	12.87	23.82	27.60	29.83		
Ag^{+}	6.58	11.74	13.68			
硫氰酸根(SCN^{-})						
Fe^{3+}	2.95	3.36				
Hg^{2+}		17.47		21.23		
Au^{+}		23		42		
Ag^{+}		7.57	9.08	10.08		
硫代硫酸根($S_2O_3^{2-}$)						
Ag^{+}	8.82	13.46				
Hg^{2+}		29.44	31.90	33.24		

续表

配体及金属离子	$\lg\beta_1$	$\lg\beta_2$	$\lg\beta_3$	$\lg\beta_4$	$\lg\beta_5$	$\lg\beta_6$
Cu^{+}	10.27	12.22	13.84			
乙酸根(CH_3COO^-)						
Fe^{3+}	3.2					
Hg^{2+}		8.43				
Pb^{2+}	2.52	4.0	6.4	8.5		
柠檬酸根(按 L^{3-} 配体)						
Al^{3+}	20.0					
Co^{2+}	12.5					
Cd^{2+}	11.3					
Cu^{2+}	14.2					
Fe^{2+}	15.5					
Fe^{3+}	25.0					
Ni^{2+}	14.3					
Zn^{2+}	11.4					
乙二胺($H_2NCH_2CH_2NH_2$)						
Co^{2+}	5.91	10.64	13.94			
Cu^{2+}	10.67	20.00	21.0			
Zn^{2+}	5.77	10.83	14.11			
Ni^{2+}	7.52	13.84	18.33			
草酸根($C_2O_4^{2-}$)						
Cu^{2+}	6.16	8.5				
Fe^{2+}	2.9	4.52	5.22			
Fe^{3+}	9.4	16.2	20.2			
Hg^{2+}		6.98				
Zn^{2+}	4.89	7.60	8.15			
Ni^{2+}	5.3	7.64	~8.5			

资料来源：SPEIGHT J G. Lange's Handbook of Chemistry[M]. 16th ed. New York：McGraw-Hill Professional，2004。

附录四　常见缓冲溶液组成及配方

附表 4-1　常见的缓冲系组成及其 pK_a(25℃)

缓冲溶液	共轭酸	共轭碱	pK_a
HAc-NaAc	HAc	Ac^-	4.75
NH_3-NH_4Cl	NH_4^+	NH_3	9.25
H_2CO_3-$NaHCO_3$	H_2CO_3	HCO_3^-	6.35(pK_{a1})
$NaHCO_3$-Na_2CO_3	HCO_3^-	CO_3^{2-}	10.33(pK_{a2})
NaH_2PO_4-Na_2HPO_4	$H_2PO_4^-$	HPO_4^{2-}	7.21(pK_{a2})
KH_2PO_4-NaOH	$H_2PO_4^-$	HPO_4^{2-}	7.21(pK_{a2})
氨基乙酸-氢氧化钠	NH_2CH_2COOH	$NH_2CH_2COO^-$	2.35
邻苯二甲酸氢钾-氢氧化钠	$HC_8H_4O_4^-$	$C_8H_4O_4^{2-}$	5.43(pK_{a2})
HCOOH-HCOONa	HCOOH	$HCOO^-$	3.75
柠檬酸二氢钾-柠檬酸	$C_6H_8O_7$	$C_6H_7O_7^-$	3.13(pK_{a1})
柠檬酸二氢钾-盐酸	$C_6H_8O_7$	$C_6H_7O_7^-$	3.13(pK_{a1})
柠檬酸二氢钾-氢氧化钠	$C_6H_7O_7^-$	$C_6H_6O_7^{2-}$	4.76(pK_{a2})
六次甲基四胺-盐酸	$(CH_2)_6N_4H^+$	$(CH_2)_6N_4$	5.13
酒石酸-酒石酸钠	$C_4H_6O_6$	$C_4H_5O_6^-$	3.04(pK_{a1})
$Na_2B_4O_7$-HCl	H_3BO_3	$H_2BO_3^-$	9.24(pK_{a1})
Tris-HCl	$^+NH_3C(CH_2OH)_3$	$NH_2C(CH_2OH)_3$	8.30

附表 4-2　不同 pH 的乙酸缓冲系配方(25℃)

pH	0.2mol·L^{-1} NaAc/ml	0.2mol·L^{-1} HAc/ml	pH	0.2mol·L^{-1} NaAc/ml	0.2mol·L^{-1} HAc/ml
3.6	0.75	9.35	4.8	5.90	4.10
3.8	1.20	8.80	5.0	7.00	3.00
4.0	1.80	8.20	5.2	7.90	2.10
4.2	2.65	7.35	5.4	8.60	1.40
4.4	3.70	6.30	5.6	9.10	0.90
4.6	4.90	5.10	5.8	6.40	0.60

附表 4-3　不同 pH 的磷酸缓冲系配方(25℃)

pH	0.2mol·L^{-1} Na_2HPO_4/ml	0.2mol·L^{-1} KH_2PO_4/ml	pH	0.2mol·L^{-1} Na_2HPO_4/ml	0.2mol·L^{-1} KH_2PO_4/ml
5.8	8.0	92.0	7.0	61.0	39.0
5.9	10.0	90.0	7.1	67.0	33.0
6.0	12.3	87.7	7.2	72.0	28.0
6.1	15.0	85.0	7.3	77.0	23.0
6.2	18.5	81.5	7.4	81.0	19.0
6.3	22.5	77.5	7.5	84.0	16.0
6.4	26.5	73.5	7.6	87.0	13.0
6.5	31.5	68.5	7.7	89.5	10.5
6.6	37.5	62.5	7.8	91.5	8.5
6.7	43.5	56.5	7.9	93.0	7.0
6.8	49.0	51.0	8.0	94.7	5.3
6.9	55.0	45.0			

附表 4-4　不同 pH 的碳酸缓冲系配方(20℃)

pH	0.2mol·L^{-1} Na_2CO_3/ml	0.2mol·L^{-1} $NaHCO_3$/ml	pH	0.2mol·L^{-1} Na_2CO_3/ml	0.2mol·L^{-1} $NaHCO_3$/ml
9.5	2.5	7.5	10.1	6.0	4.0
9.7	4.0	6.0	10.2	6.3	3.7
9.8	4.0	6.0	10.4	7.5	2.5
9.9	5.0	5.0	10.8	9.0	1.0
10.0	5.0	5.0			

附表 4-5　不同 pH 的 Tris-HCl 缓冲系配方(0.05mol·L^{-1})(25℃)

pH	0.1mol·L^{-1} Tris/ml	0.1mol·L^{-1} HCl/ml	pH	0.1mol·L^{-1} Tris/ml	0.1mol·L^{-1} HCl/ml
7.10	50	45.7	8.10	50	26.2
7.20	50	44.7	8.20	50	22.9
7.30	50	43.4	8.30	50	19.9
7.40	50	42.0	8.40	50	17.2
7.50	50	40.3	8.50	50	14.7
7.60	50	38.5	8.60	50	12.4
7.70	50	36.6	8.70	50	10.3
7.80	50	34.5	8.80	50	8.5
7.90	50	32.0	8.90	50	7.0

注:配制某 pH 溶液时,取 50ml 0.1mol·L^{-1} Tris 溶液加相应毫升数的 0.1mol·L^{-1}盐酸溶液混匀,然后稀释至 100ml。

附录五　一些还原半反应的标准电极电势 $\varphi^{\ominus}$(298.15K)

还原半反应	$\varphi^{\ominus}$/V	还原半反应	$\varphi^{\ominus}$/V
$Sr^{+}+e^{-} \rightleftharpoons Sr$	-4.10	$Sn^{4+}+2e^{-} \rightleftharpoons Sn^{2+}$	0.151
$Li^{+}+e^{-} \rightleftharpoons Li$	-3.040 1	$Cu^{2+}+e^{-} \rightleftharpoons Cu^{+}$	0.153
$K^{+}+e^{-} \rightleftharpoons K$	-2.931	$SO_4^{2-}+4H^{+}+2e^{-} \rightleftharpoons H_2SO_3+H_2O$	0.172
$Ba^{2+}+2e^{-} \rightleftharpoons Ba$	-2.912	$AgCl+e^{-} \rightleftharpoons Ag+Cl^{-}$	0.222 33
$Ca^{2+}+2e^{-} \rightleftharpoons Ca$	-2.868	$As_2O_3+6H^{+}+6e^{-} \rightleftharpoons 2As+3H_2O$	0.234
$Na^{+}+e^{-} \rightleftharpoons Na$	-2.71	$HAsO_2+3H^{+}+3e^{-} \rightleftharpoons As+2H_2O$	0.248
$Mg^{2+}+2e^{-} \rightleftharpoons Mg$	-2.372	$Hg_2Cl_2+2e^{-} \rightleftharpoons 2Hg+2Cl^{-}$	0.268 08
$Mg(OH)_2+2e^{-} \rightleftharpoons Mg+2OH^{-}$	-2.690	$Cu^{2+}+2e^{-} \rightleftharpoons Cu$	0.341 9
$Al(OH)_3+3e^{-} \rightleftharpoons Al+3OH^{-}$	-2.31	$[Fe(CN)_6]^{3-}+e^{-} \rightleftharpoons [Fe(CN)_6]^{4-}$	0.358
$Be^{2+}+2e^{-} \rightleftharpoons Be$	-1.847	$[Ag(NH_3)_2]^{+}+e^{-} \rightleftharpoons Ag+2NH_3$	0.373
$Al^{3+}+3e^{-} \rightleftharpoons Al$	-1.662	$O_2+2H_2O+4e^{-} \rightleftharpoons 4OH^{-}$	0.401
$Mn(OH)_2+2e^{-} \rightleftharpoons Mn+2OH^{-}$	-1.56	$H_2SO_3+4H^{+}+4e^{-} \rightleftharpoons S+3H_2O$	0.449
$ZnO+H_2O+2e^{-} \rightleftharpoons Zn+2OH^{-}$	-1.260	$IO^{-}+H_2O+2e^{-} \rightleftharpoons I^{-}+2OH^{-}$	0.485
$Mn^{2+}+2e^{-} \rightleftharpoons Mn$	-1.185	$Cu^{+}+e^{-} \rightleftharpoons Cu$	0.521
$2SO_3^{2-}+2H_2O+2e^{-} \rightleftharpoons S_2O_4^{2-}+4OH^{-}$	-1.12	$I_2+2e^{-} \rightleftharpoons 2I^{-}$	0.535 5
$PO_4^{3-}+2H_2O+2e^{-} \rightleftharpoons HPO_3^{2-}+3OH^{-}$	-1.05	$I_3^{-}+2e^{-} \rightleftharpoons 3I^{-}$	0.536
$SO_4^{2-}+H_2O+2e^{-} \rightleftharpoons SO_3^{2-}+2OH^{-}$	-0.93	$AgBrO_3+e^{-} \rightleftharpoons Ag+BrO_3^{-}$	0.546
$2H_2O+2e^{-} \rightleftharpoons H_2+2OH^{-}$	-0.827 7	$MnO_4^{-}+e^{-} \rightleftharpoons MnO_4^{2-}$	0.558
$Zn^{2+}+2e^{-} \rightleftharpoons Zn$	-0.761 8	$AsO_4^{3-}+2H^{+}+2e^{-} \rightleftharpoons AsO_3^{2-}+H_2O$	0.559
$Cr^{3+}+3e^{-} \rightleftharpoons Cr$	-0.744	$H_3AsO_4+2H^{+}+2e^{-} \rightleftharpoons HAsO_2+2H_2O$	0.560
$AsO_4^{3-}+2H_2O+2e^{-} \rightleftharpoons AsO_2^{-}+4OH^{-}$	-0.71	$MnO_4^{-}+2H_2O+3e^{-} \rightleftharpoons MnO_2+4OH^{-}$	0.595
$AsO_2^{-}+2H_2O+3e^{-} \rightleftharpoons As+4OH^{-}$	-0.68	$Hg_2SO_4+2e^{-} \rightleftharpoons 2Hg+SO_4^{2-}$	0.612 5
$SbO_2^{-}+2H_2O+3e^{-} \rightleftharpoons Sb+4OH^{-}$	-0.66	$O_2+2H^{+}+2e^{-} \rightleftharpoons H_2O_2$	0.695
$SbO_3^{-}+H_2O+2e^{-} \rightleftharpoons SbO_2^{-}+2OH^{-}$	-0.59	$[PtCl_4]^{2-}+2e^{-} \rightleftharpoons Pt+4Cl^{-}$	0.755
$Fe(OH)_3+e^{-} \rightleftharpoons Fe(OH)_2+OH^{-}$	-0.56	$BrO^{-}+H_2O+2e^{-} \rightleftharpoons Br^{-}+2OH^{-}$	0.761
$2CO_2+2H^{+}+2e^{-} \rightleftharpoons H_2C_2O_4$	-0.49	$Fe^{3+}+e^{-} \rightleftharpoons Fe^{2+}$	0.771
$S+2e^{-} \rightleftharpoons S^{2-}$	-0.476 27	$Hg_2^{2+}+2e^{-} \rightleftharpoons 2Hg$	0.797 3
$Fe^{2+}+2e^{-} \rightleftharpoons Fe$	-0.447	$Ag^{+}+e^{-} \rightleftharpoons Ag$	0.799 6

续表

还原半反应	$\varphi^{\ominus}$/V	还原半反应	$\varphi^{\ominus}$/V
$Cr^{3+}+e^- \rightleftharpoons Cr^{2+}$	−0. 407	$ClO^-+H_2O+2e^- \rightleftharpoons Cl^-+2OH^-$	0. 81
$Cd^{2+}+2e^- \rightleftharpoons Cd$	−0. 403 0	$Hg^{2+}+2e^- \rightleftharpoons Hg$	0. 851
$PbSO_4+2e^- \rightleftharpoons Pb+SO_4^{2-}$	−0. 358 8	$2Hg^{2+}+2e^- \rightleftharpoons Hg_2^{2+}$	0. 920
$[Ag(CN)_2]^-+e^- \rightleftharpoons Ag+2CN^-$	−0. 31	$NO_3^-+3H^++2e^- \rightleftharpoons HNO_2+H_2O$	0. 934
$Co^{2+}+2e^- \rightleftharpoons Co$	−0. 28	$Pd^{2+}+2e^- \rightleftharpoons Pd$	0. 951
$H_3PO_4+2H^++2e^- \rightleftharpoons H_3PO_3+H_2O$	−0. 276	$Br_2(l)+2e^- \rightleftharpoons 2Br^-$	1. 066
$PbCl_2+2e^- \rightleftharpoons Pb+2Cl^-$	−0. 267 5	$Br_2(aq)+2e^- \rightleftharpoons 2Br^-$	1. 087 3
$Ni^{2+}+2e^- \rightleftharpoons Ni$	−0. 257	$2IO_3^-+12H^++10e^- \rightleftharpoons I_2+6H_2O$	1. 195
$CdSO_4+2e^- \rightleftharpoons Cd+SO_4^{2-}$	−0. 246	$ClO_3^-+3H^++2e^- \rightleftharpoons HClO_2+H_2O$	1. 214
$Cu(OH)_2+2e^- \rightleftharpoons Cu+2OH^-$	−0. 222	$MnO_2+4H^++2e^- \rightleftharpoons Mn^{2+}+2H_2O$	1. 224
$CO_2+2H^++2e^- \rightleftharpoons HCOOH$	−0. 199	$O_2+4H^++4e^- \rightleftharpoons 2H_2O$	1. 229
$AgI+e^- \rightleftharpoons Ag+I^-$	−0. 152 4	$Cr_2O_7^{2-}+14H^++6e^- \rightleftharpoons 2Cr^{3+}+7H_2O$	1. 232
$O_2+2H_2O+2e^- \rightleftharpoons H_2O_2+2OH^-$	−0. 146	$2HNO_2+4H^++4e^- \rightleftharpoons N_2O+3H_2O$	1. 297
$Sn^{2+}+2e^- \rightleftharpoons Sn$	−0. 137 5	$HBrO+H^++2e^- \rightleftharpoons Br^-+H_2O$	1. 331
$CrO_4^{2-}+4H_2O+3e^- \rightleftharpoons Cr(OH)_3+5OH^-$	−0. 13	$HCrO_4^-+7H^++3e^- \rightleftharpoons Cr^{3+}+4H_2O$	1. 350
$Pb^{2+}+2e^- \rightleftharpoons Pb$	−0. 126 2	$Cl_2(g)+2e^- \rightleftharpoons 2Cl^-$	1. 358 27
$O_2+H_2O+2e^- \rightleftharpoons HO_2^-+OH^-$	−0. 076	$ClO_4^-+8H^++8e^- \rightleftharpoons Cl^-+4H_2O$	1. 389
$Fe^{3+}+3e^- \rightleftharpoons Fe$	−0. 037	$HClO+H^++2e^- \rightleftharpoons Cl^-+H_2O$	1. 482
$Ag_2S+2H^++2e^- \rightleftharpoons 2Ag+H_2S$	−0. 036 6	$MnO_4^-+8H^++5e^- \rightleftharpoons Mn^{2+}+4H_2O$	1. 507
$2H^++2e^- \rightleftharpoons H_2$	0. 000 00	$MnO_4^-+4H^++3e^- \rightleftharpoons MnO_2+2H_2O$	1. 679
$Pd(OH)_2+2e^- \rightleftharpoons Pd+2OH^-$	0. 07	$Au^++e^- \rightleftharpoons Au$	1. 692
$AgBr+e^- \rightleftharpoons Ag+Br^-$	0. 071 33	$Ce^{4+}+e^- \rightleftharpoons Ce^{3+}$	1. 72
$S_4O_6^{2-}+2e^- \rightleftharpoons 2S_2O_3^{2-}$	0. 08	$H_2O_2+2H^++2e^- \rightleftharpoons 2H_2O$	1. 776
$[Co(NH_3)_6]^{3+}+e^- \rightleftharpoons [Co(NH_3)_6]^{2+}$	0. 108	$Co^{3+}+e^- \rightleftharpoons Co^{2+}$	1. 92
$S+2H^++2e^- \rightleftharpoons H_2S(aq)$	0. 142	$S_2O_8^{2-}+2e^- \rightleftharpoons 2SO_4^{2-}$	2. 010
$Ag_2O+H_2O+2e^- \rightleftharpoons 2Ag+2OH^-$	0. 342	$F_2+2e^- \rightleftharpoons 2F^-$	2. 866

资料来源：HAYNES W M. CRC Handbook of Chemistry and Physics[M]. 97th ed. New York：CRC Press，2016。

附录六　希腊字母表

大写	小写	名称	读音	大写	小写	名称	读音
Α	α	alpha	[ˈælfə]	Ν	ν	nu	[njuː]
Β	β	beta	[ˈbiːtə; ˈbeitə]	Ξ	ξ	xi	[ksai; zai; gzai]
Γ	γ	gamma	[ˈgæmə]	Ο	ο	omicron	[ouˈmaikrən]
Δ	δ	delta	[ˈdeltə]	Π	π	pi	[pai]
Ε	ε	epsilon	[epˈsailnən; ˈepsilnən]	Ρ	ρ	rho	[rou]
Ζ	ζ	zeta	[ˈziːtə]	Σ	σ	sigma	[ˈsigmə]
Η	η	eta	[ˈiːtə; ˈeitə]	Τ	τ	tau	[tɔː]
Θ	θ	theta	[ˈθiːtə]	Υ	υ	upsilon	[juːpˈsailən; ˈuːpsilən]
Ι	ι	iota	[aiˈoutə]	Φ	φ	phi	[fai]
Κ	κ	kappa	[ˈkæpə]	Χ	χ	chi	[kai]
Λ	λ	lambda	[ˈlæmdə]	Ψ	ψ	psi	[psai]
Μ	μ	mu	[mjuː]	Ω	ω	omega	[ˈoumigə]

附录七　化学相关网站

1. 化学数据库

1-1　美国国家标准与技术研究院(NIST)的物性数据库

http://webbook.nist.gov/chemistry

1-2　CambridgeSoft 公司的网站化学数据库

http://chemfinder.cambridgesoft.com

1-3　美国化学会

https://pubs.acs.org.ccindex.cn/

1-4　英国皇家化学学会

https://pubs.rsc.org/en/journals/

1-5　Wiley 数据库 https://onlinelibrary.wiley.com/

1-6　中国化学会 http://www.ccspublishing.org.cn/

1-7　ScienceDirect(Elsevier 期刊全文数据库)https://www.sciencedirect.com/

1-8　清华同方 CNKI www.cnki.net

1-9　万方数据库 http://db.sti.ac.cn

1-10　科学数据库 http://www.sdb.ac.cn/

2. 化学化工资源导航系统

2-1　重要化学化工资源导航 ChIN 网页 http://www.cjinweb.com.cn

2-2　英国利物浦大学 Links for Chemists http://www. liv. ac. uk/Chemistry/Links
2-3　北京大学化学信息中心 http://cheminfo. pku. edu. cn/
3. 网上化学课程
3-1　美国得克萨斯大学网上课程 http://www. utexas. edu/world/lecture
3-2　美国加州大学洛杉矶分校虚拟图书馆
http://www. chem. ucla. edu/chempointers. htmL
3-3　中国网上科学馆 http://www. inetsm. com. cn
3-4　美国弗吉尼亚技术大学化学超媒体项目
http://www. chem. vt. edu. /chem-ed
4. 联机检索
4-1　德国专业信息中心(FIZ)http://www. fiz-karsruhe. de
4-2　美国化学会的化学文摘(CAS)http://info. cas. org/ONLINE/online. htmL
4-3　日本科技信息中心(JISCST)http://www. jicst. go. jp/
5. 专利数据库
5-1　美国专利商标局(USPTO)http://www. uspto. gov/patft/
5-2　欧洲专利局(EPO)http://ep. espacenet. com
5-3　中国知识产权网 http://www. cnipr. com
6. 信息资源
6-1　中国医药信息网 http://www. cpi. ac. cn/
6-2　中国期刊网 http://chinajournal. net. cn/
6-3　北京科普之窗 http://www. bjkp. gov. cn

(冯志君)

参考文献

[1] 李雪华,陈朝军.基础化学[M].9 版.北京:人民卫生出版社,2018.

[2] 席晓岚,任群翔.基础化学:案例版[M].3 版.北京:科学出版社,2018.

[3] 徐春祥.基础化学[M].3 版.北京:高等教育出版社,2013.

[4] 杨晓达,王美玲.基础化学[M].北京:北京大学医学出版社,2013.

[5] 谢吉民.基础化学[M].3 版.北京:科学出版社,2015.

[6] 大连理工大学无机化学教研室,孟长功.无机化学[M].6 版.北京:高等教育出版社,2018.

[7] 刘永民.医用基础化学[M].上海:第二军医大学出版社,2013.

[8] 张枫,房晨婕.医学化学基础[M].2 版.北京:中国协和医科大学出版社,2010.

[9] 王夔.生物无机化学[M].北京:清华大学出版社,1988.

[10] 崔福斋.生物矿化[M].北京:清华大学出版社,2007.

[11] 侯新朴.物理化学[M].5 版.北京:人民卫生出版社,2003.

[12] 成飞翔.配位化学[M].北京:科学出版社,2017.

[13] 潘道皑,赵成大,郑载兴.物质结构[M].2 版.北京:高等教育出版社,1989.

[14] 徐光宪,黎乐民.量子化学:基本原理和从头计算法[M].北京:科学出版社,1980.

[15] 魏祖期,刘德育.基础化学[M].8 版.北京:人民卫生出版社,2017.

[16] 庞锡涛.无机化学[M].2 版.北京:高等教育出版社,1987.

[17] 丁忠源.杂化轨道理论浅释[M].上海:上海教育出版社,1981.

[18] 蔡晓坤.适配分子在分子识别中的作用[J].国外医学(分子生物学分册)2002,24(3):169-173.

[19] 傅献彩.大学化学:上册[M].4 版.北京:高等教育出版社,1999.

[20] 武汉大学,吉林大学,南开大学,等.无机化学:上册[M].3 版.北京:高等教育出版社,2015.

[21] 王一凡,刘绍乾.基础化学[M].2 版.北京:化学工业出版社,2019.

[22] 徐春祥.基础化学[M].北京:人民卫生出版社,2007.

[23] 李发美.分析化学[M].7 版.北京:人民卫生出版社,2011.

[24] 曾照芳,贺志安.临床检验仪器学[M].2 版.北京:人民卫生出版社,2011.

[25] 周新,涂植光.临床生物化学和生物化学检验[M].3 版.北京:人民卫生出版社,2006.

[26] 柴逸峰,邸欣.分析化学[M].8 版.北京:人民卫生出版社,2016.

[27] 郭尧君.蛋白质电泳实验技术[M].2 版.北京:科学出版社,2005.

[28] GARBER K. BIOMEDICINE. Targeting copper to treat breast cancer [J]. Science,2015,349(6244):128-129.

中英文名词对照索引

E

F

G

H

J

Z

元素周期表

原子序数 → 19；元素符号(红色指放射性元素) → K；元素名称(注*的是人造元素) → 钾；稳定同位素的质量数(底线指丰度最大的同位素) → 39；放射性同位素的质量数 → 40；41；外围电子的构型(括号指可能的构型) → $4s^1$；相对原子质量(放射性元素括号内的数据为最稳定同位素的质量数) → 39.0983(1)

主族金属　过渡金属　内过渡金属　准金属　非金属

注：
1. 本元素周期表为全国高等学校五年制本科临床医学专业规划教材《基础化学》用表。
2. 相对原子质量录自国际相对原子质量表，以 $^{12}C=12$ 为基准，元素的相对原子质量末位数的准确度加注在其后的括号内。
3. 商品Li的相对原子质量范围是6.939~6.996。
4. 稳定元素列有天然丰度的同位素，天然放射性元素和人造元素同位素的选列与国际相对原子质量所标相关文献一致。

s区：IA–IIA；d区：IIIB–VIIIB；ds区：IB–IIB；p区：IIIA–VIIIA；f区：镧系、锕系

族 周期	IA (1)	IIA (2)	IIIB (3)	IVB (4)	VB (5)	VIB (6)	VIIB (7)	VIIIB (8)	(9)	(10)	IB (11)	IIB (12)	IIIA (13)	IVA (14)	VA (15)	VIA (16)	VIIA (17)	VIIIA (18)	电子层	18族电子数
1	1 H 氢 1 2 3 $1s^1$ 1.008(7)																	2 He 氦 3 4 $1s^2$ 4.002602(2)	K	2
2	3 Li 锂 6 7 $2s^1$ 6.94(2)	4 Be 铍 9 $2s^2$ 9.0121831(5)											5 B 硼 10 11 $2s^22p^1$ 10.81(7)	6 C 碳 12 13 14 $2s^22p^2$ 12.011(8)	7 N 氮 14 15 $2s^22p^3$ 14.007(2)	8 O 氧 16 17 18 $2s^22p^4$ 15.999(3)	9 F 氟 19 $2s^22p^5$ 18.9984032(6)	10 Ne 氖 20 21 22 $2s^22p^6$ 20.1797(6)	L K	8 2
3	11 Na 钠 23 $3s^1$ 22.98976928(2)	12 Mg 镁 24 25 26 $3s^2$ 24.305(6)											13 Al 铝 27 $3s^23p^1$ 26.9815385(7)	14 Si 硅 28 29 30 $3s^23p^2$ 28.085(3)	15 P 磷 31 $3s^23p^3$ 30.973762(2)	16 S 硫 32 33 34 36 $3s^23p^4$ 32.06(5)	17 Cl 氯 35 37 $3s^23p^5$ 35.45(2)	18 Ar 氩 36 38 40 $3s^23p^6$ 39.948(1)	M L K	8 8 2
4	19 K 钾 39 40 41 $4s^1$ 39.0983(1)	20 Ca 钙 40 42 43 44 46 48 $4s^2$ 40.078(4)	21 Sc 钪 45 $3d^14s^2$ 44.955908(5)	22 Ti 钛 46 47 48 49 50 $3d^24s^2$ 47.867(1)	23 V 钒 50 51 $3d^34s^2$ 50.9415(1)	24 Cr 铬 50 52 53 54 $3d^54s^1$ 51.9961(6)	25 Mn 锰 55 $3d^54s^2$ 54.938044(3)	26 Fe 铁 54 56 57 58 $3d^64s^2$ 55.845(2)	27 Co 钴 59 $3d^74s^2$ 58.933194(4)	28 Ni 镍 58 60 61 62 64 $3d^84s^2$ 58.6934(4)	29 Cu 铜 63 65 $3d^{10}4s^1$ 63.546(3)	30 Zn 锌 64 66 67 68 70 $3d^{10}4s^2$ 65.38(2)	31 Ga 镓 69 71 $4s^24p^1$ 69.723(1)	32 Ge 锗 70 72 73 74 76 $4s^24p^2$ 72.630(8)	33 As 砷 75 $4s^24p^3$ 74.921595(6)	34 Se 硒 74 76 77 78 80 82 $4s^24p^4$ 78.971(8)	35 Br 溴 79 81 $4s^24p^5$ 79.904(1)	36 Kr 氪 78 80 82 83 84 86 $4s^24p^6$ 83.798(2)	N M L K	8 18 8 2
5	37 Rb 铷 85 87 $5s^1$ 85.4678(3)	38 Sr 锶 84 86 87 88 $5s^2$ 87.62(1)	39 Y 钇 89 $4d^15s^2$ 88.90584(2)	40 Zr 锆 90 91 92 94 96 $4d^25s^2$ 91.224(2)	41 Nb 铌 93 $4d^45s^1$ 92.90637(2)	42 Mo 钼 92 94 95 96 97 98 100 $4d^55s^1$ 95.95(1)	43 Tc 锝 97 98 99 $4d^55s^2$ (98)	44 Ru 钌 96 98 99 100 101 102 104 $4d^75s^1$ 101.07(2)	45 Rh 铑 103 $4d^85s^1$ 102.90550(2)	46 Pd 钯 102 104 105 106 108 110 $4d^{10}$ 106.42(1)	47 Ag 银 107 109 $4d^{10}5s^1$ 107.8682(2)	48 Cd 镉 106 108 110 111 112 113 114 116 $4d^{10}5s^2$ 112.414(4)	49 In 铟 113 115 $5s^25p^1$ 114.818(1)	50 Sn 锡 112 114 115 116 117 118 119 120 122 124 $5s^25p^2$ 118.710(7)	51 Sb 锑 121 123 $5s^25p^3$ 121.760(1)	52 Te 碲 120 122 123 124 125 126 128 130 $5s^25p^4$ 127.60(3)	53 I 碘 127 129 $5s^25p^5$ 126.90447(3)	54 Xe 氙 124 126 128 129 130 131 132 134 136 $5s^25p^6$ 131.293(6)	O N M L K	8 18 18 8 2
6	55 Cs 铯 133 $6s^1$ 132.9054519(2)	56 Ba 钡 130 132 134 135 136 137 138 $6s^2$ 137.327(7)	57 La 镧 138 139 $5d^16s^2$ 138.90547(7)	72 Hf 铪 174 176 177 178 179 180 $5d^26s^2$ 178.49(2)	73 Ta 钽 180 181 $5d^36s^2$ 180.94788(2)	74 W 钨 180 182 183 184 186 $5d^46s^2$ 183.84(1)	75 Re 铼 185 187 $5d^56s^2$ 186.207(1)	76 Os 锇 184 186 187 188 189 190 192 $5d^66s^2$ 190.23(3)	77 Ir 铱 191 193 $5d^76s^2$ 192.217(3)	78 Pt 铂 190 192 194 195 196 198 $5d^96s^1$ 195.084(9)	79 Au 金 197 $5d^{10}6s^1$ 196.966569(5)	80 Hg 汞 196 198 199 200 201 202 204 $5d^{10}6s^2$ 200.592(3)	81 Tl 铊 203 205 $6s^26p^1$ 204.38(2)	82 Pb 铅 204 206 207 208 $6s^26p^2$ 207.2(1)	83 Bi 铋 209 $6s^26p^3$ 208.98040(1)	84 Po 钋 209 210 $6s^26p^4$ (209)	85 At 砹 210 211 $6s^26p^5$ (210)	86 Rn 氡 211 220 222 $6s^26p^6$ (222)	P O N M L K	8 18 32 18 8 2
7	87 Fr 钫 223 $7s^1$ (223)	88 Ra 镭 223 224 226 228 $7s^2$ (226)	89 Ac 锕 227 $6d^17s^2$ (227)	104 Rf 𬬻* 265 $(6d^27s^2)$ (267)	105 Db 𬭊* 268 $(6d^37s^2)$ (268)	106 Sg 𬭳* 271 $(6d^47s^2)$ (269)	107 Bh 𬭛* 272 $(6d^57s^2)$ (270)	108 Hs 𬭶* 270 $(6d^67s^2)$ (269)	109 Mt 鿏* 276 $(6d^77s^2)$ (278)	110 Ds 𫟼* 281 $(6d^87s^2)$ (281)	111 Rg 𬬭* 280 $(6d^{10}7s^1)$ (280)	112 Cn 鿔* 285 $(6d^{10}7s^2)$ (285)	113 Nh 鿭* 284 286 $(7s^27p^1)$ (286)	114 Fl 𫓧* 289 $(7s^27p^2)$ (289)	115 Mc 镆* 288 289 $(7s^27p^3)$ (289)	116 Lv 𫟷* 293 $(7s^27p^4)$ (293)	117 Ts 石田* 292 294 $(7s^27p^5)$ (294)	118 Og 气奥* 294 $(7s^27p^6)$ (294)	Q P O N M L K	8 18 32 32 18 8 2

f区	58	59	60	61	62	63	64	65	66	67	68	69	70	71
镧系	58 Ce 铈 136 138 140 142 $4f^15d^16s^2$ 140.116(1)	59 Pr 镨 141 $4f^36s^2$ 140.90766(2)	60 Nd 钕 142 143 144 145 146 148 150 $4f^46s^2$ 144.242(3)	61 Pm 钷 145 147 $4f^56s^2$ (145)	62 Sm 钐 144 147 148 149 150 152 154 $4f^66s^2$ 150.36(2)	63 Eu 铕 151 153 $4f^76s^2$ 151.964(1)	64 Gd 钆 152 154 155 156 157 158 160 $4f^75d^16s^2$ 157.25(3)	65 Tb 铽 159 $4f^96s^2$ 158.92535(2)	66 Dy 镝 156 158 160 161 162 163 164 $4f^{10}6s^2$ 162.500(1)	67 Ho 钬 165 $4f^{11}6s^2$ 164.93033(2)	68 Er 铒 162 164 166 167 168 170 $4f^{12}6s^2$ 167.259(3)	69 Tm 铥 169 $4f^{13}6s^2$ 168.93422(2)	70 Yb 镱 168 170 171 172 173 174 176 $4f^{14}6s^2$ 173.054(10)	71 Lu 镥 175 176 $4f^{14}5d^16s^2$ 174.9668(1)
锕系	90 Th 钍 230 232 $6d^27s^2$ 232.0377(4)	91 Pa 镤 231 $5f^26d^17s^2$ 231.03588(2)	92 U 铀 233 234 235 236 238 $5f^36d^17s^2$ 238.02891(3)	93 Np 镎 236 237 $5f^46d^17s^2$ (237)	94 Pu 钚 238 239 240 241 242 244 $5f^67s^2$ (244)	95 Am 镅* 241 243 $5f^77s^2$ (243)	96 Cm 锔* 243 244 245 246 247 248 $5f^76d^17s^2$ (247)	97 Bk 锫* 247 249 $5f^97s^2$ (247)	98 Cf 锎* 249 250 251 252 $5f^{10}7s^2$ (251)	99 Es 锿* 252 $5f^{11}7s^2$ (252)	100 Fm 镄* 257 $5f^{12}7s^2$ (257)	101 Md 钔* 258 260 $(5f^{13}7s^2)$ (258)	102 No 锘* 259 $(5f^{14}7s^2)$ (259)	103 Lr 铹* 262 $(5f^{14}6d^17s^2)$ (262)

绘制：华中科技大学魏祖期　皖南医学院　李祥子
印刷：人民卫生出版社